国家级职业教育培训规划教材

人力资源和社会保障部职业能力建设司推荐

用于国家职业技能鉴定

国家职业资格培训教程

GUOJIA ZHIYE ZIGE PEIXUN JIAOCHENG

YONG ... ING

带温带压堵漏工

（高级 技师）

主　编　胡忆沩

副主编　李彦海　杨　梅　鞠艳明　刘　才

主　审　王扬昇

审　稿　王漫江　陶　睿

中国劳动社会保障出版社

图书在版编目（CIP）数据

带温带压堵漏工：高级 技师/人力资源和社会保障部教材办公室组织编写. —北京：中国劳动社会保障出版社，2013

国家职业资格培训教程

ISBN 978 - 7 - 5167 - 0601 - 5

Ⅰ.①带… Ⅱ.①人… Ⅲ.①堵漏-技术培训-教材 Ⅳ.①TB42

中国版本图书馆 CIP 数据核字（2013）第 251451 号

中国劳动社会保障出版社出版发行

（北京市惠新东街 1 号 邮政编码：100029）

*

中国铁道出版社印刷厂印刷装订 新华书店经销

787 毫米×1092 毫米 16 开本 23.5 印张 410 千字

2013 年 10 月第 1 版 2013 年 10 月第 1 次印刷

定价：45.00 元

读者服务部电话：(010) 64929211/64921644/84643933

发行部电话：(010) 64961894

出版社网址：http://www.class.com.cn

前　言

为推动带温带压堵漏工职业培训和职业技能鉴定工作的开展，在带温带压堵漏工从业人员中推行国家职业资格证书制度，在完成《国家职业技能标准·带温带压堵漏工（试行）》（以下简称《标准》）制定工作的基础上，人力资源和社会保障部教材办公室组织参加《标准》编写和审定的专家及其他有关专家，编写了带温带压堵漏工国家职业资格培训系列教程。

带温带压堵漏工国家职业资格培训系列教程紧贴《标准》要求，内容上体现"以职业活动为导向、以职业能力为核心"的指导思想，突出职业资格培训特色；结构上针对带温带压堵漏工职业活动领域，按照职业功能模块分级别编写。

带温带压堵漏工国家职业资格培训系列教程共包括《带温带压堵漏工（基础知识）》《带温带压堵漏工（初级）》《带温带压堵漏工（中级）》《带温带压堵漏工（高级　技师）》4本。《带温带压堵漏工（基础知识）》内容涵盖《标准》的"基本要求"，是各级别带温带压堵漏工均需掌握的基础知识；其他各级别教程的章对应于《标准》的"职业功能"，节对应于《标准》的"工作内容"，节中阐述的内容对应于《标准》的"技能要求"和"相关知识"。

本书是带温带压堵漏工国家职业资格培训系列教程中的一本，适用于对高级带温带压堵漏工和带温带压堵漏工技师的职业资格培训，是国家职业技能鉴定推荐辅导用书。

本书共6章，第1章由李彦海编写、第2章由杨梅编写、第3章和第6章由胡忆沩编写、第4章由鞠艳明编写、第5章由刘才编写。本书由胡忆沩担任主编，李彦海、杨梅、鞠艳明、刘才担任副主编，王扬昇担任主审，王漫江、陶睿担任审稿。

本书在编写过程中得到天津市江达扬升工程技术有限公司、冶金工业职业技能鉴定指导中心、北京优朗科技有限公司、湖南省特种设备检验检测研究院职业培训部、海南民生管道燃气有限公司、《应急救援技术与装备》编辑部等单位的大力支持与协助，在此一并表示衷心的感谢。

人力资源和社会保障部教材办公室

目 录

CONTENTS 国家职业资格培训教程

第 1 部分

高级带温带压堵漏工

第1章

高级带温带压堵漏工
泄漏部位勘测

第1节 状态分析

学习单元1 密封结构的失效因素

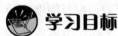

学习目标

➤ 能够掌握密封结构失效的因素；能分析泄漏发生的原因。

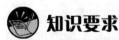

知识要求

密封结构的失效是一种极为常见的，也是极为重要的失效形式，密封失效常导致泄漏事故。

一、法兰密封结构失效

法兰垫片密封结构失效时，虽然总的表现形态是显著泄漏，但垫片损坏的形态基本上有两种：一种是垫片的密封面上出现泄漏通道；另一种则是垫片被吹出，造成垫片大块缺损。后一种会造成严重的泄漏后果，物料大量从缺损处喷出。密封垫片的这两种损坏形态基本上都与垫片密封面上的残存压紧应力发生松弛有关。压紧应力逐步降低的后果是要么形成不断扩大的泄漏通道，要么将垫片吹出形成缺损。但吹出缺损除与压紧应力有关外，还与垫片和法兰密封面之间的摩擦因数有关。

1. 垫片的蠕变松弛

在压缩减薄的状态下长期运行后，垫片的厚度还会不断减小，垫片上的压紧应力也相应地不断递减，这就是垫片的应力松弛。一般情况下，垫片的蠕变和松弛同时产生，蠕变是指恒应力作用条件下材料不断发生变形的行为。垫片的蠕变松弛也会导致密封失效。

温度较高时不但要考虑垫片的强度问题和温度作用下的承受能力（如高温下强度下降，回弹率降低，有机材料填充剂的软化及分解等），而且要考虑温度对垫片蠕变松弛行为的影响。例如，石棉橡胶垫片（我国至今尚未禁用）在200℃条件下的松弛是常温的3～5倍；纯聚四氟乙烯板的垫片，其蠕变松弛率最高可达55%，这种材料在常温使用时就会发生明显的蠕变松弛，高温使用时蠕变松弛加重，最终导致密封失效。

2. 螺栓强度及刚度的影响

装配中螺栓预紧的程度带有很大的不确定性，如果螺栓预紧时拧得不够紧，垫片上的压紧应力不够大，在承受流体内压后导致螺栓再度伸长和法兰面的分离，加上垫片的回弹不足，那么垫片上的压紧应力就会降低，最终导致密封失效。

3. 法兰的结构及材质

螺栓加载时的载荷是通过法兰传递给垫片使其压紧的，法兰的强度及刚度在静密封中显得非常重要。法兰的刚度除受钢材的弹性模量 E 影响之外，主要取决于法兰的结构形式及截面尺寸。带颈整体法兰的刚度大于平焊法兰，更大于活套法兰。法兰刚度不足主要会引起两种变形。一种变形是法兰发生明显的偏转，致使垫片的外侧压得较紧，而内侧压得较松。另一种变形是法兰盘周向发生波浪形的翘曲，即在螺栓处两片法兰压得较紧，而在两个螺栓之间的部位两片法兰盘压得较松。法兰的刚度不足所引起的任何变形都将直接影响垫片的压紧应力，最终导致密封失效。

二、橡胶密封件密封失效

橡胶密封件失效的原因可以归结为设计选型不合理、装配不良和使用保管不当三个方面。

1. 设计选型不合理

（1）密封件本身的结构、尺寸、公差设计不合理，不符合有关标准的要求。

（2）密封件安装沟槽的结构尺寸及公差设计不当或加工未达到设计要求。

（3）与密封件相配的轴表面粗糙度过高会加速密封件的磨损；过低则密封件的唇口与轴的接触表面之间难以形成润滑膜。

（4）安装油封的轴承盖内孔与止口，不但尺寸精度要达到要求，而且同轴度公差也不能过大，如果油封与主轴同轴度公差太大，油封与主轴表面会产生局部磨损而导致泄漏。

2. 装配不良

（1）在安装前未进行检查，将不符合要求的密封件进行安装。

（2）安装时对加工的密封沟槽未进行检查，沟槽未倒角、有毛刺，粗糙度、尺寸精度、形位公差不符合要求。

（3）安装时未能保证安装场地、工具及密封沟槽的清洁，沟槽内有铁屑等杂物。

（4）安装时未在密封件唇口等处涂以液压油或润滑脂。

（5）装配时操作不当，导致密封件损伤，在密封件通过螺纹等容易损伤的部位时，未使用保护套或用胶带包住进行安装，或在密封件通过键槽等部位时，未能采取相应的保护措施。

（6）有的密封件是有方向性的，如果粗心大意将方向装反，则不但起不到密封作用，还会导致密封失效。

3. 使用保管不当

（1）油液被污染，其中的固体微粒含量超标而导致密封件磨损加剧。由于水在液压油中的存在，将加速元件的磨损、腐蚀，并使油液劣化而导致密封失效。

（2）继续使用老化了的油液会腐蚀密封件，其中的硬质氧化物颗粒更会使已受腐蚀的密封件磨损，导致密封失效。

（3）如果所用油液与密封件胶料的相容性差，将加速胶料变质，因此，必须按照机器使用说明书的要求选用液压油。

（4）已使用多年的密封件，有的已产生永久变形或老化，但仍继续使用。

（5）储存不当。橡胶密封件储存时，要求库房内温度保持在 −15～25℃ 范围内，相对湿度应保持在 50%～80% 范围内，并应避免阳光直射、雨雪浸淋，禁止与酸碱、油类及有机溶剂等影响橡胶质量的物质接触，并应距离热源 1 m 以上。如达不到这些要求，或因储存时间过长而引起橡胶老化，或因堆放、吊挂而产生永久性变形等，均可导致密封失效。

三、泄漏发生的主要原因

1. 腐蚀因素

在不同工作介质环境下运行的设备种类繁多，涉及的腐蚀性介质多达十几种。即使是空气压缩机也存在腐蚀性问题。腐蚀性介质不但对人有不同程度的化学性灼伤作用，而且对金属设备也有较强的腐蚀性，同时还会使机器性能急剧下降。腐蚀将会使零部件减薄、变脆，造成机件破坏，甚至承受不了原设计压力而引起断裂、泄漏、着火、爆炸等事故。

压缩空气中含有二氧化硫和三氧化硫等，其含量因地点、风向而异。在干燥的环境中，SO_2、SO_3 的腐蚀作用很弱，但如果与中间冷却器的冷凝液结合在一起，生成亚硫酸和硫酸（pH 值可达 3），将会对中间冷却器、连接管道、叶轮等有较强的腐蚀作用。

对于输送腐蚀性气体的往复活塞式压缩机，因气流速度较低，应力也较低，而且润滑油在某种程度上起到一定的保护作用，故防腐问题易于解决。而对高速运转的离心式压缩机、分离机和耐酸泵等，在材料选择上要予以慎重考虑。

被输送的气体往往含有固体粉尘，尤其是在未经洗涤和除尘的条件下，粉尘含量较高。对往复活塞式压缩机将加剧磨损和易形成积炭；对输送烟气和煤粉的引风机与排粉风机，因烟气、煤粉中含有大量尘粒等杂质，工作条件恶劣，风机的机壳和叶轮极易磨损；对透平式压缩机，则会降低效率并产生严重的振动。如果气体压缩机吸入口处的水蒸气达到饱和，则对气体压缩机的污染更为严重。潮湿的污染气体经干燥后将会产生大量的沉积物，阻塞叶片之间的通道。

2. 磨损与疲劳因素

在设备试车、运行过程中，由于设计、制造、安装、检修方面的问题，或缺乏正确的操作、维护知识，都有可能造成机器零部件损坏和破坏性事故。其事故常见的原因是运动副的磨损、材料的塑性变形和疲劳破坏。

（1）按照磨损造成摩擦表面破坏的机理，可分为黏着磨损、磨料磨损和腐蚀磨损三种。

1）黏着磨损。当两个金属零件表面直接接触，其间没有润滑油膜隔开，即没有形成完全润滑时的磨损称为黏着磨损。此种磨损是设备摩擦零件中最常见的磨损形式。由于相互接触的两个金属表面凹凸不平，接触面积很小，因此，接触应力很大，大到足以超过材料的屈服点而发生塑性变形，从而使凹凸表面彼此黏着在一起。当两个金属表面产生相对滑动时，凹凸表面因抗剪强度较低而被剪断造成磨损。

黏着磨损的速度与接触压力、磨损面积和摩擦距离成正比，而与材料的压缩屈服点成反比。

压缩机、风机、泵和离心机的主轴与轴承之间、活塞与活塞环之间的磨损为黏着磨损。

2）磨料磨损。当两个零件表面之间存在尘埃、金属屑或积炭等坚硬的磨粒时所造成的磨损称为磨料磨损。这种磨损是由于气体净化不好，工艺流程中的气体含有大量杂质，润滑油中含有金属屑、杂质，以及高温下润滑油分解形成积炭等造成的，如汽缸与活塞环之间的磨损。

3）腐蚀磨损。由于腐蚀作用使金属氧化物剥落，致使金属表面间发生的设备磨损称为腐蚀磨损。此种磨损往往与黏着磨损、磨料磨损同时产生。而且，空气、腐蚀性介质的存在将会加剧腐蚀磨损。腐蚀磨损按腐蚀的速度不同又分为氧化磨损、特殊介质腐蚀磨损和微动磨损三种，其中，最容易使机件断裂的是微动磨损。

微动磨损是指采用设备方法（如过盈配合或过渡配合等）连接的两个零部件表面在动载荷的作用下发生相对运动，使零部件表面产生近似于坑蚀、点蚀的腐蚀形态的磨损，又称咬蚀、摩擦腐蚀或磨蚀疲劳。微动磨损将降低机件的使用寿命，使其在低于疲劳极限的受力状态下发生破裂。

设备的嵌合部位（如键与键槽的配合处、连杆螺栓的螺母与连杆的结合面）、过盈配合处（如主轴颈、曲柄轴和转子的红装处），虽没有宏观的相对位移，但在交变的脉动载荷和振动的作用下，会产生微小的相对滑动。此时表面产生大量的微小的磨损氧化粉末。由于微动磨损集中在局部区域，而摩擦面又永远保持接触，使其表面的质点被扯松、移动，甚至出现氧化质点，通常还伴随着表面局部麻点破坏，如同磨料加速磨损一样，因此兼有氧化、磨料和黏着磨损的作用。在微动磨损的构件表面上出现咬蚀损伤的硬化区，上面浮有红色、暗红色（Fe_2O_3）或黑色的腐蚀产物，形成坑蚀和点蚀的腐蚀形态，在配合表面上，留有氧化斑痕、擦伤痕迹等，甚至出现咬蚀疲劳裂纹。咬蚀造成了表面应力集中和残余拉应力，削弱了疲劳强度，比较容易引起表面初始裂纹，并有可能扩展，致使连接件断裂。

（2）机件的磨损量不仅与磨损类型、材料有关，而且与工作条件（如工作时间、载荷、摩擦速度、有无润滑、润滑状态及周围介质等）有关。

通过大量试验表明，表面磨损量与机器工作时间有一定的内在规律性，其变化曲线如图1—1所示。零件磨损曲线可分三个不同阶段。

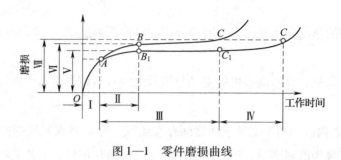

图1—1　零件磨损曲线

Ⅰ—生产磨合时期　Ⅱ—运行磨合时期　Ⅲ—大修间隔时期

Ⅳ—由于初期磨损降低而增加的大修间隔时期　Ⅴ—降低了的初期磨损　Ⅵ—初期磨损　Ⅶ—极限磨损

1）磨合阶段（曲线 OB 段）。由于机加工的工艺性，零件表面具有一定的粗糙度和微观不平度。在磨合开始时磨损非常迅速，磨损曲线的斜率很大，当粗糙表面的凸峰逐渐磨平时，磨损的速度逐渐降低，直至磨损到一定程度时才趋向稳定，此阶段的磨损称为初期磨损。

2）工作阶段（曲线 BC 段）。零件经过初期磨损后，其工作表面的金属凸峰部分已经被磨掉，凹谷部分被塑性变形所填平，从而使工作表面粗糙度降低，再加之润滑条件的逐步改善，磨损速度大大减缓，磨损量的增长率几乎不变，直至工作很长时间后，磨损的增长率才逐渐增大。

3）事故性磨损阶段（C 以后）。随着磨损量的逐步增加，配合面的间隙增大，再受到载荷分布不均、冲击、过热和漏油等因素影响，磨损将急剧增加，直至达到磨损极限时（即零件与配合件不可能或不应该再继续使用时的磨损程度），将引起破坏性事故。

为了防止零件因配合面磨损达到磨损极限而发生破坏性事故，保证机器运转的可靠性与经济性，对机器的主要运动副之间的磨损极限值和允许极限值（零件或配合件已经有了某种程度的磨损，但到下次检修之前，磨损最严重的程度还达不到磨损极限值，此程度叫允许极限），都应在使用说明书中作出文字说明。

设备的主要运动部件，如活塞式压缩机的曲轴、连杆、连杆螺栓，透乎压缩机和离心泵的转子、叶轮及离心机的转子、转鼓等，都是在交变载荷下工作，它们经过较长时间运行后，未经产生明显的塑性变形而发生突然断裂的现象称为疲劳。由于零件内部有缺陷，在交变载荷作用下形成表面微裂纹，随后迅速达到失稳、扩展，并横贯和渗透到金属本体，乃至零件的有效截面积逐渐缩小，应力不断增加，当应力超过材料的断裂强度极限（或疲劳极限）时，即生发突然断裂。疲劳断裂具有很大的危险性，它会导致零部件解体的重大事故。

实验表明，平均应力越大，疲劳极限越高，所允许的交变应力幅度越小，则疲劳损伤也就越小；零件在超过疲劳极限的应力下继续工作，直到断裂时，所能经受的应力循环次数（称为过载荷持久值）越多，则零件抵抗过载荷损伤的能力越强。

实验还表明，金属材料在低于或接近于疲劳极限下运行一定次数后，其疲劳极限还会提高，延长了疲劳寿命，此现象称为次载荷锻炼。因此，新制造的机器一般先在空载或部分载荷条件下运转一段时间，以使各摩擦表面磨合得更好，提高疲劳抗力，延长使用寿命。

对于承受交变弯曲或扭转载荷的设备零件，由于横截面上的应力分布不均匀，表面层的应力最大。因此，它是最容易形成疲劳集中点的地方。特别是红装（或热套）的配合表面，易形成咬蚀损伤，设备零件在低于疲劳极限的受力状态下发生咬蚀疲劳断裂，故采用表面强化工艺可有效提高疲劳极限。常用的表面强化处理方法有：表面冷作硬化（喷丸、滚压、滚压抛光）；表面热处理（表面渗碳、渗氮、氰化、表面高频淬火及火焰淬火）；表面镀层（镀铬、镀镍、镀镉）和表面涂层（塑料膜）。表面强化后，不仅可直接提高金属表层的强度，从而提高疲劳极限，而且可使零件表层产生残余压应力，降低交变载荷作用下的表面拉应力，使其不易产生疲劳裂纹和扩展。

设备的零部件在交变载荷作用下，最容易产生疲劳断裂之处称为疲劳源（即疲劳裂纹发源地）。疲劳源一般是零件的表面，因此，零件的表面质量及状态对疲劳极限影响很大。如零件表面上有缺陷（如刀痕、拉伤、钢印记号、磨削裂纹），加之存在键槽、油孔、台肩、拐角和螺纹等缺口，由于这些地方应力集中，是零部件的最薄弱环节。因此，零件可在较低的应力或较短的寿命下发生疲劳断裂。应力集中的程度不仅与缺口的形状有关，而且还与材料的性质、零件表面的粗糙度等有关。

叶片焊缝的热影响区和焊缝本身的缺陷（焊接缩孔、气孔等）是产生疲劳断裂破坏的薄弱环节，也易形成疲劳源。小裂纹在交变载荷作用下，在较低应力时，经过亚临界扩展也会很快达到裂纹的临界尺寸，而迅速达到失稳扩展，从而发生突然断裂。

装配的零件表面间易形成坑蚀、点蚀的咬蚀损伤，经咬蚀的材料疲劳极限下降50%，导致零件在低于疲劳极限的受力状态下发生咬蚀疲劳断裂。

3. 振动因素

设备在运行中，由于种种原因而产生的机组强烈的异常振动是设备常见的一种故障。强烈的振动将带来可怕的后果。它不但会导致连接件接头松脱、基础松动、支撑移动，焊缝、绝缘破坏，压力表等附属仪表工作不稳定，加剧运动件与静止件的磨损和引起泄漏等故障，而且还会降低机器的性能，产生很大的噪声，严重影响设备运转的可靠性，甚至引起机器、管道疲劳断裂，造成爆炸等破坏性事故。同时，振动本身还直接危害职工的身体健康，引起神经系统和心血管疾病。

（1）往复活塞式压缩机机组和管道的振动

除了运动机构存在不平衡力与力矩（即动力平衡性差）和基础设计不当外，流体流经吸、排气阀时的间歇性引起的气流脉动也是导致振动的主要原因。

气流脉动即是由于活塞式压缩机吸、排气的间歇性，使气流的压力和速度呈周期性变化的现象。气流脉动引起管道振动时，同时存在两个振动系统，一个是气柱振动系统，此系统受到压缩机吸、排气的周期性激发作用（或称干扰），就会产生振动，其结果将使管道内压力产生脉动，当压缩机的激发频率与气柱固有频率相同时，则产生共振，给整个装置的工作带来巨大危害；另一个是设备振动系统，它由管路（包括管道本身、管道附件的支架等）结构系统构成，只要有激发力作用在此系统上，它便产生设备振动。压力脉动作用在管路的转弯处或截面变化处的不平衡力，就是激发管道系统作设备振动的激发力。气流脉动激发管道作设备振动，管道振动反过来又会引起机组的振动，当气流脉动引起的振动频率与管路自振频率相同时，就会发生共振，带来严重的后果。

（2）叶片回转式设备振动

离心式压缩机、风机和离心泵都具有高速回转的叶轮，故统称为叶片回转式设备。离心机虽没有叶片，但具有高速运转的转鼓，转速一般高达每分钟几千转甚至上万转，因此也属于高速回转设备。引起回转设备振动的原因主要包括两个方面：一是设备本身固有特性决定的，即共振现象；二是由于不平衡力、扰动性力的作用，即转子的重心不在旋转中心线上，因此不平衡质量产生了离心力，在离心力的作用下，使回转设备产生振动。

导致转子不平衡的原因很多，比如材质不均匀、加工制造和设备安装对中不良、装配调整不好等。

离心机的转鼓材料组织结构不均匀，制造加工过程中产生的各种误差，如椭圆度、偏心度误差和加工变形等，以及结构设计中的不对称等将导致转鼓不平衡，而转鼓不平衡正是离心机产生振动的主要原因。

为了减少不平衡力和不平衡力矩，减小振动，除了选材均匀，结构设计上尽可能保证零件对回转轴线的对称性和提高加工、安装精度之外，在转子加工安装好后，还必须对转子进行动平衡试验。

尽管如此，在试车、操作过程中仍会产生振动。如离心式压缩机的叶轮因腐蚀、磨损、粉尘集聚的不均匀等导致转子不平衡，操作中气流不稳定而发生喘振，均会引起机组振动。离心机在投料试车、装料、卸料时不均匀（这与物料种类、转鼓内料层的密实度、坚硬度、切削阻力有关）也会产生强烈的振动。因此，高速回转设备的正常操作是十分重要的。

4. 气蚀与喘振因素

（1）气蚀

气蚀是离心泵设计、操作中必须认真考虑的问题，特别是随着石化装置大型化、高速化的发展，其重要性更为突出。

根据离心泵的工作原理，高速旋转的叶轮把能量旋加给液体以后，液体在离心力作用下提高其静压能和动能。在液体被甩出去的同时，泵的中央部位（吸入口处）造成暂时真空，由于低位槽压力通常为一个大气压，高于泵内的压力，则新鲜液体会源源不断地补充进来。

液体在流道中流动，沿流动方向的压力和速度是变化的，叶轮吸入口处压力最低，称为低压区；进口处压力较高，称为高压区。

所谓气蚀现象即是当液体在叶轮内低压区的压力小于该温度下的饱和蒸气压时，液体汽化，产生大量气泡，在液流中形成充满蒸气的空穴，这种气泡随液流进入高压区时，在压差作用下被压碎，突然破灭、消失而重新凝结，在凝结的瞬间，由于体积急剧缩小，气泡周围的高压水很快冲击这一空间，加之压力很大（对叶轮表面产生的局部压力可达几百至几千大气压），冲击频率很高（高达 25 000 次/s），凝结放热时温度也很高（达 230℃左右），液体质点相互撞击，结果使叶轮金属表面在巨大压力的高频连续冲击下产生疲劳点蚀破坏，加之气泡凝结时放出氧气，对金属表面产生化学腐蚀作用（又称"侵蚀"），从而加快金属零件的破坏。离心泵在严重的气蚀状态下运行，将使泵的流量、扬程和效率显著降低，甚至无法工作。同时还会伴有强烈的噪声和振动。长期连续在此工况下运行，会使叶轮金属表面受到严重侵蚀，在叶轮入口边靠近前盖板处和叶片入口处附近产生蜂窝状或海绵状组织，导致叶轮破坏。因此，在设计和操作中应设法提高离心泵抗气蚀性能，以防气蚀发生。

（2）喘振

喘振是离心式压缩机在正常运行及开、停车过程中常见的故障。离心压缩机的各级叶轮、扩压器、回流器等气体流道都是按照最高效率点设计工况设计的。当压缩机实际运行的流量比设计流量小到一定程度时，则会出现不稳定工作状态，此工况称为喘振或飞动。当压缩机的叶轮和扩压器流动中发生旋转脱离现象时，压缩机出口压力突然下降，引起气流周期性强烈脉动，压缩机运行很不稳定，使叶片受到周期性的交变应力作用，导致叶片振动，甚至疲劳破坏，同时还加剧振动，伴有很大的噪声，使压缩机难以维持正常运行。机器长期在喘振工况下运行，压缩机轴封、轴承、止回阀、管子接头、管子支架等都会很快地被破坏，甚至发生重大破坏事故。

喘振现象在开、停车过程中更容易发生。因此，必须格外慎重。同时，必须在设计、操作和预测故障等方面给予高度重视。

学习单元2 设备受力分析基本知识

学习目标

➤ 能够对泄漏设备进行受力分析。

知识要求

泄漏设备中大多数为内压容器，外压容器较少。容器分为球形、圆筒形和锥形。

一、圆筒形容器的结构和受力分析

圆筒形容器由圆筒和封头两部分组成，如图1—2a所示。

如果用一个垂直于筒体轴线的截面，将筒体截成左右两部分，移去右面部分而研究左面部分的平衡。如图1—2b所示，筒体中内压 p 的轴向合力为 $p\dfrac{\pi D^2}{4}$，使左面部分有向左移动的趋势，为了保持原来的平衡，被移去的右面部分必给左面部分有作用力（内力），即在筒体器壁的横截面上产生拉应力 σ_z。由于对称，σ_z 在筒体

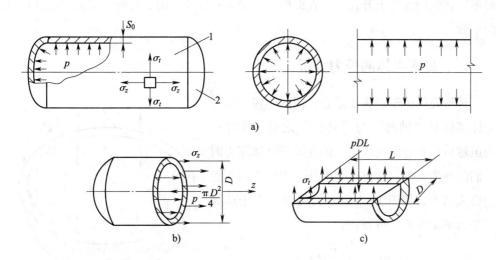

图 1—2   内压圆筒形容器的结构和受力分析

1—筒体   2—封头

器壁的横截面上的分布是均匀的。根据轴向平衡条件 $\Sigma p_z = 0$，有：

$$\sigma_z \pi D S_0 - p \frac{\pi D^2}{4} = 0$$

由此

$$\sigma_z = \frac{pD}{4S_0}$$

式中 σ_z——轴向应力，$\mathrm{N/m^2}$；

　　　　p——圆筒体的内压力，$\mathrm{N/m^2}$；

　　　　D——圆筒的中面直径，m；

　　　　S_0——壁厚，m。

再由筒体中取出长为 L 的一段，用经过筒体轴线的平面（称为轴平面）将筒体截成上下两部分，移去上面部分来研究下面部分的平衡，如图 1—2c 所示，垂直作用在轴平面上的内压力 p 的合力为 pDL。纵截面上的应力 σ_t 沿着圆环的切线方向，称为环向应力。由于筒体器壁很薄，弯曲应力可以忽略，而认为环向应力是均匀分布在截面上的拉应力，其合力为 $2\sigma_t L S_0$，根据平衡条件 $\Sigma p_y = 0$，有：

$$2\sigma_t L S_0 - pDL = 0$$

$$\sigma_t = \frac{pD}{2S_0}$$

可以看出：$\sigma_t = 2\sigma_z$。由此说明圆筒形器壁中，环向应力是轴向拉应力的 2 倍，因此，在制造圆筒形容器时，纵向焊缝的质量要求比环向焊缝高。为保证安全，最好不要在纵向焊缝上开孔。当在圆筒上开设人孔或手孔时，应使其短轴与筒体的纵向一致。

二、球形壳体的受力分析

球形壳体由于对称于球心，因此不像圆筒形壳体那样有"轴向"与"环向"之分。在球壳内虽然也存在着两向应力，但在承受气体压力时它们的数值相等。若将球壳沿任一直径方向假想剖分成两半，如图1—3所示，并建立半个球体的受力平衡关系，可得：

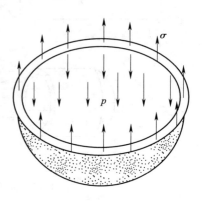

$$\sigma \pi D S_0 = \frac{\pi}{4} D^2 p$$

$$\sigma = \frac{pD}{4S_0}$$

图1—3　内压球形壳体受力分析

式中　σ—许用拉应力，N/m^2。

将上述公式进行比较，可以看出，在同样直径、壁厚和同样压力的情况下，球形壳壁中的拉应力仅是圆筒形壳壁中环向拉应力的一半，也就是说若想使球形壳壁的应力与圆筒形壳壁的应力相同，球形壳壁厚仅须为圆筒形壳壁厚度的一半，而且当容积相同时，球壳具有最小的表面积，故节省不少金属材料。所以，大型储罐做成球形较为经济。近年来随着加工技术水平的不断提高，高压容器或设备也有采用球形的。

第 2 节　工　艺　编　制

学习单元 1　带压密封的基本步骤

学习目标

➤ 能够根据泄漏情况制定带压密封步骤。

知识要求

带压密封操作方法是在现场测绘、夹具设计及制作完成后进行的具体操作作业，也是注剂式带压密封技术中危险性最大的作业步骤。因此，安全问题必须放在首位，要根据泄漏介质的压力、温度、泄漏现场的环境等条件配戴好劳动保护用品，准备好现场作业所用的各种工器具，按注剂式带压密封技术的操作要领进行操作。

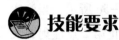

技能要求

一、法兰泄漏基本操作步骤

法兰泄漏应根据其泄漏介质的压力、温度及泄漏法兰副的连接间隙等参数确定具体操作方法。法兰泄漏操作方法有"铜丝敛缝围堵法""钢带围堵法（螺栓紧固式、钢带拉紧器紧固式）""凸形法兰夹具（标准夹具、偏心夹具、异径夹具、设有柔性密封结构夹具、设有软金属密封结构夹具）""凹形法兰夹具"等。

1. 铜丝敛缝围堵法

铜丝敛缝围堵法适用于泄漏介质压力小于 2.5 MPa，泄漏流量较小的场合。按泄漏法兰副的连接间隙的大小准备好相应直径的铜丝、各种形式的冲子、防爆工具、螺栓专用注剂接头、注剂阀、G 形卡具、梅花扳手、钳子等。一般操作步骤是：

（1）首先在泄漏点附近装上一个 G 形卡具。

（2）松开泄漏点附近的一个螺栓，拧下螺母，装上螺栓专用注剂接头，再把螺母拧紧。

（3）拆下 G 形卡具，移到离泄漏点最远处装好，松开附近的一个螺栓，拧下螺母，装上螺栓专用注剂接头，再把螺母拧紧。

（4）确定铜丝的长度。其长度应大于泄漏法兰的外圆周长的 2 倍或至少是一周外加 200 mm。

（5）从泄漏点附近的一侧把铜丝插入法兰间隙内，用锤子轻轻敲击铜丝使其嵌入泄漏法兰间隙内。

（6）用磨成如图 1—4 所示的扁冲子，把铜丝均匀地嵌入到泄漏法兰间隙内，铜丝两端搭接长度约为

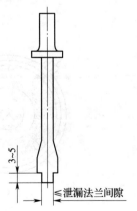

图 1—4　扁冲结构示意图

50 mm，最好是铜丝绕泄漏法兰周边 2 周。

（7）用球形冲子把泄漏法兰外边缘冲出塑性变形，这种内凹的局部塑性变形可使铜丝固定在法兰间隙内，冲出凹点的间隔及数量视法兰的外径而定，一般间隔可控制在 20～50 mm 范围内。

（8）从距泄漏点最远的螺栓专用注剂接头处装上注剂阀及高压注剂枪，注入密封注剂，如图 1—5 所示。密封注剂在密封空腔内逐步向泄漏点移动，如图 1—5b 所示，当密封注剂到达相邻的排放点时（注剂阀无泄漏介质排出时），停止 1 点注射，关闭注剂阀。把高压注剂枪移到第 2 点作业，如图 1—5c 所示，当注入的密封注剂到达相邻排放点时（注剂阀无泄漏介质排出时），停止第 2 点注射，关闭注剂阀。把高压注剂枪移到第 3 点注入密封注剂，这时泄漏流量会逐渐变小直到被消除，暂停注射密封注剂操作，记录此时的注射压力。过 10～30 min 注射的密封注剂在泄漏介质温度的作用下固化，这时在靠近泄漏点的第 4 点处连接高压注剂枪，注射密封注剂，其注射压力应比前面记录的注射压力高 2～5 MPa，目的在于使密封空腔内能够保持足够的密封比压。关闭注剂阀，手动油泵卸压，拆下高压注剂枪，换上丝堵，带压密封作业结束。只安装 2 个螺栓专用注剂接头的可以不拆除，2 个以上的应逐个拆除，即注射完此点后，在 G 形卡具的配合下，拆下螺栓专用注剂接头，立刻拧上螺母，最后一个螺栓专用注剂接头不拆除。

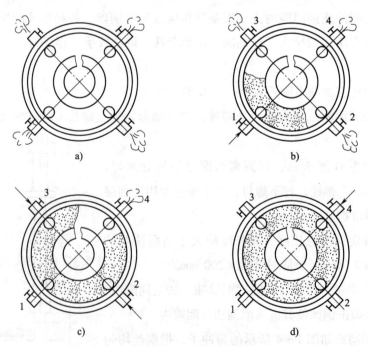

图 1—5　法兰泄漏敛缝围堵法操作示意图

（9）注剂式带压密封作业要平稳进行，并合理地控制操作压力，以保证密封注剂有足够的工作密封比压，同时又要防止把密封注剂注射到泄漏系统中去。

现场操作压力 P 由三部分组成：

$$P \geqslant P_1 + P_2 + P_3$$

式中　P_1——密封注剂从高压注剂枪挤出所消耗的压力，大小与高压注剂枪的结构、密封注剂的品种、作业时的环境温度有关，在常温时一般为 8 ~ 20 MPa；

P_2——密封注剂注射到夹具与泄漏部位构成的密封空腔内的沿程阻力，包括角度接头、注剂阀。它与密封空腔截面大小、表面粗糙度、密封注剂流动距离、泄漏介质的温度有关，一般为 10 MPa 左右；

P_3——泄漏介质压力，MPa。

实际操作压力由安装在手动油泵出口处的压力表指针显示出来。当掀动手压油泵的压杆时，高压注剂枪的活塞杆向前移动，密封注剂开始被挤压，压力表指针压力上升，指针压力升高到一定数值时，密封注剂开始流动，即被挤出，指针压力呈波浪状变化，指针来回摆动，手动油泵的压杆向下时，指针压力上升，压杆向上时，指针压力下降，这个压力的平均值就是注射密封注剂操作的最低压力。当指针压力出现只上升不下降时，表明高压注剂枪内密封注剂已注射完。随着密封注剂流动距离的增加，P_2 增大，操作压力升高，直到密封注剂充满整个密封空腔。P_2 的值要控制在适当的范围内。P_2 过大，容易使铜丝外退或使夹具局部变形，引起密封注剂外溢，也会使泄漏部位局部表面承受很大的附加应力。

（10）当选用的是热固化密封注剂时，必须注意泄漏介质的温度和环境温度，并参照密封注剂使用说明书确定是否需要采用加热措施。一般来说：

1）当泄漏介质温度高于 40℃，环境温度为常温时，可不必采取加热措施，按正常条件进行带压密封作业。

2）当泄漏介质温度高于 40℃，环境温度很低，注射压力大于 20 MPa 时，则应对高压注剂枪前部的剂料腔进行加热，增强密封注剂的流动性和填充性。

3）当泄漏介质温度低于 40℃，环境温度在常温以下时，除可考虑选用非热固化密封注剂外，若选用热固化密封注剂则必须采取外部加热措施，否则带压密封作业很难顺利完成。

4）加热的方式可以用水蒸气、热风、电热等，最方便的加热方式是水蒸气。

5）加热的时间视加热源的温度而定。采取边加热边注射的方式最佳。密封注剂注射前的预热温度应不超过 80℃，时间不得超过 30 min，而对已经注射到夹具密封空腔内的密封注剂加热应在 30 min 以上，以保证其固化完全。

6）为了防止密封注剂被注射到泄漏系统内，要按密封空腔的大小估算密封注剂的用量。

带压密封作业完成后，拆下高压注剂枪，拧上丝堵，撤下 G 形卡具，清理现场，并退出高压注剂枪内的剩余密封注剂，使带压密封所用工具处于完好备用状态。

2. 钢带围堵法

当泄漏介质的压力低于 2.5 MPa 时，也可以采用"钢带围堵法"进行带压密封作业。工具的准备同铜丝敛缝围堵法，其操作过程是：

（1）首先在泄漏点附近装上一个 G 形卡具。

（2）松开泄漏点附近的一个螺栓，拧下螺母，装上螺栓专用注剂接头，再把螺母拧紧。

（3）拆下 G 形卡具，移到离泄漏点最远处装好，松开附近的一个螺栓，拧下螺母，装上螺栓专用注剂接头，再把螺母拧紧。

（4）选择边长或直径等于或大于泄漏法兰间隙的方形或圆形石棉填料（或其他方形填料），其长度大于泄漏法兰外圆周长。

（5）从泄漏点附近的一侧把石棉填料插入法兰间隙内，用手锤轻轻敲击填料，使其嵌入到泄漏法兰间隙内，填料两端搭接长度约为 50 mm。

（6）选取一长于泄漏法兰外圆周长的不锈钢带，装上钢带夹，用钢带拉紧器把钢带拉紧，使其紧紧地盘在泄漏法兰及填料的外周圆上，拧紧钢带夹上的紧定螺钉，切断过长的钢带。

（7）从距泄漏点最远的螺栓专用注剂接头处装上注剂阀及高压注剂枪，注入密封注剂，如图 1—5 所示。密封注剂在密封空腔内逐步向泄漏点移动，如图 1—5b 所示，当密封注剂到达相邻的排放点时（注剂阀无泄漏介质排出时），停止 1 点注射，关闭注剂阀。把高压注剂枪移到第 2 点作业，如图 1—5c 所示，当注入的密封注剂到达相邻排放点时（注剂阀无泄漏介质排出时），停止第 2 点注射，关闭注剂阀。把高压注剂枪移到第 3 点注入密封注剂，这时泄漏流量会逐渐变小直到被消除，暂停注射密封注剂操作，记录此时的注射压力。过 10～30 min 注射的密封注剂在泄漏介质温度的作用下固化，这时在靠近泄漏点的第 4 点处连接高压注剂枪，注射密封注剂，其注射压力应比前面记录的注射压力高 2～5 MPa，目的在于使密封空腔内能够保持足够的密封比压。关闭注剂阀，手动油泵卸压，拆下高压注剂枪，换上丝堵，带压密封作业结束。只安装两个螺栓专用注剂接头的可以不拆除，两个以上的应逐个拆除，即注射完此点后，在 G 形卡具的配合下，拆下螺栓专用注剂接头，立刻拧上螺母，最后一个螺栓专用注剂接头不拆除。

（8）注剂式带压密封作业要平稳进行，并合理地控制操作压力，以保证密封注剂有足够的工作密封比压，同时又要防止把密封注剂注射到泄漏系统中去。

（9）当选用的是热固化密封注剂时，必须注意泄漏介质的温度和环境温度，并参照密封注剂使用说明书确定是否需要采用加热措施。一般来说：

1）当泄漏介质温度高于 40℃，环境温度为常温时，可不必采取加热措施，按正常条件进行带压密封作业。

2）当泄漏介质温度高于 40℃，环境温度很低，注射压力大于 20 MPa 时，则应对高压注剂枪前部的剂料腔进行加热，增强密封注剂的流动性和填充性。

3）当泄漏介质温度低于 40℃，环境温度在常温以下时，除可考虑选用非热固化密封注剂外，若选用热固化密封注剂则必须采取外部加热措施，否则带压密封作业很难顺利完成。

4）加热的方式可以用水蒸气、热风、电热等，最方便的加热方式是水蒸气。

5）加热的时间视加热源的温度而定。采取边加热边注射的方式最佳。密封注剂注射前的预热温度应不超过 80℃，时间不得超过 30 min，而对已经注射到夹具密封空腔内的密封注剂加热应在 30 min 以上，以保证其固化完全。

6）为了防止密封注剂被注射到泄漏系统内，要按密封空腔的大小估算密封注剂的用量。

带压密封作业完成后，拆下高压注剂枪，拧上丝堵，撤下 G 形卡具，清理现场，并退出高压注剂枪内的剩余密封注剂，使带压密封所用工具处于完好备用状态。

3. 凹形法兰夹具

凹形法兰夹具主要用于泄漏法兰连接间隙小于 2 mm 的场合，或采用"铜丝敛缝围堵法""钢带围堵法""凸形法兰夹具法"进行作业比较困难及无法施工的场合。由于凹形法兰夹具的封闭作用只能依靠夹具 D 的尺寸来保证，为了提高夹具的封闭性能，同样可以采取"凸形法兰夹具"提高封闭性能的方法，将凹形法兰夹具设计成偏心夹具、异径夹具、设有柔性密封结构夹具、设有软金属密封结构夹具等形式。凹形法兰夹具带压密封作业的操作步骤如下：

（1）带压密封作业前，应在制作好的夹具上装好注剂阀，并使其处于开的位置。如注剂阀是已使用过的，则应把积存在通道上的密封注剂清除掉。当注剂阀口到周围障碍物的直线距离小于高压注剂枪的长度时，则应在注剂阀与夹具之间增装角度接头，目的是排放泄漏介质和改变高压注剂枪的连接方向。

（2）操作人员在带压密封作业时，应站在上风头。若泄漏压力及流量很大，则可用胶管接上压缩空气，把泄漏介质吹向一边，或者把夹具接上长杆，使操作人员少接触或不接触介质。

（3）由于凹形法兰夹具没有凸形法兰夹具的小凸台，无法使夹具准确定位在泄漏法兰上，故安装时必须保证夹具凹槽对准泄漏法兰连接间隙。

（4）安装夹具时应避免激烈撞击。泄漏介质是易燃、易爆物料时，绝对防止出现火花，并采用防爆工具作业。

（5）夹具螺栓拧紧后，检查夹具与泄漏部位的连接间隙，一般要控制在0.5 mm 以下，否则要采取相应的措施缩小这个间隙。

（6）在确认夹具安装合格后，在注剂阀上连接高压注剂枪，装上密封注剂后，再用高压胶管把高压注剂枪与手动油泵连接起来，进行注剂作业。

（7）先从离泄漏点最远的注剂孔注射密封注剂，如图1—6 所示。

（8）余下步骤同上。

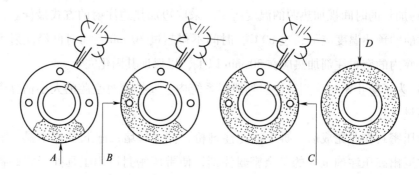

图1—6　法兰泄漏夹具法操作示意图

二、弯头泄漏基本操作步骤

弯头泄漏应根据其泄漏介质的压力、温度及泄漏管道的外径等参数确定具体操作方法。弯头泄漏无论采用哪种夹具，其操作方法基本相同。一般操作步骤如下：

1. 带压密封作业前，应在制作好的夹具上装好注剂阀，并使其处于开启位置。如注剂阀是已使用过的，则应把积存在通道上的密封注剂清除掉。当注剂阀口到周围障碍物的直线距离小于高压注剂枪的长度时，则应在注剂阀与夹具之间增装角度接头，目的是排放泄漏介质和改变高压注剂枪的连接方向。

2. 操作人员在带压密封作业时，应站在上风头。若泄漏压力及流量很大，则可用胶管接上压缩空气，把泄漏介质吹向一边，或者把夹具接上长杆，使操作人员少接触或不接触介质。

3. 泄漏是点状的，并且管道壁厚没有减薄时，可以直接安装夹具；由于腐蚀造成的泄漏，并且壁厚明显减薄的管道或冻裂的管道，则应采取相应措施，防止注射密封注剂时产生局部失稳，或使密封注剂大量进入泄漏管道。为防止此种情况发生，可在泄漏部位上加设补强隔板或设计制作隔离式夹具，这样在注射密封注剂时，密封注剂则不与泄漏缺陷直接接触，达到局部隔离的作用。

4. 安装夹具时应避免激烈撞击。泄漏介质是易燃、易爆物料时，绝对防止出现火花，并采用防爆工具作业。

5. 夹具螺栓拧紧后，检查夹具与泄漏部位的连接间隙，一般要控制在 0.5 mm 以下，否则要采取相应的措施缩小这个间隙。

6. 采用异径弯头夹具时，要充分考虑到夹具小管径端面所受的注剂推力要大于夹具大管径端面所受到的推力，宜采用变径夹具结构形式。

7. 在确认夹具安装合格后，在注剂阀上连接高压注剂枪，装上密封注剂后，再用高压胶管把高压注剂枪与手动油泵连接起来，进行注剂作业。

8. 注剂式带压密封作业要平稳进行，并合理地控制操作压力，以保证密封注剂有足够的工作密封比压，同时又要防止把密封注剂注射到泄漏系统中去。

9. 当选用的是热固化密封注剂时，必须注意泄漏介质的温度和环境温度，并参照密封注剂使用说明书确定是否需要采用加热措施，一般来说：

（1）当泄漏介质温度高于 40℃，环境温度为常温时，可不必采取加热措施，按正常条件进行带压密封作业。

（2）当泄漏介质温度高于 40℃，环境温度很低，注射压力大于 20 MPa 时，则应对高压注剂枪前部的剂料腔进行加热，增强密封注剂的流动性和填充性。

（3）当泄漏介质温度低于 40℃，环境温度在常温以下时，除可考虑选用非热固化密封注剂外，若选用热固化密封注剂则必须采取外部加热措施，否则带压密封作业很难顺利完成。

（4）加热的方式可以用水蒸气、热风、电热等，最方便的加热方式是水蒸气。

（5）加热的时间视加热源的温度而定。采取边加热边注射的方式最佳。密封注剂注射前的预热温度应不超过 80℃，时间不得超过 30 min，而对已经注射到夹具密封空腔内的密封注剂加热应在 30 min 以上，以保证其固化完全。

（6）为了防止密封注剂被注射到泄漏系统内，要按密封空腔的大小估算密封注剂的用量。

带压密封作业完成后，拆下高压注剂枪，拧上丝堵，清理现场，并退出高压注剂枪内的剩余密封注剂，使带压密封所用工具处于完好备用状态。

三、三通泄漏基本操作步骤

三通泄漏应根据其泄漏介质的压力、温度及泄漏管道的外径等参数确定具体操作方法。三通泄漏无论采用哪种夹具，其操作方法基本相同。一般操作步骤如下：

1. 带压密封作业前，应在制作好的夹具上装好注剂阀，并使其处于开的位置。如注剂阀是已使用过的，则应把积存在通道上的密封注剂清除掉。当注剂阀口到周围障碍物的直线距离小于高压注剂枪的长度时，则应在注剂阀与夹具之间增装角度接头，目的是排放泄漏介质和改变高压注剂枪的连接方向。

2. 操作人员在带压密封作业时，应站在上风头。若泄漏压力及流量很大，则可用胶管接上压缩空气，把泄漏介质吹向一边，或者把夹具接上长杆，使操作人员少接触或不接触介质。

3. 泄漏是点状的，并且管道壁厚没有减薄时，可以直接安装夹具；由于腐蚀造成的泄漏，并且壁厚明显减薄的管道或冻裂的管道，则应采取相应措施，防止注射密封注剂时产生局部失稳，或使密封注剂大量进入泄漏管道。为防止此种情况发生，可在泄漏部位上加设补强隔板或设计制作隔离式夹具，这样在注射密封注剂时，密封注剂则不与泄漏缺陷直接接触，达到局部隔离的作用。

4. 安装夹具时应避免激烈撞击。泄漏介质是易燃、易爆物料时，绝对防止出现火花，并采用防爆工具作业。

5. 夹具螺栓拧紧后，检查夹具与泄漏部位的连接间隙，一般要控制在 0.5 mm以下，否则要采取相应的措施缩小这个间隙。

6. 采用异径三通夹具时，宜采用变径夹具结构形式或局部夹具结构形式。

7. 在确认夹具安装合格后，在注剂阀上连接高压注剂枪，装上密封注剂后，再用高压胶管把高压注剂枪与手动油泵连接起来，进行注剂作业。

8. 注剂式带压密封作业要平稳进行，并合理地控制操作压力，以保证密封注剂有足够的工作密封比压，同时又要防止把密封注剂注射到泄漏系统中去。

9. 当选用的是热固化密封注剂时，必须注意泄漏介质的温度和环境温度，并参照密封注剂使用说明书确定是否需要采用加热措施，一般来说：

（1）当泄漏介质温度高于 40℃，环境温度为常温时，可不必采取加热措施，按正常条件进行带压密封作业。

（2）当泄漏介质温度高于 40℃，环境温度很低，注射压力大于 20 MPa 时，则应对高压注剂枪前部的剂料腔进行加热，增强密封注剂的流动性和填充性。

（3）当泄漏介质温度低于 40℃，环境温度在常温以下时，除可考虑选用非热固化密封注剂外，若选用热固化密封注剂则必须采取外部加热措施，否则带压密封作业很难顺利完成。

（4）加热的方式可以用水蒸气、热风、电热等，最方便的加热方式是水蒸气。

（5）加热的时间视加热源的温度而定。采取边加热边注射的方式最佳。密封注剂注射前的预热温度应不超过 80℃，时间不得超过 30 min，而对已经注射到夹具密封空腔内的密封注剂加热应在 30 min 以上，以保证其固化完全。

（6）为了防止密封注剂被注射到泄漏系统内，要按密封空腔的大小估算密封注剂的用量。

带压密封作业完成后，拆下高压注剂枪，拧上丝堵，清理现场，并退出高压注剂枪内的剩余密封注剂，使带压密封所用工具处于完好备用状态。

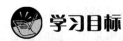 **学习单元2　带压密封操作的安全措施**

 学习目标

➢ 通过学习本单元，能够根据带压密封步骤制定安全措施。

 **知识要求**

一、注剂式带压密封安全

1. 注剂式带压密封概述

注剂式带压密封技术是在动态条件下的一项特殊应急技术手段，其作业的现场有石化行业的生产装置区、管架廊；流体储存的油库、输送管道；海上水下流体管道等。而泄漏介质大多数是带压及有毒有害的流体，甚至是易燃易爆的危险介质。可以说作业的环境是千变万化的。为了保证带压密封作业时施工人员和设备的安全，从事此项工作的人员必须懂得作业可行性条件及有效的安全措施。

2. 注剂式带压密封安全措施

（1）注剂式带压密封作业人员必须经过专门的培训，应知和应会操作考核合格后，方可上岗作业。

（2）安排专门的技术人员，负责组织现场测绘、夹具设计及制定安全作业措施。

（3）制订施工方案的技术人员应全面掌握各种泄漏介质的物理、化学性质，特别要了解有毒有害、易燃易爆介质的物化性质。

（4）对危险程度大的泄漏点，应由专业人员做出带压密封作业危险度预测表，交由安全技术部门审批后，方可施工。

（5）带压密封现场必须有专职或兼职的安全员，监督指导。

（6）带压密封施工人员必须遵守防火、防爆、防静电、防化学品爆燃、防烫、防冻伤、防坠落、防碰伤、防噪声等国家有关标准、法规的规定。

（7）在坠落高度基准面2 m以上（含2 m）进行带压密封作业时，必须遵守高空作业的国家标准，并根据带压密封作业的特点，架设带防护围栏的防滑平台，同时设有便于人员撤离泄漏点的安全通道。

（8）带压密封作业人员，作业时必须戴适合"注剂式带压密封技术"特殊需要的带有面罩的安全帽，穿防护服、防护鞋，戴防护手套。使用防护用品的类型和等级，由泄漏介质的性质和温度压力来决定。按有关国家标准和企业规定执行。

（9）带压密封有毒介质时，须戴防毒面具，过滤式防毒面具的配备与使用必须符合《过滤式防毒面具》的规定。其他种类防毒面具按现场介质特性确定。

（10）泄漏现场的噪声高于110 dB时，操作人员须配戴防噪声耳罩，同时须与监护人保持联系。

（11）带压密封易燃、易爆介质时，要用水蒸气或惰性气体保护，用无火花工具进行作业，检查并保证接地良好。操作人员要穿戴防静电服和导电性工作鞋，防止在施工操作时产生火花。

（12）在生产装置区带压密封易燃、易爆泄漏介质需要钻孔时，必须从下面操作法中选择一种以上的操作法。

1）冷却液降温法。在钻孔过程中，冷却液连续不断地浇在钻孔表面上，降低温度，使之无法出现火花。

2）隔绝空气法。在注剂阀或G形卡具的通道内充填满密封注剂，钻孔时钻头在孔道内旋转，空隙被密封注剂包围堵塞，空气不能进入钻孔处。

3）惰性气体保护法。设计一个可以通入惰性气体的注剂阀，钻头通过注剂阀与泄漏介质接通时，惰性气体可以起保护作用。

（13）带压密封作业时施工操作人员要站在泄漏处的上风口，或者用压缩空气或水蒸气把泄漏介质吹向一边。避免泄漏介质直接喷射到作业人员身上，保证操作安全。

（14）带压密封现场需用电或特殊情况下需动火时，必须按工厂《安全防火技术操作规程》办理动电、动火证，严禁在无任何手续的情况下用电或动火。

（15）要按操作规程进行作业，严格控制注射压力和注射密封注剂的数量，防止密封注剂进入流体介质内部。

（16）为保证注射密封注剂操作安全，在连接高压注剂枪、拆下高压注剂枪及退枪填加密封注剂时，必须首先关闭注剂阀阀芯。

（17）带压消除法兰垫片泄漏时，要查看泄漏法兰连接螺栓的受力情况及削弱情况，必要时在 G 形卡具配合下，更换连接螺栓。

（18）必须对带压密封作业人进行经常性的技安教育，引用本行业的事故案例，吸取教训。

二、带压焊接密封安全措施

"带压焊接密封技术"是在动态条件下应用焊接技术进行带压密封作业的一种特殊技术手段。在动态条件下进行的焊接作业与正常条件下进行的焊接作业有许多不同之处。正常的焊接作业可以在条件满足的情况下进行，如坡口形式、打磨、焊口清洁、焊前预热、层间温度、焊后热处理、无损检测等，这样就可以得到合格的焊接焊缝。而"带压焊接密封技术"实现焊接过程则是在生产装置及输送管道中的介质的工艺参数如温度、压力、流量等均不降低的情况下进行的，整个焊接过程始终受到介质温度、压力、振动、冲刷的影响直到泄漏被消除。因此，"带压焊接密封技术"在安全作业方面除了要按焊接技术的安全要求操作外，还要按带压密封技术作业的安全要求进行操作。

带压焊接密封技术安全注意事项由两部分组成，即焊接技术安全注意事项和带压密封作业安全注意事项。

1. 电焊工安全注意事项

（1）工作前必须配戴好劳动保护用品，如皮手套、面罩、安全帽、绝缘鞋等，检查焊接设备、工作地点、防护措施是否符合安全要求。

（2）电焊机必须有良好的接地装置，不允许用管道或其他金属物代替接地线。把线必须绝缘良好，要经常检查防止漏电，其转动部分要有保护罩。

（3）电焊机安装电源、接线开关，要由电工进行。电焊机要安放在通风凉爽处，严防潮湿，要有防雨及绝缘措施。

（4）焊接前，严格遵守"动火管理制度"，具备动火条件后方可动火，否则电焊工有权拒绝动火作业。

（5）焊接前要准备好防火用品，如泡沫灭火器、砂子、四氯化碳灭火器等。

（6）高空作业时，必须执行《高空作业安全规定》。焊接时安全带要挂在焊接处的侧上方通道处，必须注意地下和周围的可燃物，避免火星掉落引起燃烧。

（7）在易燃、易爆、高温、有毒容器内部施焊，要通风良好，必要时，安设通风机或戴长管式防护面具，要执行《设备内部作业安全规定》，安全带要挂在设备外面。工作完毕或中间休息时，必须将焊把拿出容器外。

（8）焊把不得与地线放在同一个导体上。严禁把一次线拴挂在电源上，防止短路发生火灾或触电事故。

（9）拉导线时，要注意周围，不要挂倒或挂掉东西，以免伤人。

（10）送电时，必须戴手套，一定要用左手而且要使头、身体躲开正面，防止电弧伤人，要做好随时断电的准备，以免启动后设备发生故障，烧坏或碰坏设备。

（11）一定要戴干手套换焊条，以免触电。

（12）暂停焊接时，电焊把必须与焊件分开放置，避免短路。

（13）经常检查导线，有绝缘不好处要包好，接头松动处要处理好。

（14）焊完的零件或焊条头应妥善放置，不允许随便丢在易燃、易爆物上，以免引起火灾。

（15）检查、修理电焊机或导线时，要切断电源。

（16）电焊工要具有救护触电人员常识，如人工呼吸、急救处理等。

（17）在铸铁件或高碳钢上不允许焊起重吊耳。

（18）施焊过程中，如突然发生停电，应立即将电门拉掉。

（19）工作完毕或离开现场时，要切断电源。

（20）电焊机要有专人负责管理，电焊工必须经安全考试合格后方可操作，非电焊工禁止动用电焊机。

2. 带压焊接密封技术安全措施

（1）逆向焊接带压密封安全措施

逆向焊接带压密封技术是利用焊接变形达到重新密封目的的一种补焊方法。从理论上讲，用这种方法可以在压力低于 3.0 MPa 的情况下，带压补焊管道、设备上在生产运行中发生的任何一种裂纹（不包括在强大外力作用下或内部介质爆炸引起的严重变形的破坏裂纹）。但由于实际生产中的管道、设备破裂的情况是相当复杂的，很多情况下不宜采用带压补焊方式进行修复，有时即使能够带压补焊，在操作过程中也有可能发生意外。如裂纹很宽。一般情况下，裂纹的宽度与其长度成正比，即裂纹越宽，其长度也就越长。裂纹的两端都是从未裂到裂开，开始裂开很小，然后逐渐增大。正常情况下只要从一端开始，逐段逆向补焊，焊缝所产生的横向收缩应力均能使裂纹逐段收严，随着补焊过程的逐段进行，裂纹的长度会逐渐变小，其宽度也会逐渐变窄。因此，从理论上说裂纹应该是可以补焊成功的。而生产中的管道或容器若是输送、储存有一定压力的煤气，在破坏裂纹很大时，泄漏量必然也会很大，补焊点火所燃起的火焰就可能使操作者无法靠近裂纹，不能靠近裂纹，补焊工作也就不能进行。甚至还有可能由于灭火不及时，使工艺管道及容器长时间处在火焰中被烧烤，其局部的温度会急剧上升，直至烧红，引起强度降低，突然爆裂，造成重大事故。因此，在带压补焊作业之前应进行仔细地观察、周密地分析、准确地判断，采取切实可靠的措施，以保证操作者的人身安全及生产的正常进行，这一点是带压补焊工作中特别应当注意的首要问题，并且做到：

1）带压补焊作业前，应对生产中的管道、容器上的裂纹及泄漏情况进行详细地检查、分析，判断是否具备带压补焊的条件。

2）带压补焊操作者和现场指挥者应了解和掌握工艺管道、容器内压力介质的物化性质。对其可能造成的危害后果，采取切实可靠的预防措施。

3）带压补焊工作应当由有经验的、技术熟练的电焊工施工。一般情况下，不宜在生产运行中的管道、容器上进行带压补焊的试验工作，而应当在试件上通过反复多次的练习，基本上掌握操作方法、积累一定的经验后，再进行实际操作。

4）带压补焊时，应根据具体情况安排专门的安全监护人员，不宜一个人单独进行带压补焊作业。

5）带压补焊输送或储存有毒、有害及腐蚀性介质的管道及容器时，应准备相应的防护用品、用具。

6）高空作业时，应搭设较宽敞的、标准的平台，并有上下方便的扶梯（或跑道）。补焊操作者应站在平台上作业。在没有架设平台的情况下进行带压补焊操作不宜佩用安全带，防止在意外情况发生时，操作者无法迅速撤离作业现场。

7）带压补焊操作者应选择能够避开压力介质喷出的安全位置，尽量站在上风一侧进行补焊或采用挡板将压力介质隔开，严防压力介质喷出伤人。

8）带压补焊蒸汽等高温的以及深冷的氨类管道、容器时，应当将补焊操作者可能触及的裸露部位用适当的隔热材料遮盖好，防止烫伤、冻伤。

9）带压补焊前除对被补焊工件裂纹进行仔细地观察、分析外，还要对施工的周围环境进行观察和分析，利用有利条件，消除不利因素，研究和确定出紧急情况下的撤离方法及路线。

10）带压补焊煤气输送管道和容器时，应先将泄漏处点燃，然后看好风向和火势，尽量站在上风侧，防止中毒、烧伤，同时还应当注意：

①室内的煤气管道、容器破裂发生泄漏时，特别是裂纹较大、泄漏流量也较大，而通风条件不好时，不宜采用带压补焊，以防止室内形成爆炸性混合气体，点火补焊时引起爆炸事故。如果厂房高大、通风良好，或可以采用强制通风措施时，则应当先通风，排净室内煤气后，再点火补焊。采用强制通风措施时，只要裂纹还在向外泄漏煤气就不应停止通风。如有条件，通风后可在室内几个适当地点采样，进行空气分析，室内空气中含氧在20%以上时，再点火引燃泄漏煤气，确保安全。

②带压补焊操作前，应将作业现场周围易燃物、障碍物清除干净，对补焊管道、容器附近管道及设备，应采取适当的防火措施，如用铁皮隔离等。

③带压补焊前，应当准备足够的、能保证在需要时可将火焰迅速扑灭的灭火工具及器材，必要时可请消防车监护。

④在泄漏管道、容器内介质压力较高时，补焊前可能会引不着泄漏介质，火焰一接触高速喷出的泄漏煤气束流，立刻会被吹跑，发出"噗"的一响，这时应反复点火，以观察泄漏煤气被点燃的一瞬间，即发出"噗"的一响的过程中，火焰所能达到的范围，这样操作者就可以选择安全的位置进行带压补焊作业，避免烧伤事故。

⑤上述情况带压补焊时，由于电火花的作用，高速喷出的煤气会连续地被点燃，同时又会被不断地吹灭，发出连续或断续的"噗、噗"的响声，在裂纹前，泄漏煤气喷出的方向上，在1 m或更大的范围内形成爆炸和燃烧，产生气浪及火球。这时不要惊慌，而应当仔细观察火焰、气浪可能达到的距离，以及随着裂纹变短、变窄，火焰、气浪所发生的变化，巧妙地躲避，防止烧伤。

⑥带压补焊前引燃泄漏介质时，可以采用火把，并站在一定的安全距离之外，泄漏气流喷出方向的侧面，并将火把慢慢地伸到泄漏裂纹的附近，与裂纹中喷出的可燃煤气接触，把泄漏煤气引燃。

⑦煤气输送管道出现裂纹后已经发生着火时，带压补焊前应先将燃烧着的火焰扑灭，以仔细观察裂纹的情况，清除引火物及火源。灭火后观察裂纹破裂情况及清除火源时，由于存在有毒的一氧化碳气，操作者应佩戴好防毒面具，煤气中含有磷、硫等天然杂质，有可能还会重新着火，应当采取防火、隔火的相应措施。

⑧带压补焊时，电弧一旦接触到泄漏工件后，火焰和响声会有明显的增加，这是正常现象，因为电弧的热量会使已冷却的焊缝受热，焊缝所产生的横向收缩应力会有所减小，新补焊所形成的焊缝还没有产生足够的横向收缩应力。因此，焊缝前部的裂纹有变大的趋势，但随着补焊过程的进行，泄漏裂纹会逐渐变窄、变短，燃烧火焰也会相应变小，直至最后熄灭。

在带压补焊过程中，若发现火焰突然变小，而裂纹又没有明显收严，操作者应当立刻停止补焊作业，并将余下的火焰扑灭，查明火焰变小、泄漏压力突然降低的原因，防止回火引起爆炸。带压补焊常压管道、容器裂纹时，这种情况更需要注意。

⑨在裂纹很大，压力较高、泄漏量较多，点火后火焰很大，操作者无法接近泄漏裂纹时，可以将火焰扑灭，适当降低输送介质压力后再补焊，或采取其他措施来改变火焰方向，使电焊工能够接近裂纹。

降压补焊和补焊低压煤气管道、容器时，必须保持管道、容器内部处于正压。一般情况下，管道、容器内的压力应保持在 1 kPa 以上；如果压力较低，裂纹又较小，压力可保持在 0.5 kPa 以上；如果裂纹很大，泄漏量也很大，其最低压力应当保持在 2 kPa 以上，防止回火爆炸。

⑩在降压补焊时，应设有专人负责调整压力。调整压力时应预先通知现场操作人员，特别是当压力过低时，必须通知操作人员暂时停止工作，并将火焰扑灭，待压力提高，并在压力稳定后，再重新点火，补焊。

⑪操作者在补焊时如果发现火焰突然变小，也应当立即停止工作，将火焰扑灭，查清压力下降原因，待恢复到一定压力后，再重新点火、补焊。

（2）引流焊接密封安全措施

引流焊接密封技术施工的原则是先把泄漏介质引开到施焊点以外，所以引流法焊接要比逆向焊接法焊接相对容易一些，危险性也要小一些，而且应用的范围要大一些。

1）引流焊接作业前，应对生产中的管道、容器上的缺陷及泄漏情况进行详细地检查、分析，判断是否具备引流焊接的条件。

2）引流焊接操作者和现场指挥者应了解和掌握工艺管道、容器内压力介质的物化性质。对其可能造成的危害后果，采取切实可靠的预防措施。

3）引流焊接工作应当由有经验的、技术熟练的电焊工施工。

4）引流焊接时，至少要三人以上配合作业，应根据具体情况安排专门的安全监护人员。

5）引流焊接输送或储存有毒、有害及腐蚀性介质的管道及容器时，应准备相应的防护用品、用具。

6）高空作业时，应搭设较宽敞的、标准的平台，并有上下方便的扶梯（或跑道）。焊接操作者应站在平台上作业。在没有架设平台的情况下进行引流焊接操作不宜佩用安全带，防止在意外情况发生时，操作者无法迅速撤离作业现场。

7）引流焊接操作者应尽量站在上风一侧进行焊接，泄漏介质的引流管要有专人控制或固定牢固，并引向特定的方向，严防压力介质喷出来伤人。

8）引流焊接蒸汽等高温的以及深冷的氨类管道、容器时，应当将补焊操作者可能触及的裸露部位用适当的隔热材料遮盖好，防止烫伤、冻伤。

9）引流焊接前除对被焊接的泄漏缺陷进行仔细地观察、分析外，还要对施工的周围环境进行观察和分析，利用有利条件，消除不利因素，研究和确定出紧急情况下的撤离方法及路线。

10）当焊接点有较大的泄漏介质干扰时，也可以选用封闭剂进行止漏，然后再焊接，实践证明这一点是十分有效的。

11）有泄漏介质干扰，引弧困难时，应当选择带水作业用的特殊焊条。

三、带压粘接密封安全措施

带压粘接密封技术是在动态条件下实施的一项特殊应急技术手段，其作业的现场有石化行业的生产装置区、管架廊；流体储存的油库、输送管道；海上水下流体管道等。而泄漏介质大多数是带压及有毒有害的流体，甚至是易燃易爆的危险介质。可以说作业的环境是千变万化的。为了保证带压密封作业时人身和设备的安全，从事此项工作的人员必须懂得作业可行条件及有效的安全措施。

首先应当全面了解泄漏介质的情况，同时还应了解泄漏介质可能对胶黏剂或带压密封胶产生的不良影响，如溶解或破坏，以便采取相应的措施。

（1）不能进行带压粘接密封技术作业的范围

1）作业现场不符合安全作业规定的，人员不能靠近的泄漏点。

2）对人体有害的含有微生物的流体。

3）毒性程度极大的流体。

4）找不到合适的胶黏剂或带压密封胶的泄漏介质。

5）压力容器及管道上，因裂纹而产生的动态缺陷泄漏。

6）容器及管道因腐蚀、冲刷减薄状况不详的泄漏缺陷。

7）介质泄漏温度、压力超过某种粘接法技术规范要求的泄漏介质。

对第 7 条的说明：在带压粘接密封技术中除顶压粘接法、紧固粘接法外，其他方法都受泄漏介质压力的限制。

（2）带压粘接密封作业安全措施

1）带压粘接密封作业人员必须经过专门的培训，经理论和实际操作考核合格后，方可上岗作业。

2）安排专门的技术人员，负责组织现场观测，制定安全作业措施。

3）制订施工方案的技术人员应全面掌握各种泄漏介质的物理、化学性质，特别要了解有毒有害、易燃易爆介质的物化性质。

4）对危险程度大的泄漏点，应由专业人员做出带压粘接密封作业危险度预测，交由安全技术部门审批后，方可施工。

5）带压粘接密封现场必须有专职或兼职的安全员，监督指导。

6）带压粘接密封施工人员必须遵守防火、防爆、防静电、防化学品爆燃、防烫、防冻伤、防坠落、防碰伤、防噪声等国家有关标准、法规的规定。

7）在坠落高度基准面 2 m 以上（含 2 m）进行带压粘接密封作业时，必须遵守高空作业的国家标准，并根据带压粘接密封作业的特点，架设带防护围栏的防滑平台，同时设有便于人员撤离泄漏点的安全通道。

8）带压密封作业人员，作业时必须戴适合"带压粘接密封技术"特殊需要的带有面罩的安全帽，穿防护服、防护鞋，戴防护手套。使用防护用品的类型和等级，由泄漏介质的性质和温度压力来决定。按有关国家标准和企业规定执行。

9）带压密封有毒介质时，须戴防毒面具，过滤式防毒面具的配备与使用必须符合《过滤式防毒面具》的规定。其他种类防毒面具按现场介质特性确定。

10）泄漏现场的噪声高于 110 dB 时，操作人员须配戴防噪声耳罩，同时须与监护人保持联系。

11）带压密封易燃、易爆介质时，要用水蒸气或惰性气体保护，用无火花工具进行作业，检查并保证接地良好。操作人员要穿戴防静电服和导电性工作鞋，不允许在施工操作时产生火花。

12）在生产装置区带压密封易燃易爆泄漏介质需要钻孔时，必须从下面操作法中选择一种操作法。

①冷却液降温法。在钻孔过程中，冷却液连续不断地浇在钻孔表面上，降低温度，使之无法出现火花。

②惰性气体保护法。在钻孔部位用惰性气体保护也可起到良好的防火花效果。

13）带压密封作业时施工操作人员要站在泄漏处的上风口，或者用压缩空气或水蒸气把泄漏介质吹向一边。避免泄漏介质直接喷射到作业人员身上，保证操作安全。

14）按粘接技术要求处理泄漏缺陷表面，同样要执行上述规定。

15）在进行水下带压密封作业时要按《潜水作业安全技术规程》要求进行。

 学习单元3　带压密封施工方案编制基本知识

 学习目标

➤ 通过学习本单元，能够掌握带压密封施工方案编制基本知识。

 知识要求

施工方案是指单位工程施工组织设计中具体施工的文件。

施工方案包括选择施工方法和施工设备、施工段的划分、工程开展顺序和流水施工安排等。这些都必须在熟悉施工图纸、明确工程特点和施工任务，充分研究施工条件，正确进行技术经济比较的基础上做出决定。

施工方案的合理与否，直接关系到工期、成本和施工质量，必须予以充分的重视。

带压密封工程施工方案的内容分为11个部分。

1．编制说明

应根据生产单位的泄漏情况编写。

2．编制依据

（1）带压密封工程安全检修任务书

（2）国家法规

（3）国家现行标准：HG/T 20201—2007《带压密封技术规范》

（4）生产单位要求

3．工程概况

（1）工程情况简介

（2）总体安排

（3）现场情况

4．现场勘测

（1）泄漏单位、装置和部位

（2）泄漏介质数据

（3）泄漏部位勘测尺寸

5．夹具设计

（1）夹具强度计算方法

（2）夹具设计图纸

6．施工准备

（1）技术准备

（2）组织准备

（3）材料准备

（4）机具准备

（5）施工现场准备

7．施工组织措施计划

（1）质量要求和保证质量措施

（2）质量检验计划

（3）安全措施

（4）消防措施

（5）特殊技术组织措施

8．施工方法（工艺）

（1）施工步骤或程序

（2）施工方法或工艺

9．资源需求计划

（1）工机具使用计划

（2）密封材料及消耗材料计划

（3）劳动力计划

10．施工进度计划

（1）网络计划

（2）横道图

（3）进度表

11. 安全评价

【思考题】

1. 简述导致泄漏的几种原因。

2. 可燃气体泄漏、有毒气体泄漏和液体泄漏各会产生何种后果？

3. 简述圆筒形容器的结构和受力分析。

4. 能够根据泄漏情况制定带压密封步骤。

5. 能够根据带压密封步骤制定安全措施。

6. 注剂式带压密封安全措施有哪些？

7. 带压焊接密封安全措施有哪些？

8. 带压粘接密封安全措施有哪些？

9. 掌握带压密封施工方案编制基本知识。

第2章

带压密封施工

第1节 注剂夹具设计

 学习单元1 夹具设计基础

 **学习目标**

➤ 能够掌握夹具设计原理和基本知识。

 **知识要求**

夹具是"注剂式带压密封技术"的重要组成部分之一。夹具是加装在泄漏缺陷的外部，与泄漏部位的部分外表面共同组成新的密封空腔的金属构件。可以说在"注剂式带压密封技术"应用中，相当大的工作量都是围绕着夹具的构思、设计、制作进行的，也是带压密封操作者较难掌握的一项技术。

夹具设计的内容包括夹具的作用、夹具的设计准则、夹具的强度计算、夹具材料选择四部分。

一、夹具的作用

图 2—1 所示是采用"注剂式带压密封技术"所建立的带压密封结构示意图，泄漏缺陷为直管段上的腐蚀穿孔，夹具所用的密封元件为铝质 O 形圈，O 形圈的作用是增强夹具的封闭性能。这个过程是这样完成的：首先对泄漏缺陷进行测绘，构绘出泄漏缺陷外部轮廓草图，进行夹具设计、出图及制作，根据泄漏介质的物化性质选择密封注剂品种，工具准备，作业前的各种手续办理，夹具安装，进行注剂作业直到泄漏停止，密封注剂固化后撤出作业工具，完成作业。从图中可以看出，夹具的作用如下。

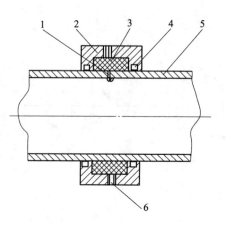

图 2—1 带压密封结构示意图
1—泄漏缺陷 2—夹具 3—密封注剂
4—密封元件 5—管壁 6—注剂孔

1. 密封保证

夹具的作用之一，是包容住由高压注剂枪注射到夹具与泄漏部位部分外表面所形成的密封空腔内的密封注剂，保证密封注剂的充填、维持注剂压力的递增、防止密封注剂外溢、使注射到夹具内的密封注剂产生足够的密封比压，止住泄漏。夹具的这个作用称为密封保证。

2. 强度保证

夹具的作用之二，是承受高压注剂枪所产生的强大注射压力以及泄漏介质压力，是新建立的密封结构的强度保证体系。夹具的这个作用称为强度保证。

另外，夹具还有一个辅助作用，就是通过注剂孔连接高压注剂枪，并提供注剂通道。

二、夹具的设计准则

由于夹具在"注剂式带压密封技术"中具有举足轻重的作用，它设计的优劣将直接关系到带压密封作业的成败以及现场操作时间、密封注剂的消耗量等多项指标。因此，在对夹具的设计和制造过程中应遵循下列准则。

1. 良好的吻合性

泄漏缺陷部位的外部形状是多种多样的。有圆的、方的、半圆弧的、椭圆弧的、多边形的等。因此，要求设计制作的夹具形状必须能与泄漏部位的外部形状良好地吻合。

2．足够的强度

夹具必须有足够的强度。因为夹具要承受带压密封作业时的注剂压力和泄漏介质压力，并在夹具与泄漏部位部分外表面所形成的密封空腔内要保证足够的密封比压，作业时不允许有任何破坏现象出现。因此，夹具的设计压力等级应高于泄漏介质压力数倍以上。实际设计时，主要以注剂压力为设计参数。

3．足够的刚度

夹具必须有足够的刚度。因为带压密封作业时的注剂压力往往很大，易造成夹具变形或位移，使已经注入到密封空腔内的密封注剂外溢，难以维持足够的密封比压。

4．合适的密封空腔

夹具与泄漏部位之间必须有一个封闭的密封空腔，以便于注射和包容密封注剂，维持足够的止住泄漏的密封比压。密封空腔的宽度应当超过泄漏缺陷的实际尺寸 20 ~ 40 mm,密封空腔的高度，即形成新密封结构的密封注剂的厚度，一般应为 6 ~ 15 mm，特殊情况还可以加厚。

5．接触间隙严密

夹具与泄漏部位外表面的接触部分的间隙应有严格限制，以防止塑性极好的密封注剂外溢。表 2—1 给出了夹具与泄漏部位接触间隙参考数据。如果在上述间隙内，仍然不能有效地阻止密封注剂外溢，则可以考虑在夹具与泄漏缺陷接触部位上设计制作环、槽形密封结构或其他形式的密封结构，增大密封注剂的外溢阻力。

表 2—1　　　　　　　　　　夹具与泄漏部位接触间隙

泄漏介质压力/MPa	9	9 ~ 25	25 ~ 40	>45
配合间隙/mm	0.6 ~ 0.5	0.4 ~ 0.3	0.2 ~ 0.1	<0.09

6．注剂孔开设

为了把高压注剂枪连接在夹具上，并通过高压注剂枪把密封注剂注射到泄漏区域内，夹具上应设有带内螺纹的注剂孔。注剂孔的数量和分布以能顺利地使密封注剂注满整个密封空腔为宜。考虑到带压密封作业时必须排出夹具与泄漏部位部分外表面所形成的密封空腔内的气体，同时排放掉尚未停止泄漏的压力介质，一般夹具上应设有两个以上的注剂孔。

7．分块合理

夹具应当是分块结构的，安装在泄漏部位上后再连成刚性整体，形成一个封闭的密封空腔。根据夹具的大小，并结合泄漏部位的具体情况，夹具可以设计成两等份、三等份或更多的份数。

8. 局部夹具

如果泄漏的设备、管道、阀门等外形尺寸很大，而泄漏缺陷只是一个点或处在某一小区域内，夹具也可以设计成局部式的。局部夹具的设计主要是根据泄漏部位的实际情况而定。局部夹具与泄漏部位吻合的方式可以通过定位支承、螺栓连接，允许动火的部位也可以采用焊接的方式固定夹具。这种局部夹具既可以节省金属材料，又可以节省密封注剂，并能有效地缩短带压密封作业时间及提高阻止泄漏的密封比压。

9. 材料及制作工艺

夹具所用的材料应根据泄漏介质的化学性质及操作工艺参数来选择。夹具的加工工艺可以采用铸造、车削、铣削、铆焊、锻造等方式。

10. 标准化

夹具可以根据使用单位情况，逐步实现标准化、系列化，便于选用和制造。在连续化生产比较强的企业中，对于易发生泄漏的部位，可根据实际情况，事先准备好一些毛坯材料，并可加工部分尺寸，这样一旦出现泄漏事故，就可以有效地缩短带压密封作业时间。

 学习单元2 夹具的结构形式和作用

 学习目标

➤ 掌握夹具的结构形式和作用。

➤ 能够根据泄漏点密封形式设计夹具的密封结构和形式。

 知识要求

夹具是带压密封技术的重要组成部分之一。夹具是加装在泄漏缺陷的外部，与泄漏部位的部分外表面共同组成新的密封空腔的金属构件。可以说在带压密封技术应用中，相当大的工作量都是围绕着夹具的构思、设计、制作来进行的，也是带压密封作业人员较难掌握的一项技术。

一、法兰夹具

1．法兰夹具概述

法兰密封是应用最广泛的一种密封结构形式。法兰泄漏也是最常见的一种泄漏形式，在带压密封技术中，处理法兰泄漏占整个工作量的 90% 以上。法兰泄漏一般只能出现三种泄漏形式：界面泄漏、渗透泄漏和破坏泄漏；凹凸形密封面与非金属垫片配合作用也只能出现上述三种泄漏形式；榫槽形密封面、锥形密封面、梯形槽密封面多与金属垫片配合作用，一般只能出现界面泄漏和破坏泄漏。但是不论是哪种因素引起的泄漏，从法兰的外观看，泄漏介质都是沿着两法兰结合面的间隙处外流，这一间隙随着法兰密封面形式及使用要求的不同，存在着很大的差异，两法兰连接间隙最小的在 1 mm 以下，甚至更小；最大的间隙在 200 mm 以上。采用带压密封技术消除法兰泄漏时，根据这一间隙大小的不同，所需要设计的夹具形式也存在着一定的差异，有时甚至完全不必设计制作专门的夹具，而直接进行带压密封作业。为了准确地设计制作出与泄漏法兰吻合性良好的夹具，必须在安全的条件下，对泄漏法兰进行精确地测绘，再根据测量数据确定采用何种夹具及方法进行作业。

（1）凸形法兰夹具

当泄漏法兰的连接间隙大于 8 mm，或法兰连接间隙小于 8 mm，但泄漏介质压力大于 2.5 MPa，以及泄漏法兰存在偏心、两连接法兰外径不等安装缺陷时，从安全性、可靠性角度考虑，应当设计制作凸形法兰夹具。这种法兰夹具的加工尺寸较为精确，安装在泄漏法兰上后，整体封闭性能好，带压密封作业的成功率高，是"注剂式带压密封技术"中应用最广泛的一种夹具。其基本结构如图 2—2 所示。

（2）凹形法兰夹具

当泄漏法兰的连接间隙小于 2 mm，可以采用"凹形法兰夹具法"进行作业，以适应这类小间隙法兰泄漏的特殊情况，凹形法兰夹具的基本结构如图 2—3 所示。设计时首先测量出泄漏法兰的外圆周长，然后计算出直径，确定凹形法兰夹具的基本尺寸 D，设计 D 时应考虑到断开夹具时锯口所占的尺寸；D_1 的尺寸主要起到贮剂的作用，一般可取 $D_1 = D + （6 \sim 8）$（mm）；夹具的强度和刚度主要由 D_2 的尺寸来保证，但为了保证注剂孔的连接强度，一般来说 $D_2 \geqslant D_1 + 16$（mm）；夹具的贮剂槽的宽度 b' 一般为 $6 \sim 10$ mm；夹具的宽度为 $b = b' + （8 \sim 10）$（mm），详细尺寸如图 2—4 所示。凹形法兰夹具的连接耳子的设计制作与凸形法兰夹具相同。

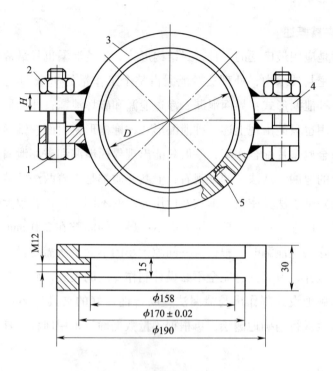

图 2—2　凸形法兰夹具结构示意图

1—螺栓　2—螺母　3—卡环　4—耳子　5—注剂孔

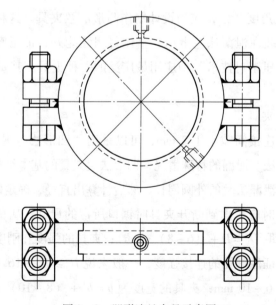

图 2—3　凹形法兰夹具示意图

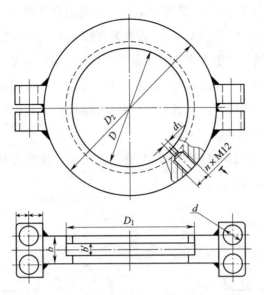

图 2—4 凹形法兰夹具结构示意图

2. 法兰夹具密封结构和形式

（1）O 形圈密封增强法兰夹具

图 2—5 所示是 O 形圈密封增强法兰夹具结构图，这种夹具是在夹具的公称

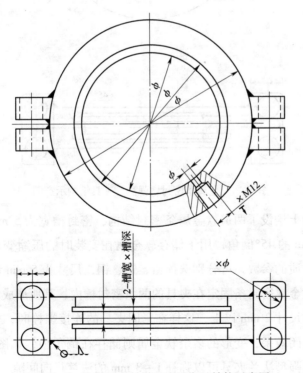

图 2—5 O 形圈密封增强法兰夹具结构示意图

尺寸上增设了两道软 O 形圈金属密封结构，密封槽宽和槽深一般应比所选金属 O 形圈直径小 0.5 mm，O 形圈的材料一般多为直径为 3～4 mm 的铝丝或铜丝。现场作业时，首先将金属丝固定在夹具的两条密封槽内，其所形成的密封环尺寸应小于夹具的公称尺寸 1 mm，这样在紧固夹具的连接螺栓时，金属丝密封条会起到良好的封闭效果。这种密封增强型夹具可以弥补 0.5 mm 以下的法兰径向间隙。

（2）金属条密封增强法兰夹具

图 2—6 所示是金属条密封增强法兰夹具结构图，这种夹具是在夹具的公称尺寸上增设了两道软金属。

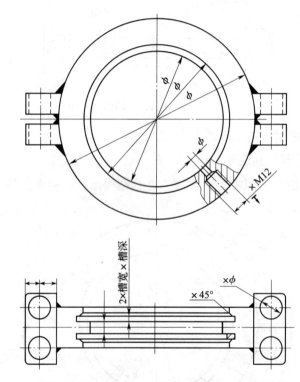

图 2—6　金属条密封增强法兰夹具结构示意图

条密封结构上增设了两道软金属条密封结构，密封槽宽为 5 mm，深为 5 mm，并车出一个 2 mm 的 45°倒角，用于储存软金属在安装时的压缩变形量，软金属密封条根据泄漏介质的参数，可分别选择铅、铝、铜，尺寸为 5 mm × 6 mm。现场作业时，首先将软金属密封条固定在夹具的两条密封槽内，其所形成的密封环尺寸应小于夹具的公称尺寸 2 mm 以上，这样在紧固夹具的连接螺栓时，软金属密封条就会起到良好的封闭效果，变形的多余软金属则储存在倒角内，如图 2—7 所示。这种金属条密封增强型法兰夹具可以弥补 1～3 mm 的法兰径向间隙。

（3）柔性填料密封增强法兰夹具

在法兰夹具上增设柔性密封结构也是提高夹具封闭性的有效途径。图 2—8 所示是设有柔性密封结构的法兰夹具示意图。此种夹具的设计步骤与凸形法兰夹具基本相同，只是在夹具的公称尺寸 D 上增设了两道柔性密封结构，为保证柔性密封条的封闭性能，密封槽宽应大于 8 mm，深也应在 8 mm 左右，在法兰夹具的外边缘要增设两排注剂孔，其尺寸与带压密封作业的注剂孔完全相同，只是作用不同。现场作业时，首先在两密封槽内加一宽度略小于槽宽，厚度为 1 mm 的薄钢片，然后再在两密封槽内安放两组几何尺寸与槽相符的盘根，盘根材料根据泄漏介质参数可选择石棉、柔性石墨、浸油盘根等。夹具安装好以后，首先在两排柔性槽的注剂孔内注射密封注剂，

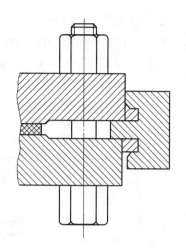

图 2—7　金属条密封增强法兰夹具安装示意图

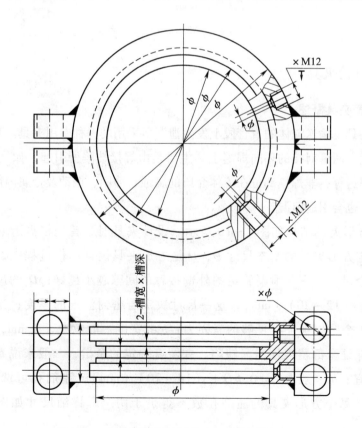

图 2—8　柔性填料密封增强法兰夹具结构示意图

密封注剂推压钢片，使钢片产生位移，迫使柔性密封盘根紧紧地压靠在泄漏法兰的外边缘上，起到良好的封闭作用，如图2—9所示。待密封注剂充分固化后，即可按带压密封技术的操作步骤进行带压密封作业，直到泄漏停止。

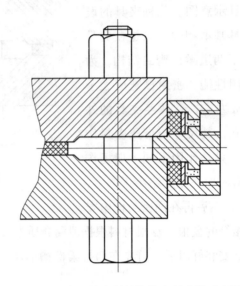

图2—9 设有柔性密封结构的夹具安装示意图

二、直管夹具

1. 直管夹具概述

直管夹具是输送流体的直管段上发生泄漏所采用的一种专用夹具。直管段上的泄漏常发生在两管对接的环向焊缝上，主要是由焊接缺陷所引起，如气孔、夹渣、裂纹、未焊透等；非焊接部位在流体介质的腐蚀、冲刷、振动及金属内部缺陷等因素影响下，也会引起泄漏。

等径方形夹具结构如图2—10所示。设计夹具时，首先根据泄漏管道的外直径来确定方形夹具的基本尺寸D，D是方形夹具设计制作过程中，要求精度最高的一个尺寸，它与泄漏管道的外壁接触的间隙越小越好；D_1的尺寸一般可取$D_1 = D +$（12~20）（mm），这一尺寸决定着密封注剂的厚度；连接螺栓一般不少于4个，以保证有足够的紧固力；b的宽度一般应大于3 mm；夹具的宽度B应能保证全部覆盖住泄漏缺陷，并留有一定的余量，一般来说B以不小于30 mm为宜；h一般取$h = 0.5D +$（14~20）（mm）；注剂孔可选用M12的普通螺纹，每个方形夹具的注剂孔数不得少于两个；详细尺寸如图2—11所示。

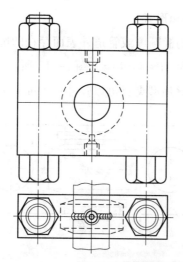

图 2—10　等径直管方形夹具示意图

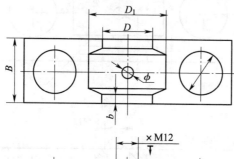

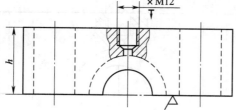

图 2—11　直管方形夹具加工示意图

2. 直管夹具密封结构和形式

当泄漏管道存在一定的椭圆度或管道外表面存在凹坑等缺陷或泄漏介质压力很高时，必须有效地提高夹具的密封性能。图 2—12 所示为 O 形圈密封增强直管方形夹具结构图，这种密封增强型夹具可以弥补 0.5 mm 以下的径向间隙。

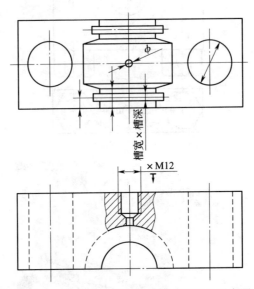

图 2—12　O 形圈密封增强直管方形夹具示意图

图 2—13 所示为金属条密封增强直管方形夹具结构图，这种金属条密封增强型夹具可以弥补 2 mm 以下的径向间隙。

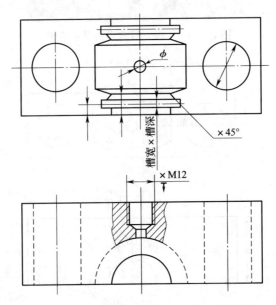

图 2—13　金属密封增强直管方形夹具示意图

图 2—14 所示为 O 形圈密封增强焊接圆形直管夹具结构图。图 2—15 所示为金属条密封增强焊接圆形直管夹具结构图。当然也可以设计制作出柔性填料密封增强焊接圆形直管夹具图。此夹具不受轴向长度的限制，可以将 1 000 mm 长的泄漏缺陷包容在夹具内，完成带压密封作业。

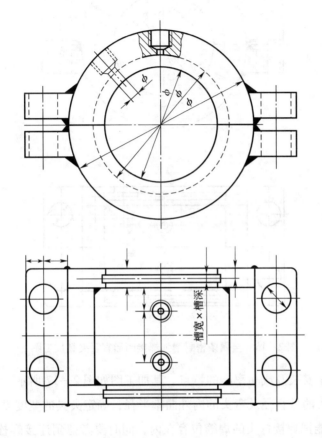

图 2—14　O 形圈密封增强焊接圆形直管夹具加工图

三、弯头夹具

1. 弯头夹具概述

弯头是流体压力介质改变方向必经之路。在冲压成型、冷煨或热煨成型弯头时，在管壁内中性层以上的金属，即曲率半径最大一侧的金属受到拉应力的作用，而使该处的金属管壁有所减薄。弯头在使用过程中，由于受到流体介质的腐蚀和冲刷，弯头曲率半径最大的一侧，即管壁的转弯处也是泄漏经常发生的部位。

对于公称尺寸小于或等于 DN100 的泄漏弯头，可采用整体加工式弯头夹具进行带压密封作业，其基本结构如图 2—16 所示。这种弯头夹具具有加工精度高，封

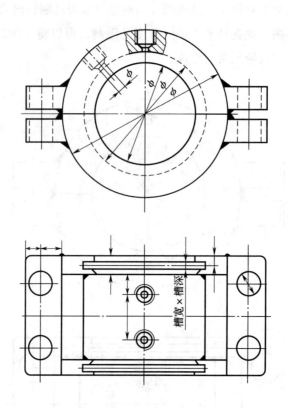

图 2—15　金属条密封增强焊接圆形直管夹具加工图

闭性能好，易于安装及成功率高的特点。其加工图如图 2—17 所示。设计时，首先
测量出泄漏弯头的外直径及弯头的内外曲率半径，确定夹具的宽度 B 及厚度 C，宽
度 B 的尺寸应能把焊接弯头的焊缝包容在内，同时要考虑到连接螺栓所占的尺寸。
厚度 C 主要依据泄漏弯头的外直径，在确定了夹具的基准尺寸 D 和 D_1 后，才能确
定。基准尺寸 D 可取比测量的弯头外径大 0.08 mm，D_1 的尺寸决定着密封注剂的
厚度，要求密封注剂的厚度以不小于 8 mm 为宜，以保证带压密封作业的可靠性，
这样可取 $D_1 = D +$（16～12）（mm），有了尺寸 D 及 D_1 后，则 C 可取 $C = 0.5D_1 +$
（8～16）（mm）。确定 C 时应当考虑到整个夹具的强度、刚度及注剂孔螺纹的强
度。尺寸 b 一般不小于 4 mm。制作夹具时，根据尺寸 B 及 C 刨出两块方形钢料，
按图纸要求配钻出 4 个螺栓孔，螺栓孔的尺寸应比连接螺栓直径大 1～1.5 mm，连
接螺栓的规格一般不小于 M8，钻好孔后，用 4 个螺栓把两块方形钢料连成一体，
根据尺寸 D 钻孔，然后按图纸加工其他尺寸。注剂孔开设位置应靠近泄漏点，螺
纹规格用 M12 或 M14×1.5 均可，数量不少于两个。

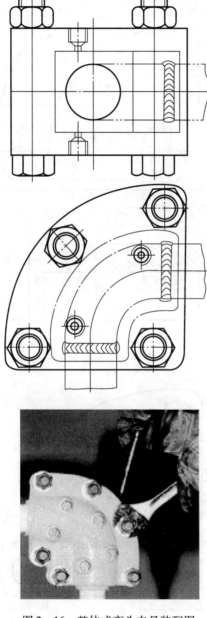

图 2—16　整体式弯头夹具装配图

2. 弯头夹具密封结构和形式

（1）整体式弯头夹具密封结构和形式

如果泄漏介质的压力比较高或介质的渗透性较强，则夹具的精度应当提高，并相应地增设密封增强结构。图 2—18 所示为 O 形圈密封增强弯头夹具结构图，这

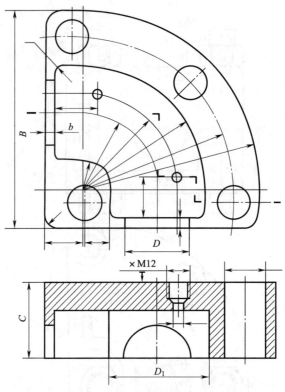

图 2—17　整体式弯头夹具加工图

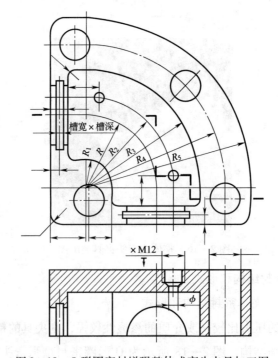

图 2—18　O形圈密封增强整体式弯头夹具加工图

种夹具可以弥补 0.5 mm 以下的径向间隙。图 2—19 所示为金属条密封增强弯头夹具结构图，这种夹具可以弥补 2 mm 左右的径向间隙。随着弯头公称尺寸的增大，其夹具的几何尺寸及连接螺栓的规格数量也会相应增加。

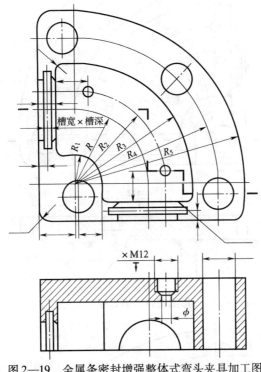

图 2—19　金属条密封增强整体式弯头夹具加工图

（2）焊制弯头夹具密封结构和形式

图 2—20 所示为 O 形圈密封增强焊制弯头夹具结构图。图 2—21 所示为金属条密封增强焊制弯头夹具结构图。

（3）自由热煨弯头夹具密封结构和形式

图 2—22 所示为 O 形圈密封增强自由热煨弯头夹具结构图。图 2—23 所示为金属条密封增强自由热煨弯头夹具结构图。

四、三通夹具

1．三通夹具概述

三通是流体压力介质分流及改变方向的部位，可分为等径三通和异径三通两种。对于一般的流体输送管道的三通多采用焊接的形式做成，这样在焊缝上由于存在安装应力、振动、流体冲刷、腐蚀以及焊缝自身缺陷的影响，三通也是泄漏经常发生的部位。

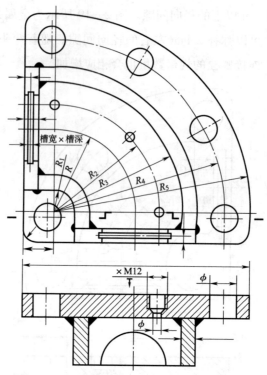

图 2—20　O 形圈密封增强焊制弯头夹具加工图

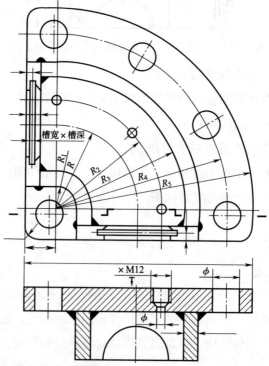

图 2—21　金属条密封增强焊制弯头夹具加工图

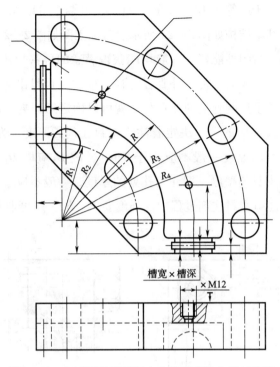

图 2—22　O 形圈密封增强自由热煨弯头夹具结构图

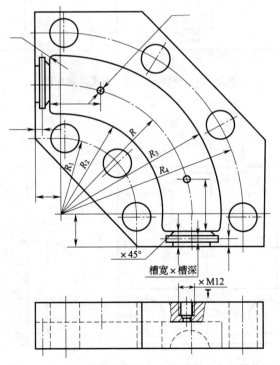

图 2—23　金属条密封增强自由热煨弯头夹具结构图

对于公称尺寸小于或等于 DN100 的三通部位泄漏，可以采用整体加工式三通夹具。这种夹具的基本结构如图 2—24 所示。其加工图如图 2—25 所示。整体加工式三通夹具精度高，封闭性能好，一般均能获得满意的再密封效果。现场测量时，可以用游标卡尺测量出泄漏管道的外直径，也可以用卷尺量出泄漏管道的周长后，再换算成直径。知道了泄漏管道的外直径，就可以确定三通夹具的基本尺寸 D，D 的加工精度可取 D_{-20}^{-10}。D_1 的尺寸决定着注入密封注剂的厚度，为了确保带压密封作业的可靠性，注剂的厚度一般不应小于 8 mm，故 D_1 应取 $D_1 = D +$（$16 \sim 20$）（mm）为宜。三通夹具的壁厚，即注剂孔处的厚度，一般不应小于 6 mm，以保证连接高压注剂枪及注射密封注剂过程中的强度要求。B_1 一般可取 4 mm 左右。夹具

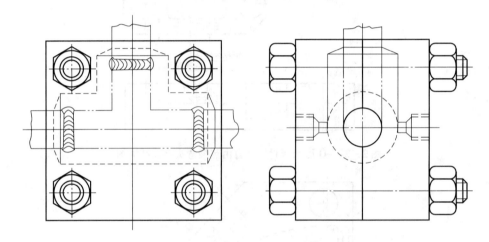

图 2—24　整体加工式三通夹具装配图

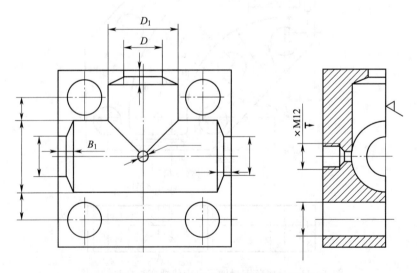

图 2—25　整体加工式三通夹具加工图

的整体宽度和高度尺寸一般来说比较自由，主要从连接螺栓的规格及节省密封注剂两方面考虑。整个夹具均采用设备加工，首先刨出两块长方形毛坯，然后配钻出 4 个连接螺栓孔，连接螺栓的规格应取 M16 以上。将两块毛坯用螺栓连成整体后，即可按图纸加工其他尺寸。注剂孔的位置应尽量靠近泄漏点位置，数量不得少于两个。

2. 三通夹具密封结构和形式

（1）整体式三通夹具密封结构和形式

如果泄漏介质的压力比较高或介质的渗透性较强，则夹具的精度应当提高，并相应地增设密封增强结构。图 2—26 所示为 O 形圈密封增强三通夹具结构图，这种夹具可以弥补 0.5 mm 以下的径向间隙。图 2—27 所示为金属条密封增强三通夹

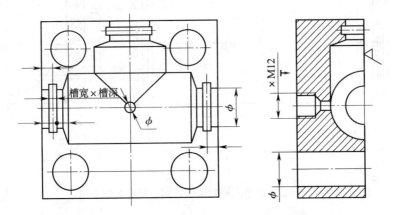

图 2—26 O 形圈密封增强整体加工式三通夹具加工图

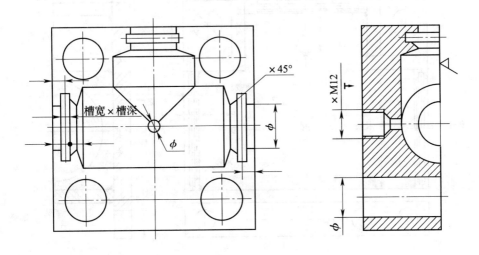

图 2—27 金属条密封增强整体加工式三通夹具加工图

具结构图，这种夹具可以弥补 2 mm 左右的径向间隙。随着三通公称尺寸的增大，其夹具的几何尺寸及连接螺栓的规格数量也会相应增加。

（2）焊制三通夹具密封结构和形式

图 2—28 所示为 O 形圈密封增强焊制三通夹具结构图。图 2—29 所示为金属条密封增强焊制三通夹具结构图。

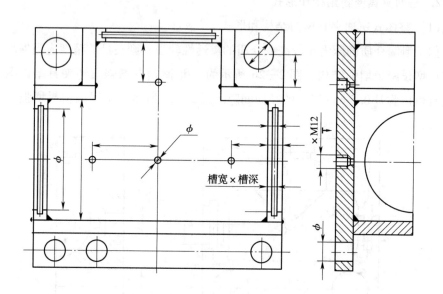

图 2—28　O 形圈密封增强焊制三通夹具加工图

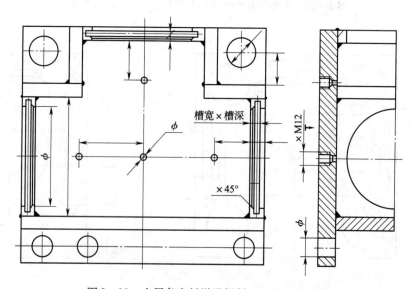

图 2—29　金属条密封增强焊制三通夹具加工图

五、四通夹具

1. 四通夹具概述

四通夹具的设计制作与三通夹具的设计制作基本相同，其泄漏原因也与三通泄漏相似。图 2—30 所示为四通夹具装配图。图 2—31 所示为四通夹具加工图。

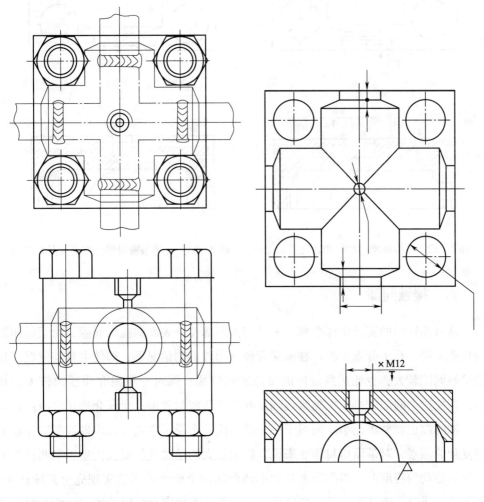

图 2—30　四通夹具装配图　　　　图 2—31　四通夹具加工图

2. 四通夹具密封结构和形式

图 2—32 所示为 O 形圈密封增强四通夹具加工图。

图 2—33 所示为金属条密封增强四通夹具加工图。

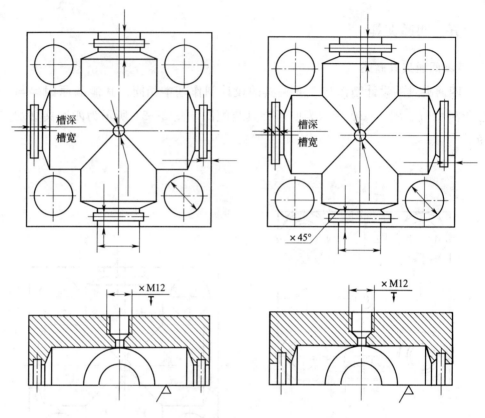

图 2—32　O 形圈密封增强四通夹具加工图　　图 2—33　金属条密封增强四通夹具加工图

六、接触间隙

从带压密封的实践中体会到，夹具与泄漏部位外表面的接触间隙，对于带压密封作业来说，是十分重要的。在泄漏介质压力较低的情况下，即使夹具与泄漏部位的接触间隙较大，也能达到较好的带压密封效果；而对于泄漏介质压力较大的场合，即使这个间隙较小，也较难达到良好的带压密封效果。泄漏介质压力越高，这个接触间隙也就要求越小。而对于一个泄漏法兰来说，它之所以出现泄漏，存在着很复杂的因素，对带压密封作业来说，影响最大的是法兰的安装质量。如两法兰的连接间隙均匀程度差，则凸形夹具的小凸台的两个侧面就无法实现完全封闭作用；再如法兰错口，则凸形夹具的精度尺寸也就无法实现完全封闭功能。因此，对于泄漏介质压力大于 4.0 MPa 的法兰部位泄漏，特别是泄漏介质压力大于 10 MPa 的法兰部位泄漏，单纯依靠这种凸形夹具的小凸台的两个侧面及夹具的公称直径 D 的精度来保证间隙，有时很难达到目的。因此，对于高压介质的泄漏，必须有效地提高夹具与泄漏部位接触间隙的精度。

学习单元 3 注剂孔的设置与形式选择方法

 ## 学习目标

➤ 能够设置注剂孔的位置和形式。

 ## 知识要求

注剂孔的主要作用已在夹具设计中作了介绍，它的辅助作用是排气（包括排放泄漏介质和夹具密封空腔内的空气）和观察密封注剂的填充情况。因此，在夹具设计中应尽可能多开设一些注剂孔，一来可以在连接高压注剂枪时，躲开障碍物，二来可观看注剂过程的进行。现场不用时，可以用丝堵封死。对于局部夹具，注剂用量较少，可以只开设一个。

在夹具设计时有三种注剂孔可供选择，分别为标准注剂孔、通孔和直接连枪孔。

一、标准注剂孔

标准注剂孔的结构如图 2—34a 所示。这种注剂孔由 M12 螺纹和一 φ2 ~ φ8 的通孔组成。标准注剂孔在法兰夹具上选用得最多，因为法兰夹具的小凸台的宽度一般多为 3 ~ 10 mm，必须设有一过渡的小圆孔，才能形成注剂通道。另外，这种标准注剂孔还有一定地减小泄漏介质压力及减少密封注剂的反退的作用，对在现场操作时，更换各种接头及密封注剂固化后更换丝堵有一定的益处。

二、注剂通孔

注剂通孔的结构如图 2—34b 所示。这种注剂孔就是一 M12 连接螺纹，该注剂孔比标准注剂孔可降低 20% ~ 40% 注剂压力，可使操作者节省体力。在直管夹具、三通夹具及弯头夹具上可适当多开设一些这种注剂孔。但在泄漏点附近则应当开设标准注剂孔，以便于切换操作。

三、直接连枪孔

直接连枪孔的结构如图 2—34c 所示。这种注剂孔其实就是一与高压注剂枪出剂孔相同的螺纹孔，一般为 M16 螺纹。这种注剂孔可比标准注剂孔降低 50% ～ 75% 的注剂压力，可有效地减轻操作者的体力消耗及节省现场操作时间。一般可在直管夹具、三通夹具、弯头夹具或其他密封注剂用量较大的夹具上开设 1 ～ 4 个这种注剂孔。

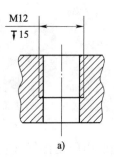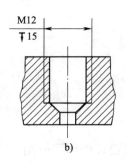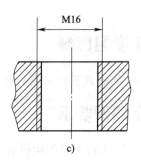

图 2—34　注剂孔结构示意图

a）标准注剂孔　b）通孔　c）直接连枪孔

学习单元 4　机械制图知识

学习目标

➢ 能够掌握机械制图中的关键尺寸、公差标注及平面图形的画法。

➢ 绘制夹具加工平面图纸及公差标注。

知识要求

一、尺寸公差与配合注法

1. 在零件图中标注线性尺寸公差的方法

在零件图中有三种标注线性尺寸公差的方法：一是标注公差带代号；二是标注极限偏差值；三是同时标注公差带代号和极限偏差值。这三种标注形式具有同等效力，可根据具体需要选用。

（1）应用极限偏差标注线性尺寸公差时，上偏差需注在基本尺寸的右上方，下偏差则与基本尺寸注写在同一底线上，以便于书写。极限偏差的数字高度一般比基本尺寸的数字高度小一号，如图 2—35 所示。

（2）在标注极限偏差时，上、下偏差的小数点必须对齐，小数点后右端的"0"一般不注出，如果为了使上、下偏差值的小数点后的位数相同，可以用"0"补齐，如图 2—35a 中的下偏差。

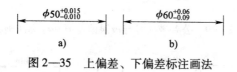

图 2—35　上偏差、下偏差标注画法

（3）当上、下偏差值中的一个为"零"时，必须用"0"注出，它的位置应和另一极限偏差的小数点前的个位数对齐，如图 2—36 所示。

图 2—36　零偏差对齐标注画法

（4）当公差带相对基本尺寸对称地配置时，即上、下偏差数字相同，正负相反，只需注写一次数字，高度与基本尺寸相同，并在偏差与基本尺寸之间注出符号"±"，如图 2—37 所示。

（5）用公差带代号标注线性尺寸的公差时，公差带代号写在基本尺寸的右边，并且要与基本尺寸的数字高度相同，基本偏差的代号和公差等级的数字都用同一种字号，如图 2—38 所示。

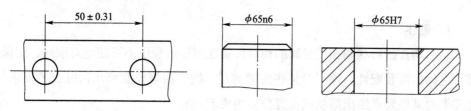

图 2—37　上、下偏差数字相同标注画法　　　图 2—38　公差带代号标注画法

（6）同时用公差带代号和相应的极限偏差值标注线性尺寸的公差时，公差带代号在前，极限偏差值在后，并且加圆括号，如图 2—39 所示。

（7）若只需要限制某一尺寸的单个方向极限时，应在该极限尺寸的右边标注符号"max"（表示最大）或"min"（表示最小），如图 2—40 所示。

2. 标注角度公差的方法

角度公差的标注方法，如图 2—41 所示。其基本规则与线性尺寸公差的标注方法相同。

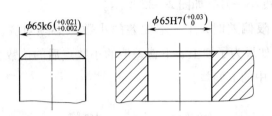

图 2—39　公差带代号与极限偏差值共存标注画法

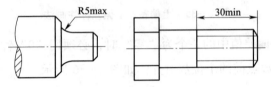

图 2—40　最大或最小尺寸单一极限尺寸标注画法

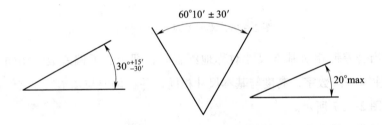

图 2—41　角度公差标注画法

二、形状和位置公差表示法

1. 概述

金属构件的形状和相关表面的相对位置在制造过程中不可能绝对准确，为保证零件之间的可装配性，除了对某些关键的点、线、面等要素给出尺寸公差要求外，还需要对某些要素给出形状或位置公差的要求。

（1）要素

要素是指零件上的特征部分的点、线或面；被测要素即给出了形状或（和）位置公差的要素；基准要素即用来确定被测要素的形状或（和）位置的要素；单一要素即仅对其本身给出形状公差要求的要素；关联要素即对其他要素有功能关系的要素。

（2）公差带的主要形式

形状公差是指单一实际要素的形状所允许的变动全量；位置公差是指关联实际要素的位置对基准所允许的变动全量。形位公差的公差带主要形式见表 2—2。

表 2—2   形位公差带的主要形式

1	一个圆内的区域	
2	两同心圆之间的区域	
3	两同轴圆柱面之间的区域	
4	两等距曲线之间的区域	
5	两平行直线之间的区域	
6	一个圆柱面内的区域	
7	两等距曲面之间的区域	
8	两平行平面之间的区域	
9	一个圆球内的区域	

　　形位公差的公差带必须包含实际的被测要素。若无进一步的要求，被测要素在公差带内可以具有任何形状。除非另有要求，其公差带适用于整个被测要素。图样上给定的每一个尺寸和形状、位置要求均是独立的，应分别满足要求。如果尺寸和形状、尺寸和位置之间的相互关系有特定要求时，应在图样上作出规定，这称之为

独立原则。独立原则是尺寸公差和形位公差相互关系所遵循的基本原则。形状和位置公差要求应在矩形框格内给出，如图 2—42 所示。

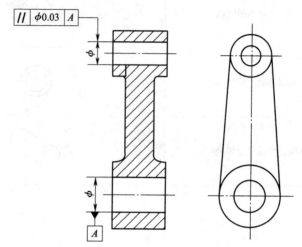

图 2—42　形状和位置公差在图样中表示法

2. 公差框格

矩形公差框格由两格或多格组成，框格自左至右填写，各格内容如图 2—43 所示。

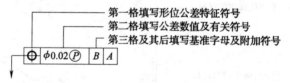

图 2—43　矩形公差框格结构

公差框格的第二格内填写的公差值用线性值，公差带为圆形或圆柱形时，应在公差值前加注"ϕ"，若是球形则加注"$S\phi$"。

当一个以上要素作为该项形位公差的被测要素时，应在公差框格的上方注明，如图 2—44 所示。

若要求在公差带内进一步限定被测要素的形状，则应在公差值后面加注表 2—3 的符号，注法见表中举例一栏。

对同一要素有一个以上公差特征项目要求时，为了简化可将两个框格叠在一起标注，如图 2—45 所示。

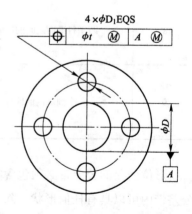

图 2—44　一个以上要素在公差框格上注法

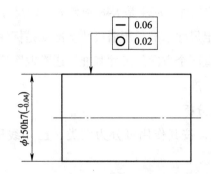

图2—45 两个框格叠在一起标注画法

表2—3 要素形状加注符号

含义	符号	举例
只许中间向材料内凹下	（ – ）	— t (–)
只许中间向材料外凸起	（ + ）	□ t (+)
只许从左至右减小	（▷）	H t ▷
只许从右至左减小	（◁）	H t ◁

注：表中的"t"为公差值。

三、平面图形的画法

平面图形都是由各种线段（直线与曲线）连接而成的，线段的长短和位置是由图形的尺寸所决定。因此，要迅速准确地绘制平面图形，必须对图形的尺寸和线段进行分析。

1. 平面图形的尺寸分析

平面图形中所注的尺寸，按其作用可分为两大类：

（1）定形尺寸

用以确定平面图形各组成部分形状和大小的尺寸称为定形尺寸。例如，圆和圆弧的直径（或半径）、线段的长度和角度的大小等。如图2—46中的 $\phi16$、$\phi10$、$R8$、$R40$、$R48$、8 等尺寸。

（2）定位尺寸

用以确定平面图形中各组成部分之间相对位置的尺寸称为定位尺寸。如图2—46

中，75 是 $R8$ 圆弧的定位尺寸，$\phi24$ 是 $R48$ 圆弧的定位尺寸。

标注尺寸首先要确定尺寸基准，所谓尺寸基准就是标注尺寸的起点。对平面图形来说，应有水平和垂直两个方向的尺寸基准，通常取图形的边界线、轴线、对称线或中心线等作为尺寸基准。

2. 平面图形的线段分析

平面图形中的线段，按其作用可分为三类：已知线段、中间线段、连接线段。

（1）已知线段

凡定形、定位尺寸齐全，可以直接画出的线段，称为已知线段。如图 2—46 中，手柄左端的两个长方形，右端的圆弧 $R8$，都是已知线段。

（2）中间线段

只有定形尺寸而定位尺寸不全的线段称为中间线段。作图时，须部分依赖于其他线段才能画出。如图 2—46 中的 $R48$ 为中间线段。

（3）连接线段

只有定形尺寸而没有定位尺寸的线段称为连接线段，如图 2—46 中的 $R40$ 为连接线段。

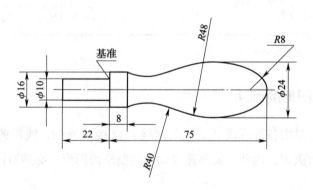

图 2—46　手柄各部尺寸

3. 平面图形的画图步骤

画平面图形的一般步骤是：分析图形，画出基准线；画已知线段；画中间线段；画连接线段。

现以手柄为例介绍画图的具体步骤如下：

（1）画中心线和已知线段的轮廓，以及相距为 24 的两根范围线，如图 2—47a 所示。

（2）确定连接圆弧 $R48$ 的中心 O_1 及 O_2，如图 2—47b 所示。

（3）确定连接圆弧 *R*48 和已知圆弧 *R*8 的切点 A、B，并以 48 为半径画圆弧，如图 2—47c 所示。

（4）确定连接圆弧 *R*40 的圆心 *O*′ 和 *O*″，如图 2—47d 所示。

（5）确定 *R*40 和 *R*48 的切点 C、D，如图 2—47e 所示。

（6）以 *O*′ 和 *O*″ 为圆心，以 40 为半径画圆弧，即完成作图，如图 2—47f 所示。

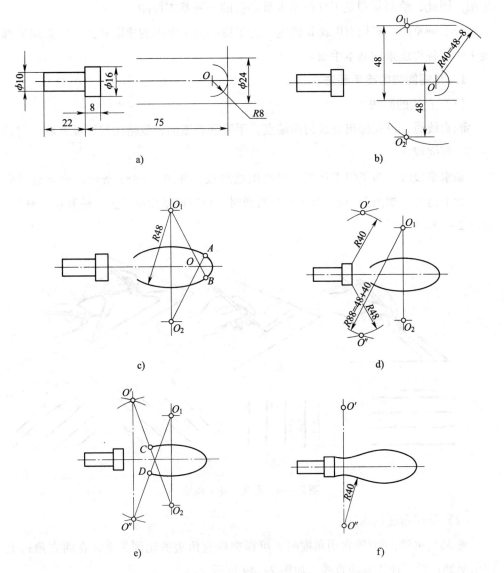

图 2—47 手柄画图步骤

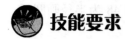 **技能要求**

一、徒手画图的方法

以目测估计图形与实物的比例，按一定的画法要求徒手（或部分使用绘图仪器）绘制的图，称为草图。在生产实践中，经常需要借助草图来记录或表达技术思想。因此，绘制草图是工程技术人员必备的一种基本技能。

徒手画草图一般用 HB 或 B 铅笔。为了提高徒手绘图的速度和技巧，必须掌握徒手绘制各种线条的基本手法。

1. 草图图线的徒手画法

（1）直线的画法

画直线时，可先标出直线的两端点，手腕靠着纸面，眼睛注视线段终点，匀速运笔一气完成。

画水平线时，为了便于运笔，可将图纸斜放，如图 2—48a 所示；画垂直线应自上而下运笔，如图 2—48b 所示；画斜线时，可以调整图纸位置，使其便于画线，如图 2—48c 所示。

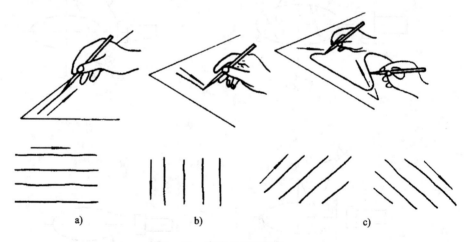

a)   b)   c)

图 2—48 直线的徒手画法

（2）常用角度的画法

画 30°、45°、60°等常用角度时，可根据两直角边的比例关系，在两直角边上定出两端点后，徒手连成直线，如图 2—49 所示。

（3）圆的画法

画直径较小的圆时，先在中心线上按半径大小目测定出四点，然后徒手将这四点连接成圆，如图 2—50a 所示；画较大圆时，可通过圆心加画两条 45°的斜线，按半径目测定出八点，然后连接成圆，如图 2—50b 所示。

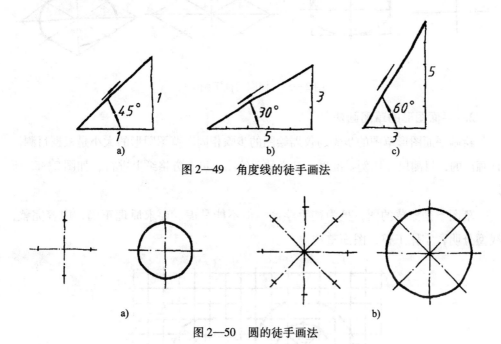

图 2—49　角度线的徒手画法

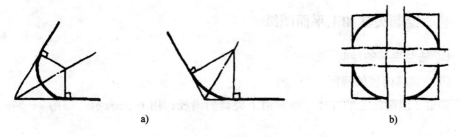

图 2—50　圆的徒手画法

（4）圆角及圆弧连接的画法

画圆角及圆弧连接时，根据圆角半径大小，在分角线上定出圆心位置，从圆心向分角两边引垂线，定出圆弧的两连接点，并在分角线上定出圆弧上的点，然后过这三点作圆弧，如图 2—51a 所示；也可以利用圆弧与正方形相切的特点画出圆角或圆弧，如图 2—51b 所示。

图 2—51　圆角、圆弧连接的徒手画法

（5）椭圆的画法

画椭圆时，先画椭圆长短轴，定出长短轴顶点，过四个顶点画矩形，然后作椭圆与矩形相切，如图 2—52a 所示；或者利用其与菱形相切的特点画椭圆，如图 2—52b 所示。

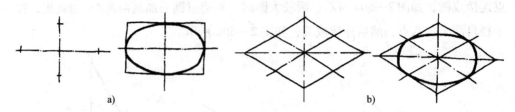

a)   b)

图 2—52　椭圆的徒手画法

2. 平面图形的草图画法

绘制平面图形草图的步骤与仪器绘图的步骤相同。草图图形的大小是根据目测估计画出的，目测尺寸比例要准确。初学徒手绘图，可在方格纸上进行，如图 2—53 所示。

草图不是潦草的图，虽为徒手绘制，但不能马虎。要求原理正确，内容完整，线型分明，字体工整，图面整洁。

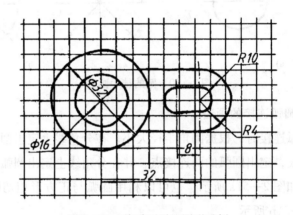

图 2—53　徒手画平面图形示例

二、绘制夹具加工平面图纸

1. 法兰夹具的绘制

（1）夹具内径的确定

知道了泄漏法兰的外径，就知道了夹具的内径，用 D 来表示，如图 2—54a 所示。

这里应注意的是应消除热膨胀引起的吻合间隙超差的影响。

热膨胀量为：

$$\Delta = \alpha t L(D)$$

式中　Δ——热膨胀量；

　　　α——金属热膨胀系数；

　　t ——夹具所处温度;

　　L（D）——长度或泄漏部件的直径。

　　尺寸 D 应等于法兰外径减去 Δ 值。

　　（2）夹具厚度的确定

$$S = 0.977D \sqrt{\frac{Pb}{B[\sigma]^t}}$$

式中　S——夹具刚度计算壁厚，mm;

　　　D——泄漏法兰的外径，mm;

　　　P——夹具设计压力，MPa;

　　　b——法兰副连接间隙，mm;

　　　B——夹具宽度，mm;

　　　$[\sigma]^t$——泄漏介质温度下夹具材料的许用应力，MPa。

　　如图 2—54b 所示。

　　（3）夹具凸台尺寸的确定

　　1）测量法。

　　2）根据经验选取。根据经验，一般取凸台高度为 4 ~ 6 mm，即比内径 D 小 8 ~ 12 mm。如果凸台内径用 D_1 表示时，则得:

$$D_1 = D - （8 ~ 12）\text{mm}$$

　　3）凸台宽度的确定。凸台宽度一般用 b 表示，多用经验选取，如图 2—54c 所示。

$$b = 法兰最小间隙宽度 - 0.3 \text{ mm}$$

　　（4）耳板厚度的确定

　　1）计算法

$$t = \sqrt{\frac{3B_i L_1 P_c D}{b[\sigma]^t}}$$

式中　t——耳板最小厚度，mm;

　　　B_i——密封腔宽度，mm;

　　　P_c——设计压力，MPa

　　　D ——夹具内径，mm;

　　　b——耳板宽度，mm;

　　　L_1——耳板螺孔中心至夹具外缘的距离，mm;

　　　$[\sigma]^t$——耳板材料所处温度下的许用应力，MPa;

2）按经验估算厚度。耳板厚度 $= S +$（6～10）mm，S—夹具刚度计算壁厚，如图 2—54d、图 2—54e 所示。

（5）夹具宽度 B 的确定

由泄漏法兰内侧向两侧延伸 10～20 mm，如图 2—54e 所示。

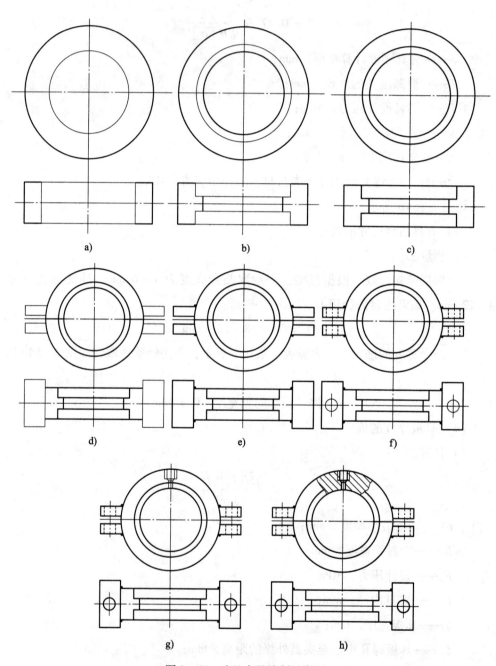

图 2—54　法兰夹具绘制示意图

（6）夹具上应设有与连接螺栓数量相等的注剂孔，应在夹具图上画出。为了清楚具体地表示其结构，应采用局部剖视的方法画出，剖到之处应画剖面线，如图 2—54g 及图 2—54h 所示。

2. 直管夹具的绘制

泄漏管道绘制如图 2—55a 所示。

（1）直管夹具内径的确定

$$D = d_H + 2 \ (5 \sim 20) \ \text{mm}$$

式中 d_H 为泄漏管道外径。直管夹具内径绘制如图 2—55b 所示。

（2）夹具壁厚 S 的确定

$$S = 0.977D \sqrt{\frac{P}{[\sigma]^t}}$$

式中　S——夹具刚度计算壁厚，mm；

　　　D——泄漏管道的外径，mm；

　　　P——夹具设计压力，MPa；

　　　$[\sigma]^t$——泄漏介质温度下夹具材料的许用应力，MPa。

壁厚如图 2—55c 中剖线所示。

（3）夹具长度 L 的确定

夹具的长度一定要能包容泄漏点，并且两侧均有适当的余量，一般端板内侧距孔的边缘不小于 10 mm。这样，L 的最小值就能确定了，如图 2—55d 所示。

（4）夹具端板厚度的确定

$$端板厚度 = S + \ (6 \sim 10) \ \text{mm}$$

S 为夹具刚度计算壁厚。

（5）端板上圆孔尺寸的确定

端板上圆孔尺寸等于泄漏管道的外径加上 8～15mm 密封材料厚度，如图 2—55d 所示。

（6）为便于安装，夹具必须做成剖分式的，故应焊有连接耳板。

$$耳板厚度 = S + \ (5 \sim 10) \ \text{mm}$$

式中 S 为夹具刚度计算壁厚。如图 2—55d 所示。

（7）夹具上应设有注剂孔。

为了清楚具体地表示其结构，应采用局部剖视的方法画出。剖到之处应画剖面线，如图 2—55e 所示。

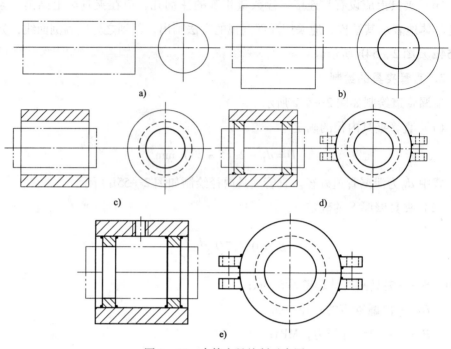

图 2—55 直管夹具绘制示意图

三、夹具加工平面图公差标注

法兰夹具需要标注公差的尺寸主要是凸台宽度，凸台的尺寸过大，将造成安装困难；过小，达不到密封效果。因此要标注公差，公差为 +0.1 mm，如图 2—56 所示。

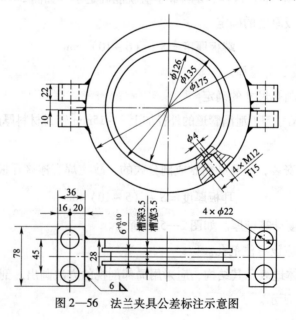

图 2—56 法兰夹具公差标注示意图

第 2 节　注剂式带压密封

 学习单元 1　隔离密封注剂的方法

 学习目标

➢ 能够运用隔离技术防止密封注剂流入介质系统。

 知识要求

大孔洞泄漏一般多发生在低压管道的流体冲刷部位或存在介质腐蚀的低压管道上。对于这种腐蚀减薄量较多的管道，在采用注剂式带压密封技术进行带压密封作业时，易出现两种情况。其一是在注射密封注剂时，有部分密封注剂会通过泄漏缺陷进入到流体输送管道内，并可能影响到工艺生产，对公称直径较小的管道，还有可能造成完全堵塞的严重后果；其二是在注射密封注剂时，具有很高密封比压的密封注剂对已经腐蚀减薄的管壁产生外压，可能造成管道外压失稳的严重后果。因此，在处理这种低压大孔洞泄漏时，应当采取有效的隔离措施，使密封注剂与泄漏缺陷及已存在减薄的管壁分离，不产生直接的接触。

防止密封注剂流入介质系统的主要方法是改变夹具的设计结构形式。

一、采用隔离式直管夹具法

隔离式夹具的基本思路是首先将泄漏缺陷进行隔离，而密封空腔则建立在隔离层的外部，相当于一个夹壁墙，实现密封注剂不与泄漏缺陷部位直接接触的目的。隔离式直管夹具结构如图 2—57 所示。夹具的设计制作与直管夹具基本相似，但要增加对泄漏缺陷几何尺寸的详细测绘，以保证夹具设计的精度，D 等于泄漏管道的外径，D_1 的尺寸为 $D_1 = D + (16 \sim 24)$（mm），主要是保证密封注剂的适宜厚度，泄漏介质压力较高时，可以厚一点，泄漏介质压力较低则可以相应薄一点。D_2 的尺寸，即是隔离层的内径，$D_2 = D + (1 \sim 3)$（mm），泄漏缺陷部位没有大的凸凹变形及障碍物时，这个尺寸可以设计得小一点，当泄漏缺陷部位存在环向、纵向焊缝或凸凹不平时，则应设计得大一点，以避免夹具与泄漏管道相碰撞。密封注剂的槽宽及槽深一般为 8 ~ 12 mm。注剂作业的顺序要看夹具安装后，泄漏介质从夹具外泄的情况，一般应当首先密封存在较大泄漏的密封空腔，后密封泄漏小或不泄漏的密封空腔。由于这种夹具是应用在低压管道上，故没有设计密封增强的夹具结构形式。

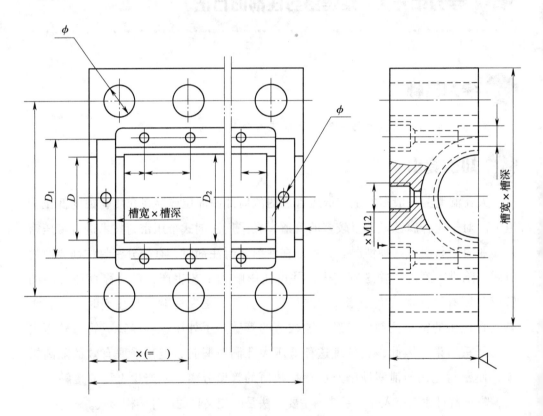

图 2—57　隔离式直管夹具结构示意图

二、采用隔离式弯头夹具法

如图 2—58 所示为隔离式弯头夹具结构图。图中 D 的尺寸等于泄漏弯头的外径，D_1 的尺寸为 $D_1 = D + (8 \sim 12)$（mm），作用同直管夹具。密封隔离槽的宽度即 $R_2 - R_1 = D + (1 \sim 3)$（mm），取值范围同直管夹具的 D_2。槽宽、槽深及操作顺序与隔离式直管夹具相同。

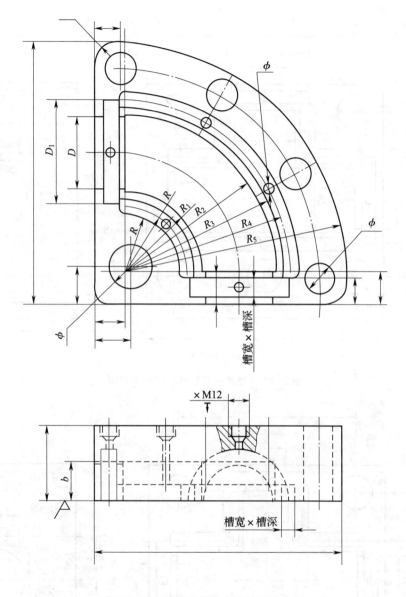

图 2—58　隔离式弯头夹具结构示意图

三、采用隔离式三通夹具法

如图 2—59 所示为隔离式三通夹具结构图。图中 D 的尺寸等于泄漏三通的外径，D_1、D_2 的尺寸及相应的操作顺序与直管夹具相同。这种夹具内槽是采用车床加工的。图 2—60 所示为铣槽式隔离异径三通夹具结构图。

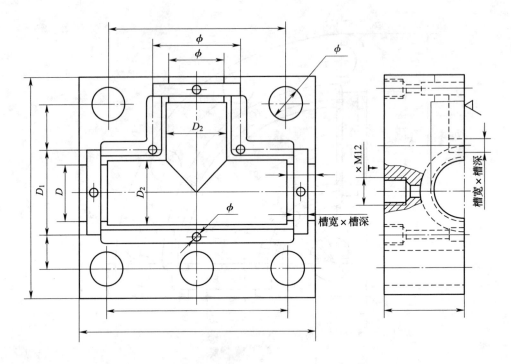

图2—59　隔离式三通夹具结构示意图

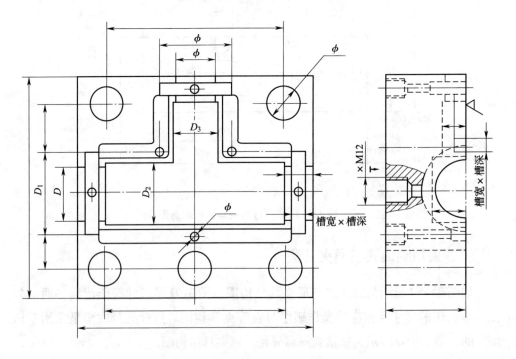

图2—60　隔离式异径三通夹具结构示意图

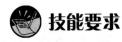 **技能要求**

某厂 DN80 压力 0.25 MPa 蒸汽输送管线管盲头管部分，因天寒冻裂引起泄漏。水平安装。

1. 泄漏介质参数

名称	压力 /MPa	温度 ℃	最高容许浓度 / （mg/m³）	爆炸 危险度	闪点 /℃	自然点 /℃	爆炸极限/%（体积）	
							上限	下限
蒸汽	0.25	125	—	—	—	—	—	—

2. 泄漏部位勘测

（1）泄漏管道的外径。管线外圆周长 $L = 280$ mm。

（2）泄漏直管的错口量 e。无错口量。

（3）泄漏点的位置。泄漏点在管道的上端，由于泄漏介质压力较低，戴上隔热手套可以对泄漏点进行触摸。

（4）泄漏缺陷的几何尺寸。泄漏缺陷长 280 mm，最宽处有 10 mm，泄漏量及泄漏噪声极大。

3. 隔离式夹具设计

由于泄漏缺陷很大，采用常规的夹具则很有可能使密封注剂进入到蒸汽输送管道中。因此在夹具设计中选择了直管隔离式夹具结构形式，设计图如图 2—61 所示。

4. 安全保护用品（略）

5. 作业用工器具（略）

6. 密封注剂选择

根据泄漏蒸汽参数，选用 2#型密封注剂。

7. 现场作业

由于泄漏量很大，泄漏蒸汽阻挡了作业者的视线，故首先接一压缩空气管，将泄漏蒸汽吹开。戴好劳动保护用品，特别是防噪声耳塞一定要戴好。两人配合安装夹具。注剂时首先从密封槽开始，最后密封两端环向密封槽，直到泄漏停止。

8. 说明

低压大孔洞泄漏应当采用隔离式夹具，防止密封注剂进入到流体输送管道中。此例就是采用隔离式夹具成功处理大孔洞泄漏的实例。

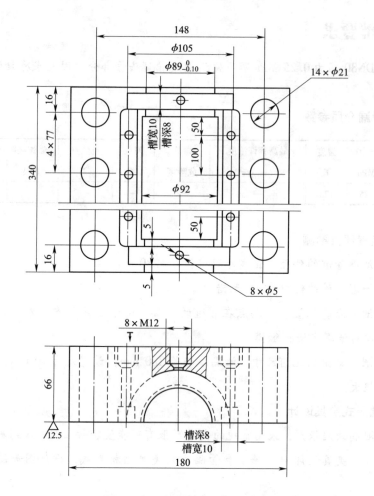

图 2—61 冻裂管道夹具结构图

学习单元2 常用阀门的结构和密封原理

学习目标

➤ 能够掌握常用阀门的结构和密封原理。

知识要求

在管道上，阀门是不可缺少的主要控制元件，控制各种设备上及工艺管路上流

体介质的运行，起到全开、全关、节流、保安、止回等功能。由于受到输送介质温度、压力、冲刷、振动、腐蚀的影响，以及阀门生产制作中存在的内部缺陷，阀门在使用过程中不可避免地也会发生泄漏。

在工业生产中为实现不同的控制流体输送过程，常见的阀门有闸阀、截止阀、球阀、止回阀、柱塞阀、蝶阀、旋塞阀、节流阀、隔膜阀、安全阀、减压阀、疏水阀以及一些特殊用途的阀门。

一、阀门的密封原理

密封就是防止泄漏，那么阀门密封原理也是从防止泄漏开始研究的。造成阀门泄漏的因素主要有两个，一个是影响密封性能的最主要的因素，即密封副之间存在的间隙，另一个则是密封副的两侧之间存在的压差。阀门密封原理是从液体的密封性、气体的密封性、泄漏通道的密封原理和阀门密封副四个方面来分析定义的。

1. 液体的密封性

液体的密封性是通过液体的黏度和表面张力来描述的。当阀门泄漏的毛细管充满气体的时候，表面张力可能对液体进行排斥，或者将液体引进毛细管内，这样就形成了相切角。当相切角小于 90° 的时候，液体就会被注入毛细管内，这样就会发生泄漏。发生泄漏的原因在于介质的不同性质。用不同介质做试验，在条件相同的情况下，会得出不同的结果。可以用水、空气或煤油等进行试验。而当相切角大于 90° 时，也会发生泄漏。这与金属表面上的油脂或蜡质薄膜有关系。一旦这些表面的薄膜被溶解掉，金属表面的特性就发生了变化，原来被排斥的液体，就会浸湿表面，发生泄漏。

2. 气体的密封性

根据泊松公式，气体的密封性与气体分子和气体的黏性有关。泄漏量与毛细管的长度和气体的黏度成反比，与毛细管的直径和驱动力成正比。当毛细管的直径和气体分子的平均自由度相同时，气体分子就会以自由的热运动流进毛细管。因此，在做阀门密封试验的时候，介质一定要用水才能起到密封的作用，用空气即气体就不能起到密封的作用。即使通过塑性变形方式，将毛细管直径降到气体分子以下，也仍然不能阻止气体的流动。原因在于气体仍然可以通过金属壁扩散。所以在做气体试验时，一定要比液体试验更加的严格。

3. 泄漏通道的密封原理

阀门密封由散布在波形面上的不平整度和表面粗糙度两个部分组成。在我国大部分的金属材料弹性应变力都较低的情况下，如果要达到密封的状态，就需要对金属材料的压缩力提出更高的要求，即材料的压缩力要超过其弹性。因此，在进行阀门设计时，密封副结合一定的硬度差来匹配，在压力的作用下，就会产生一定程度的塑性变形密封的效果。

4. 阀门密封副

阀门密封副是阀座和关闭件在互相接触时进行关闭的那一部分。金属密封面在使用过程中，容易受到夹入介质、介质腐蚀、磨损颗粒、气蚀和冲刷的损害，比如磨损颗粒。如果磨损颗粒比表面的不平整度小，在密封面磨合时，其表面精度就会得到改善，而不会变坏。相反，则会使表面精度变坏。因此在选择磨损颗粒时，要综合考虑其材料、工况、润滑性和对密封面的腐蚀情况等因素。如同磨损颗粒一样，在选择密封件时，要综合考虑影响其性能的各种因素，才能起到防泄漏的作用。因此，必须选择那些抗腐蚀，抗擦伤和耐冲刷的材料。否则，不满足任何一项要求，就会使其密封性能大大降低。

二、常用阀门的结构

1. 闸阀

利用一与流体方向垂直且可上下移动的平板来控制阀的启闭，称为闸阀。该种阀门由于阀杆的结构形式不同可分为明杆式和暗杆式两种。一般情况下，明杆式适用于腐蚀性介质及室内管道上；暗杆式适用于非腐蚀性介质及安装操作位置受限制的地方。又可根据阀芯的结构形式分为楔式、平行式和弹性闸阀板。一般楔式大多用于制造单闸板，平行式闸阀两密封面是平行的，大多制成双闸板，从结构上讲平行式比楔式闸阀易制造，好修理，不易变形，但不适用于输送含有杂质的介质，只能用于输送一般的清水。最近又发展一种弹性闸板，闸板是一整块的，由于密封面制造研磨要求较高，适用于在较高温度下工作，多用于黏性较大的介质，在石油、石化生产中应用较多。

特点：闸阀密封性能较好，流体阻力小，开启、关闭力较小，适用范围比较广泛，闸阀也具有一定的调节流量的性能，并可从阀杆的升降高低看出阀的开度大小。闸阀一般适用于大口径的管道上，但该种阀结构比较复杂，外形尺寸较大，密封面易磨损，目前正在不断改进中。

常用的闸阀名称及型号：

楔式闸阀	Z41W—16P
暗杆楔式板闸阀	Z45T—2.5
楔式双闸板闸阀	Z42W—1

电动楔式闸阀	Z941H—64
电动暗杆楔式板闸阀	Z945T—10
电动楔式双闸板闸阀	Z942W—1
电动平行式双闸板闸阀	Z944W—10
正齿轮传动楔式板闸阀	Z441H—40
正齿轮传动暗杆楔式板闸阀	Z445T—10
锥齿轮传动楔式双闸板闸阀	Z542W—1
平行式双闸板闸阀	Z44W—10
液压传动平行式双闸板闸阀	Z744T—10
承插焊楔式闸阀	Z61H—160

2．截止阀

利用装在阀杆下面的阀盘与阀体的突缘部分相配合来控制阀的启闭，称为截止阀。

特点：截止阀的结构较闸阀简单，制造、维修方便，截止阀可以调节流量，应用广泛，但流体阻力较大，为防止堵塞或磨损，不适用于带颗粒和黏度较大的介质。

常用的截止阀名称及型号：

截止阀	J41T—16
内螺纹截止阀	J11X—16
外螺纹截止阀	J21W—40P
外螺纹角式截止阀	J24W—40R
角式截止阀	J44T—160
电动截止阀	J941H—40
压力计用截止阀	J29H—320
直流式衬铅截止阀	J45CQ—6
直流式衬胶截止阀	J45CJ—6
波纹管式焊接截止阀	J68W—6P
波纹管式截止阀	J48W—6P
承插焊截止阀	J61H—160

3．球阀

球阀是利用一个中间开孔的球体作阀芯，靠旋转球体来控制阀的开启和关闭，该阀也和旋塞一样可做成直通、三通或四通的，是近几年发展较快的阀型之一。

特点：球阀结构简单，体积小，零件少，重量轻，开关迅速，操作方便，流体阻力小，制作精度要求高，但由于密封结构及材料的限制，目前生产的阀不宜用在高温介质中。

4. 止回阀

止回阀是一种自动开闭的阀门，在阀体内有一阀盘或摇板，当介质顺流时，阀盘或摇板即升起打开；当介质倒流时，阀盘或摇板即自动关闭，故称为止回阀。由于结构不同又分为升降式和旋启式两大类。升降式止回阀的阀盘，垂直于阀体通道作升降运动，一般应安装在水平管道上，立式的升降式止回阀应安装在垂直管道上，旋启式止回阀的摇板围绕密封面作旋转运动，一般应安装在水平管道上。

特点：止回阀一般适用于清净介质，对固体颗粒和黏度较大的介质不适用。升降式止回阀的密封性能较旋启式的好，但旋启式的流体阻力又比升降式的小，一般旋启式的止回阀多用于大口径管道上。

5. 柱塞阀

柱塞阀又称为活塞阀，性能与截止阀相同，除用于断流外，亦可起一定的节流作用。与截止阀相比，柱塞阀具有以下优点：

（1）密封件系金属与非金属相组合，密封比压较小，容易达到密封要求。

（2）密封比压依靠密封件之间的过盈产生，并且可以用压盖螺栓调节密封比压的大小。

（3）密封面处不易积留介质中的杂质，能确保密封性能。

（4）密封件采用耐磨材料制成，使用寿命比截止阀长。

（5）检修方便，除必要时更换密封圈外，不像截止阀需对阀瓣、阀座进行研磨。

由于柱塞阀优点比较明显，美国、日本、德国等国早已普遍采用，用以取代截止阀。我国在20世纪60年代也曾研制柱塞阀，但由于当时密封圈材料问题未能解决，效果不好。近几年来，设备工业部上海材料研究所为柱塞阀专门研制了以橡胶、石棉为主体的密封圈，为国内大量生产和推广使用柱塞阀创造了条件。

6. 蝶阀

蝶阀是阀的开闭为一圆盘形，绕阀体内一固定轴旋转的阀门。

特点：结构简单，外形尺寸小，重量轻，适合制造较大直径的阀，由于密封结构及所用材料尚有问题，故该种阀只适用于低压系统，用来输送水、空气、煤气等介质。

7. 旋塞阀

利用阀件内所插的中央穿孔的锥形栓塞以控制启闭的阀件，称为旋塞阀。由于密封面的形式不同，又分为填料旋塞阀、油密封式旋塞阀和无填料旋塞阀。

特点：结构简单，外形尺寸小，启闭迅速，操作方便，流体阻力小，便于制作成三通路或四通路阀门，可作分配换向用。但密封面易磨损，开关力较大。该种阀门不适用于输送高温、高压介质（如蒸汽），只适用于一般低温、低压流体，作开闭用，不宜作调节流量用。

常用的旋塞阀名称及型号：

内螺纹三通旋塞阀	X14W—6T
内螺纹旋塞阀	X13T—10
旋塞阀	X43W—10
三通旋塞阀	X44W—6
内螺纹润滑旋塞阀	X17W—16
润滑旋塞阀	X47W—10
内螺纹三通润滑旋塞阀	X18W—16
三通润滑旋塞阀	X48W—16

8. 节流阀

节流阀属于截止阀的一种，由于阀瓣形状为针形或圆锥形，可以较好地调节流量或进行节流，调节压力。

特点：阀的外形尺寸小巧，重量轻，该阀主要用于仪表调节流量和节流用，制作精度要求高，密封较好，但不适用于黏度大和含有固体颗粒的介质，该阀也可作取样用，阀的公称直径较小，一般在 25 mm 以下。

9. 隔膜阀

隔膜阀的启闭机构是一块橡皮隔膜，置于阀体与阀盖间，膜的中央突出的部分固着于阀杆上，隔膜将阀杆与介质隔离。

特点：结构简单，便于检修，流体阻力小，适用于输送酸性介质和带悬浮物的介质，但由于橡胶隔膜的材质，不适用于温度高于60℃及有机溶剂和强氧化剂的介质。

10. 安全阀

安全阀是安装在受压设备、容器及管路上的压力安全保护装置。安全阀在生产使用过程中，当系统内的压力超过允许值之前，必须密封可靠，无泄漏现象发生；当设备、容器或管路内压力升高，超过允许值时，安全阀门立即自动开启，继而全量排放，使压力下降，以防止设备、容器或管路内压力继续升高；当压力降低到规定值时，安全阀门应及时关闭，并保证密封不漏，从而保护生产系统在正常压力下安全运行。根据安全阀的工作原理的不同主要有以下几种结构形式。

（1）重锤式

用杠杆和重锤来平衡阀瓣压力。其优点是由阀杆来的力是不变的，缺点是比较笨重，回座压力低。一般用于固定设备上。

（2）弹簧式

利用压缩弹簧力来平衡阀瓣的压力。优点是体积小，轻便，灵敏度高，安装位置不受严格限制。缺点是作用在阀杆上的力随弹簧变形而发生变化。

（3）先导式

利用副阀与主阀连在一起，通过副阀的脉冲作用驱动主阀动作。优点是动作灵敏，密封性好，通常用于大口径的安全阀。

11．减压阀

减压阀的动作主要是靠膜片、弹簧、活塞等敏感元件改变阀瓣与阀座的间隙，使蒸汽、空气达到自动减压的目的。

特点：减压阀只适用于蒸汽、空气等清净介质，不能用来作液体的减压，工作介质更不能含有固体颗粒，最好在减压前加过滤器。

12．疏水阀

疏水阀的全称是自动蒸汽疏水阀，又名阻气排水阀。它能自动地从蒸汽管路或容器中排除凝结的水、空气及其他不凝性气体，并能防止蒸汽泄漏。

根据疏水阀的工作原理的不同主要有以下几种结构形式。

（1）热动力型

利用蒸汽、凝结水通过启闭件时的不同流速引起的被启闭件隔开的压力室和进口处的压力差来启闭疏水阀。

（2）热静力型

利用蒸汽、凝结水的不同温度引起温度敏感元件动作，从而控制启闭件工作。

（3）设备型

利用凝结水液位的变化而引起浮子的升降，从而控制启闭件的工作。

13．衬里阀

为防止介质的腐蚀，在阀体内衬有各种耐腐蚀材料（如铅、橡胶、搪瓷等），阀瓣也用耐腐蚀材料制成或包上各种耐蚀材料，衬里阀广泛用在石化生产中。

特点：衬里阀要根据输送介质的性质选取合适的衬里材料。该阀既能耐腐蚀又能承受一定的压力，一般衬里阀多制成直通式或隔膜式。因此，流体阻力小。阀的使用温度与衬里材料有关，一般温度不能过高。

14．非金属阀

（1）硬聚氯乙烯塑料阀

近年来在石化生产过程中硬聚氯乙烯塑料阀的应用越来越多，尤其在氯碱生产中用来代替各种合金钢阀。硬聚氯乙烯阀可制成旋塞阀、球阀、截止阀等结构形式，用于除强氧化剂性酸（如浓硝酸、发烟硫酸）和有机溶剂外的一般酸性和碱性介质。使用温度一般可在 $-10\sim60℃$，使用压力 $0.2\sim0.3$ MPa。使用硬聚氯乙烯塑料应注意最好不要安装在室外，防止夏季太阳的直射，也要防止冬季的寒冷使之脆裂。该阀具有重量轻，耐腐蚀，设备加工方便，制作简单，又可代替大量不锈钢，是今后需大力发展的阀门品种。

（2）陶瓷阀

陶瓷阀是一种用于腐蚀性介质的阀，可以代替不锈钢，尤其在氯气、液氯、盐酸中应用较广，但该阀密封性能较差，不能用于较高的压力，由于自重比较重，受冲击易破裂，因此安装、使用、检修时要特别注意。

三、阀门密封失效形式

根据生产现场操作记录，不同类型的阀门都不同程度地发生过密封失效现象。常见的密封失效多发生在填料密封处、法兰连接处、焊接连接处、丝扣连接处及阀体的薄弱部位上。下面重点介绍填料密封失效。

1．填料结构

如图 2—62 所示为 Z15W—10 型内螺纹暗杆楔式闸阀示意图。这种阀主要由阀体、阀盖、库板、阀杆、填料、垫片等组成，只供各类全开、全关管路上的流体运行之用。

如图 2—63 所示为 J41—25K 型截止阀示意图。这种阀主要由阀体、阀盖、阀杆、密封圈、填料、垫片手轮等组成。用途与 Z15W—10 型闸阀相同。两者的阀杆填料密封部位放大图如图 2—64 所示。填料装入填料腔以后，经压盖对它施加轴向压缩，由于填料的塑性，使它产生径向力，并与阀杆紧密接触，但实际上这种压紧接触并不是非常均匀的。有些部位接触得紧一些，有些部位接触得松一些，还有些部位填料与阀杆之间根本就没有接触上，所以在填料和轴之间存在着微小的间隙，带压介质在间隙中多次被节流，这样接触部位同非接触部位交替出现形成了一个不规则的迷宫，起到阻止流体压力介质外泄的作用，从而达到密封的目的。因此，可以说填料密封的机理就是"迷宫效应"。

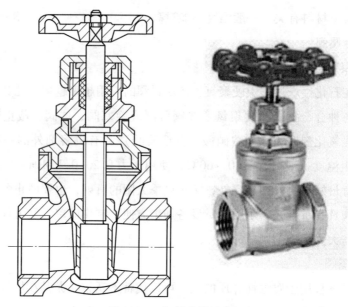

图2—62　闸阀结构示意图

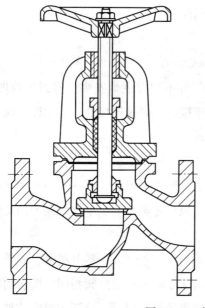
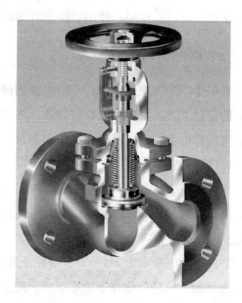

图2—63　截止阀结构示意图

　　阀门填料密封结构压力分布如图2—65所示。阀杆所受的填料压紧力是由拧紧压盖螺栓产生的。当弹性填料受到轴向力压紧后，产生摩擦力致使压紧力沿轴向逐渐减小，同时所产生的径向压紧力使填料紧贴于轴表面而阻止介质外漏。径向压紧力的分布如图2—65b所示，其由外端（压盖）向内端，先是急剧递减后趋于平缓；介质压力的分布如图2—65c所示，由内端逐渐向外端递减，当外端介质压力为零时，则泄漏很小或根本不泄漏，大于零时则泄漏较大。由图2—65可以看出，阀杆填料径向压紧力的分布与介质压力的分布恰恰相反，内端介质压力最大，应当给予较大的密封压力，而此时填料的径向压紧力恰是最小，故压紧力没有很好地发挥作用。在实际应用中，为了获得良好的密封性能，往往增加阀杆填料的压紧力，即在靠近压盖的 2~3 圈填料处使径向压紧力最大，可见阀杆填料密封的受力状况并不是均匀的。阀门在使用过程中，阀杆同填料之间存在着相对运动。这个运动包括径向转动和轴向移动。在使用过程中，随着开启次数的增加，相对运动的次数也随之增多，还有高温、高压、渗透性强的流体介质的影响，

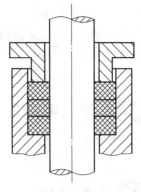

图 2—64 阀杆填料密封结构示意图

以及填料受力情况不合理因素的客观存在，阀门填料处也是发生泄漏事故较多的部位。

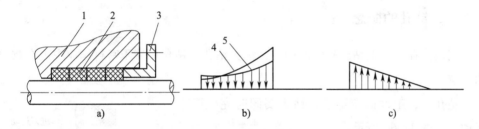

图 2—65 阀杆填料密封结构示意图

a）填料密封结构 b）径向压力分布图 c）介质压力分布图

1—填料函 2—填料 3—压盖 4—开车前径向压力曲线 5—开车后径向压力曲线

2. 填料泄漏

造成填料泄漏的主要原因是界面泄漏；对于编结填料则还会出现渗透泄漏。阀杆与填料间的界面泄漏是由于填料接触压力的逐渐减弱，填料材料自身的老化等因素引起的，压力介质会沿着填料与阀杆之间的接触间隙向外泄漏。随着时间的推移，压力介质会把部分填料吹走，甚至会将阀杆冲刷出沟槽。阀门填料的渗透泄漏是指流体介质沿着填料纤维之间的微小缝隙向外泄漏。

消除阀门填料泄漏的方法主要根据阀门的种类、结构形式及生产工艺上的特点而定。当生产工艺上允许短时间内切断流体压力介质的供给，而且阀门在关闭后，填料部位不受压力介质的影响时，可以采用更换填料的办法加以消除；上述条件难以得到满足时，可以考虑采用"带压密封技术"中的某种方法加以消除，如"注剂式带压密封技术"中就有一种专门用于处理阀门填料泄漏的密封注剂，当把它

注射到阀门填料部位后，立刻就能达到止住泄漏的目的，同时又能起到与阀门填料一样的自润滑功能及收到长期密封的效果。

学习单元3 填料函钻孔方法

学习目标

➤ 掌握钻孔方面的相关知识，并能够使用电钻在填料函外壁钻孔。

知识要求

一、钻孔的概念

用钻头在材料上钻出孔眼的操作，称为钻孔。钻孔在带压密封作业中占有重要的地位。

钻孔时，工件固定不动，钻头要同时完成两个运动，如图2—66所示。

1. 切削运动（主运动）

钻头绕轴心所作的旋转运动，也就是切下切屑的运动。

2. 进刀运动（辅助运动）

钻头对着工件所作的直线前进运动。

由于两种运动是同时连续进行的，所以钻头是按照螺旋运动的规律来钻孔的。

图2—66 钻孔时钻头的运动

二、钻头

钻头的种类很多，如麻花钻、扁钻、深孔钻和中心钻等。它们的几何形状虽有所不同，但切削原理是一样的，都有两个对称排列的切削刃，使得钻削时所产生的力能够平衡。

钻头多用碳素工具钢或高速钢制成，并经淬火和回火处理。为了提高钻头的切削性能，目前有的使用焊有硬质合金刀片的钻头。麻花钻是最常用的一种钻头。

1．麻花钻的构造

麻花钻的构造如图 2—67 所示，这种钻头的工作部分像"麻花"形状，故称麻花钻头。

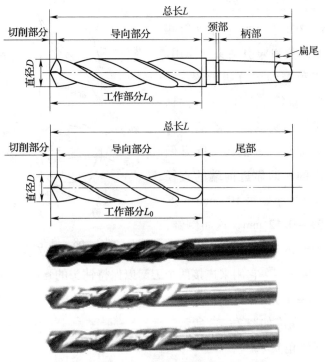

图 2—67　麻花钻的构造

麻花钻头主要由下面几部分组成：

（1）柄部

柄部用来把钻头装在钻床主轴上，以传递动力。钻头直径小于 12 mm 时，柄部多采用圆柱形，用钻夹具把它夹紧在钻床主轴上。当钻头直径大于 12 mm 时，柄部多是圆锥形的，能直接插入钻床主轴锥孔内，对准中心，并借助圆锥面间产生的摩擦力带动钻头旋转。在柄部的端头还有一个扁尾（或称钻舌），目的是增加传递力量，避免钻头在主轴孔或钻套中转动，并作为使钻头从主轴锥孔中退出时用。

（2）颈部

颈部是为了磨削尾部而设的，多在此处刻印出钻头规格和商标。

（3）工作部分

工作部分包括切削部分和导向部分。切削部分，包括横刃和两个主切削刃，起着主要的切削作用。导向部分，在切削时起着引导钻头方向的作用，还可作钻头的备磨部分。导向部分由螺旋槽、刃带、齿背和钻心组成。

螺旋槽在麻花钻上有两条，并成对称位置，其功用是正确地形成切削刃和前角，并起着排屑和输送冷却液的作用。刃带（见图 2—68）是沿螺旋槽高出 0.5 ~1 mm 的窄带，在切削时，它跟孔壁相接触，起着修光孔壁和导引钻头的作用。钻头表面上低于刃带的部分叫齿背，其作用是减少摩擦。直径小于 0.5 mm 的钻头，不制出刃带。钻头的直径看起来好像整个引导部分都是一样的，实际是做成带一点倒锥度的，即靠近前端的直径大，靠近柄部的直径小。每 100 mm 长度内直径减小 0.03 ~ 0.12 mm，这叫倒锥，目的是减少钻削时的摩擦发热。钻头两

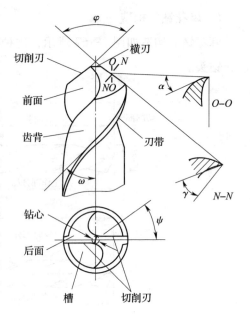

图 2—68　麻花钻的主要角度

螺旋槽的实心部叫钻心，它用来连接两个刃瓣以保持钻头的强度和刚度。

2. 麻花钻的主要角度

麻花钻的主要角度如图 2—68 所示。

（1）顶角（锋角）

顶角是两个主切削刃相交所成的角度，用 ϕ 表示。有了顶角，钻头才容易钻入工件。顶角的大小与所钻材料的性质有关，常用的顶角为 116° ~ 118°。

（2）前角

前面的切线与垂直切削平面的垂线所夹的角叫作前角，用 γ 表示（在主截面 $N-N$ 中测量）。前角的大小在主切削刃的各点是不同的，越靠近外径，前角就越大（为 18° ~ 30°），靠近中心约为 0°。

（3）后角

切削平面与后面切线所夹的角叫作后角，用 α 表示（在与圆柱面相切的 $O—O$ 截面内测量）。后角的数值在主切削刃的各点上也不相同，标准麻花钻外缘处的后角为 8° ~ 14°。后角的作用是减少后面和加工底面的摩擦，保证钻刃锋利。但如果后角太大，则使钻刃强度削弱，影响钻头寿命。

钻硬材料时，为了保证刀具强度，后角可适当小些，钻软材料时，后角可大些。但钻削黄铜这类材料时，后角太大会产生自动扎刀现象，所以后角不宜太大。

（4）横刃斜角

横刃和主切削刃之间的夹角，称为横刃斜角，用 ψ 表示。它的大小与后角大小有关，当刃磨的后角大时，横刃斜角就要减小，相应的横刃长度就变长一些。一般 $\psi = 50° \sim 55°$。

（5）螺旋角

钻头的轴线和切于刃带的切线间所构成的角，称为螺旋角，用 ω 表示。$\omega = 18° \sim 30°$，小直径钻头取小的角度，以提高强度。

三、钻头的装夹工具

1. 钻夹头

钻夹头是用来夹持尾部为圆柱体的钻头的夹具，如图 2—69 所示。在夹头的三个斜孔内装有带螺纹的夹爪，夹爪螺纹和装在夹头套筒的螺纹相啮合，当钥匙上的小锥齿轮带动夹头套上的锥齿轮时，夹头套的螺纹旋转，因而使三爪推出或缩入，用来夹紧或放松钻头。

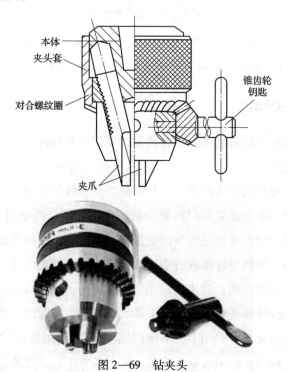

图 2—69 钻夹头

2. 钻套（锥库）和楔铁

钻套是用来装夹圆锥柄钻头的夹具。由于钻头或钻夹头尾锥尺寸大小不同，为了适应钻床主轴锥孔，常常用锥体钻套作过渡连接。钻套以莫氏锥度为标准，由不同尺寸组成。楔铁是用来从钻套中卸下钻头的工具。钻套和楔铁如图 2—70 所示。

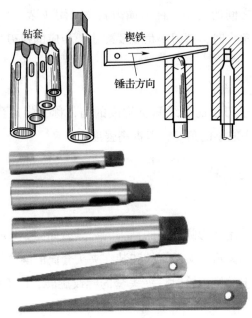

图 2—70　钻套和楔铁

一般立钻主轴的孔内，锥体是 3 号或 4 号莫氏锥体。摇臂钻主轴的孔内，锥体是 5 号或 6 号莫氏锥体。如果将较小直径的钻头装入钻床主轴上，需要用过渡钻套。

四、填料相关知识

填料夹具是应用于填料函密封部位泄漏的专用金属构件。应用最多的部位是阀门填料部位的泄漏。

阀门的阀杆一般有两种运动形式。其一是绕其轴线的转动；其二是沿轴线方向的上下移动，以便切断和接通阀门两侧的液体介质。阀杆的密封多采用填料形式，而填料密封的泄漏，绝大多数是以界面泄漏形式出现的。开始是微漏，随着流体压力介质的不断冲刷，填料中纤维成分会被大量带走，而使泄漏量不断增大，严重时还会把金属阀杆冲刷出沟槽，造成阀门无法继续使用。更为有害的是大量流体压力介质的流失，会使流体输送管道的流量下降，高温的、有毒的、腐蚀性强的、易燃的、易爆的介质不断外泄，会直接影响到安全生产，采用停产的方法更换阀门填料，损失会更大。按照传统的经验，在带压密封条件下，消除阀门填料泄漏是难以实现的，即使做到了（采用"引流焊接法"），阀门的开启和关闭功能也完全丧失。

一些从国外进口的阀门在其填料盒的外壁面上设有一个丝堵，在没有掌握注剂式带压密封技术之前，看不出这一丝堵有何用途。现在看来，开设这一丝堵是十分有益的，特别是一些关键管道上的阀门，由于有了这一现成的丝堵，一旦出现阀门填料盒泄漏，就可以立刻拆下这个丝堵，按这一丝堵的规格设计一个接头，通过这一接头把高压注剂枪和泄漏阀门连成一体，在很短的时间内即可有效地消除泄漏。笔者认为，我国的各生产阀门的厂家，在阀门的整体设计中，也应当考虑在阀门填料盒外壁面上增设一个螺纹丝堵，这一点对于阀门在使用过程中的维护是十分有益的，特别是对于那些一旦发生阀门填料泄漏就有可能影响整个连续化生产装置安全运行的单位来说，这一丝堵的设置，其好处就更加显而易见了。

目前国内已经生产了一种专供阀门填料盒部位泄漏用的密封注剂，它的配方完全是按阀门阀杆的使用情况设计的，该密封注剂不仅可以在动态条件下密封住多种泄漏介质，而且对阀门阀杆具有良好的自润滑效果。

五、钻孔方法

1. 工件的夹持

（1）手虎钳和平行夹板。用来夹持小型工件和薄板件，如图 2—71 所示。

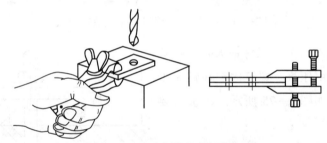

图 2—71　手虎钳和平行夹板

（2）长工件钻孔。用手握住并在钻床台面上用螺钉靠住，这样比较安全，如图 2—72 所示。

（3）平整工件钻孔。一般夹在平口钳上进行，如图 2—73 所示。

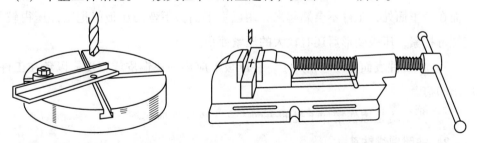

图 2—72　长工件用螺钉靠住钻孔　　　图 2—73　平整工件用平口钳夹紧钻孔

（4）圆轴或套筒上钻孔。一般把工件放在 V 形铁上进行，如图 2—74 所示，列出三种常见的夹持方法。

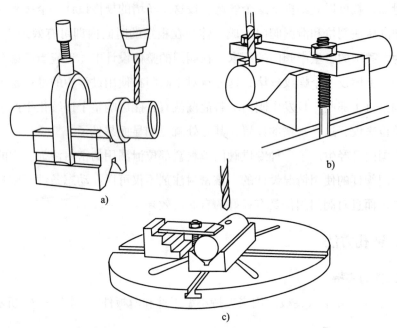

图 2—74 在圆轴或套筒上钻孔的夹持方法

（5）压板螺钉夹紧工件钻大孔。一般可将工件直接用压板、螺钉固定在钻床工作台上钻孔，如图 2—75 所示。搭板时要注意以下几点：

1）螺钉尽量靠近工件，使压紧力较大。

2）垫铁应比所压工件部分略高或等高；用阶梯垫铁，工件高度在两阶梯之间

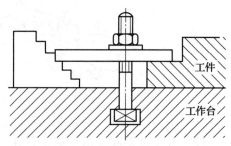

图 2—75 用压板、螺钉夹紧工件

时，则应采用较高的一档。垫铁比工件略高有几个好处：可使夹紧点不在工件边缘上而在偏里面处，工件不会翘起来；用已变形而微下弯的压板能把工件压得较紧；把螺母拧紧，压板变形后还有较大的压紧面积。

3）如工件表面已经过精加工，在压板下应垫一块铜皮或铝皮，以免在工件上压出印痕。

4）为了防止擦伤精加工过的表面，在工件底面应垫纸。

2. 按照划线钻孔

在工件上确定孔眼的正确位置，进行划线。划线时，要根据工作图的要求，正确地划出孔中心的交叉线，然后用样冲在交叉线的交点上打个冲眼，作为钻头尖的导路。钻孔时，首先开动钻床，稳稳地把钻头引向工件，不要碰击，使钻头的尖端

对准样冲眼。照划线钻孔分两项操作：先试钻浅坑眼，然后正式钻孔。在试钻浅坑眼时，用手进刀，钻出尺寸占孔径 1/4 左右的浅坑眼来，然后提起钻头，清除钻屑，检查钻出的坑眼是否处于划线的圆周中心。处于中心时，可继续钻孔，直到钻完为止。如果钻出的浅坑眼中心偏离，必须改正。一般只需将工件借过一些就行了。如果钻头较大或偏得较多，就在钻歪的孔坑的相对方向那一边用样冲或尖錾錾低些（可錾几条槽），如图 2—76 所示，逐渐将偏斜部分借过来。

钻通孔时，孔的下面必须留出钻头的空隙。否则，当钻头伸出工件底面时，会钻伤工作台面垫工件的平铁或座钳，当孔将要钻透前，应注意减小走刀量，以防止钻头摆动，保证钻孔质量及安全。

钻不通孔时，应根据钻孔深度，调整好钻床上深度标尺挡块，或者用自制的深度量具随时检查。也可用粉笔在钻头上作出钻孔深度的标记。钻孔中要掌握好钻头钻进深度，防止出现质量事故。

钻深孔时，每当钻头钻进深度达到孔径的 3 倍时，必须将钻头从孔内提出，及时排除切屑，防止钻头过度磨损或折断，以及影响孔壁的表面粗糙度。

钻直径很大的孔时，因为钻尖部分的切削作用很小，以致进钻的抵抗力加大，这时应分两次钻，先用跟钻尖横刃宽度相同的钻头（3～5 mm 的小钻），钻一小孔，作为大钻头的导孔，然后，再用大钻头钻。这样，就可以省力，而孔的正确度仍然可以保持，如图 2—77 所示。一般直径超过 30 mm 的孔，可分两次钻削。

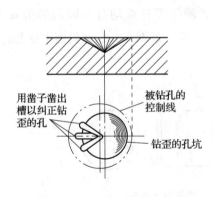

图 2—76　用錾槽来纠正钻歪的孔

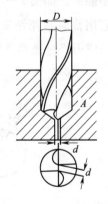

图 2—77　两次钻孔

3. 钻孔距有精度要求的平行孔的方法

有时需要在钻床上钻出孔距有精度要求的平行孔。如要钻 d_1 和 d_2 两孔，其中心距为 L。这时，可按划线先钻出一孔（可先钻 d_1 孔），若孔精度要求较高，还可用铰刀铰一下，然后找一销子与孔紧配（也可车一销与孔紧配），另外任意找一只销子

（直径为 d_3）夹在钻夹头中，用百分尺（分厘卡）控制距离 $L_1 = \left(L + \dfrac{1}{2}d_1 + \dfrac{1}{2}d_3 \right)$，就能保证 L 尺寸。孔距校正好以后把工件压紧，钻夹头中装上直径 d_2 的钻头就可钻第二孔。再有其他孔也可用同样方法钻出，用这种方法钻出的孔中心距精度能在 ± 0.1 mm 之内。

4. 在斜面上钻孔

钻孔时，必须使钻头的两个切削刃同时切削。否则，由于切削刃负荷不均，会出现钻头偏斜，造成孔歪斜，甚至使钻头折断。为此，采用下面方法钻孔：

（1）钻孔前，用铣刀在斜面上铣出一个平台或用錾削方法錾出平台，如图 2—78 所示，按钻孔要求定出中心，一般先用小直径钻头钻孔，再用所要求的钻头将孔钻出。

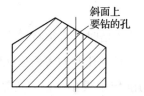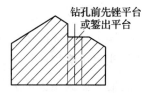

图 2—78　在斜面上钻孔法

（2）在斜面上钻孔，可用改变钻头切削部分的几何形状的方法，将钻头修磨成圆弧刃多能钻，如图 2—79 所示，可直接在斜面上钻孔。这种钻头实际上相当于立铣刀，它用普通麻花钻靠手工磨出，圆弧刃各点均有相同的后角 α（$\alpha = 6^0 \sim 10^0$），钻头横刃经过修磨。这种钻头应很短，否则，开始在斜面上钻孔时会振动。

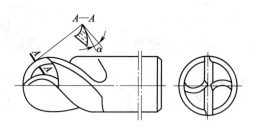

图 2—79　圆弧刃多能钻

（3）在装配与修理工作中，常遇到在皮带轮上钻斜孔，可用垫块垫斜度的方法，如图 2—80 所示。或者用钻床上可调斜度的工作台，在斜面上钻孔。

（4）当钻头钻穿工件到达下面的斜面出口时，因为钻头单面受力，就有折断的危险，遇到这种情形时，必须用同一强度的材料，衬在工件下面，如图 2—81 所示。

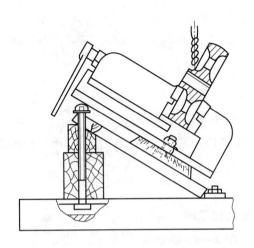

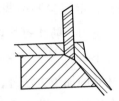

图 2—80　将虎钳垫斜度在斜面钻孔　　　　图 2—81　钻通孔垫衬垫

5. 钻半圆孔（或缺圆孔）

钻缺圆孔，用同样材料嵌入工件内与工件合钻一个孔，如图 2—82a 所示，钻孔后，将嵌入材料去掉，即在工件上留下要钻的缺圆孔。

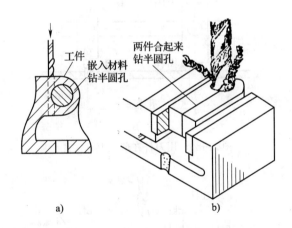

图 2—82　钻半圆孔方法

如图 2—82b 所示，在工件上钻半圆孔，可用同样材料与工件合起来，在两件的结合处找出孔的中心，然后钻孔。分开后，即是要钻的半圆孔。

在连接件上钻"骑缝"孔，在套与轴和轮毂与轮圈之间，装"骑缝"螺钉或"骑缝"销钉，如图 2—83 所示。其钻孔方法是：如果两个工件材料性质不同，"骑缝"孔的中心样冲眼应打在硬质材料一边，以防止钻头向软质材料一边偏斜，造成孔的位移。

6. 在薄板上开大孔

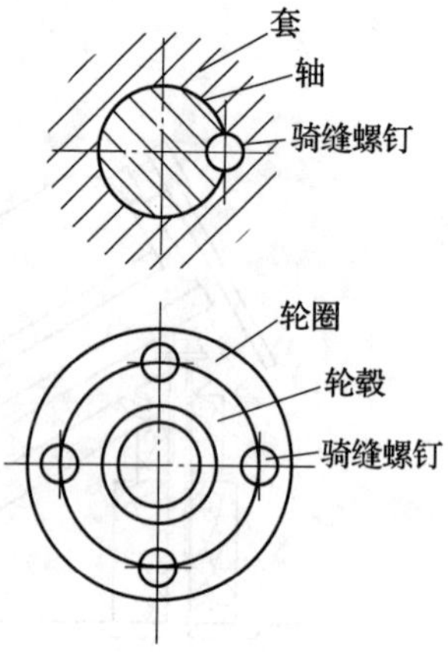

一般没有这样大直径的钻头，因此大都采用刀杆切割方法加工大孔，如图2—84所示。按刀杆端部的导杆直径尺寸，在工件的中心上先钻出孔，将导杆插入孔内，把刀架上的切刀调到大孔的尺寸，切刀固定位置后进行开孔。开孔前，应将工件板料压紧，主轴转速要慢些，走刀量要小些。当工件即将切割透时，应及时停止进刀，防止打坏切刀头，未切透的部分可用手锤敲打下来。

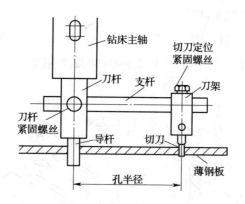

图2—83　钻"骑缝"孔

除上述孔的加工方法外，在大批量孔加工时，可根据需要与可能，制作专用钻孔模具。图2—85是钻孔模具中的一种。这样，既能提高效率，又能保证产品质量。

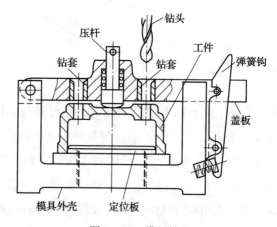

图2—84　用刀杆在薄板上开大孔

图2—85　模具钻孔

六、填料函外壁钻孔方法

采用注剂式带压密封技术消除阀门填料部位出现的泄漏是最安全、最有效的方法，而且再密封后不影响阀门的开启和关闭功能。根据阀门填料盒的结构形式，有两种带压密封手段供选择。

1. 厚壁填料盒泄漏的处理方法

阀门填料盒的壁厚尺寸较大，即不小于 8 mm，在动态条件下采用"注剂式带压密封技术"消除泄漏时，可不必设计制作专门的夹具，而是采用直接在阀门填料盒的壁面上开设注剂孔的方式进行作业。在此种情况下，所谓的"密封空腔"就是阀门填料盒自身，而被注入到阀门填料盒内的密封注剂所起的作用与填料所起的作用完全相同。其操作过程如下，首先在阀门填料盒外壁的适当位置上，用 ϕ10.5 mm 或 ϕ8.7 mm 的钻头开孔，这个合适的位置主要是从连接高压注剂枪方便的角度考虑，钻孔的动力可以选用防爆电钻或风动钻，目前还有一种充电电钻，使用起来更为方便。孔不要钻透，大约留 1 mm，撤出钻头，用 M12 或 M10 的丝锥套扣，套扣工序结束后，把"注剂专用旋塞阀"拧上，把注剂专用旋塞阀的阀芯拧到开的位置，用 ϕ3 mm 的长杆钻头把余下的阀门填料盒壁厚钻透，这时泄漏介质就会沿着钻头排削方向喷出。为了防止钻孔时高温、高压、腐蚀性强的、有毒的泄漏介质喷出伤人或损坏钻孔机具，钻小孔之前可采用一挡板，先在挡板上用钻头钻一个 ϕ5 mm 的圆孔，使挡板能穿在长钻头上，如图 2—86 所示。挡板可采用胶合

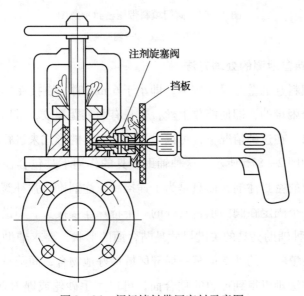

注剂旋塞阀

挡板

图 2—86 阀门填料带压密封示意图

板、纤维板或石棉橡胶板等制作，加好挡板后，再钻余下的壁厚就不会有危险了。钻透小孔后，拔出钻头，把注剂专用旋塞阀的阀芯拧到关闭的位置，泄漏介质则被切断，这时就可以连接高压注剂枪进行注射密封注剂的操作了。如果阀门填料盒的泄漏量较小，压力也比较低，也可以用 $\phi 3$ mm 的钻头直接钻小孔，泄漏介质被引出后，再安装注剂专用旋塞阀及高压注剂枪进行带压密封作业，如图2—87所示。

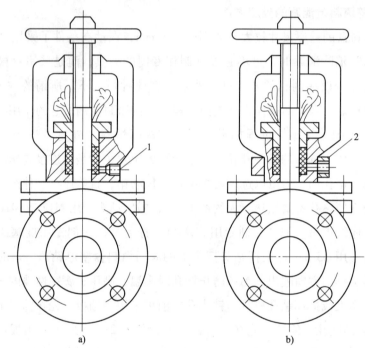

图2—87 阀门填料带压密封示意图

1—钻孔攻螺纹 2—辅助夹具

2. 薄壁填料盒泄漏的处理方法

泄漏阀门填料盒的壁厚尺寸较薄，即小于6 mm时，直接在如此薄的壁面上钻孔攻螺纹是十分困难的，即使能攻上丝，也只有两三圈螺纹，难以达到连接高压注剂枪的强度要求。在这种情况下，可以采用辅助夹具的形式来进行动态条件下的带压密封作业，如图2—87b所示。这种辅助夹具的作用不是包容住由高压注剂枪注射到泄漏部位上的密封注剂，而只是为了连接高压注剂枪，弥补阀门填料盒壁厚的不足，相当于一个固定在阀门填料盒外的一个特殊连接接头。辅助夹具的结构如图2—88所示。这种辅助夹具的关键尺寸是贴合面的形状，要求辅助夹具的贴合面形状能与泄漏阀门填料盒的外壁面某一局部区域良好地吻合，间隙越小越好。如果采用设备加工的方法难以得到理想的贴合面，可以用手砂轮或锉刀在现场实际研合，直到满足要求为止，在条件允许的情况下，也可以适当修理一下泄漏阀门填料盒的外壁，使之与辅助夹具的贴合面更好地吻合。如果泄漏阀门填料盒的外壁形状比较复杂，贴合面难以达到要求时，则可以在安装辅助夹具时，在贴合面的底部垫一片2 mm左右厚的石棉橡胶板或橡胶板，拧紧连接螺栓，使辅助夹具牢牢地固定在泄漏阀门上，而垫在下面的胶板会起到良好地堵塞缝隙的作用。辅助夹具贴块上的螺纹为M12或M14×1.5。夹具固定好后，就可以用钻头钻透填料盒的壁厚。钻孔的程序是，泄漏量较小，压力

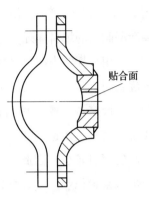

图2—88 阀门填料辅助夹
具结构示意图

较低时，可以用ϕ3 mm的钻头直接钻孔，然后再拧上注剂专用旋塞阀，继续进行下一步作业；当泄漏量较大，压力较高，直接钻孔有困难时，则可以安装好注剂专用旋塞阀后，再用长钻头钻孔。整个带压密封作业结束后，不要立刻开关泄漏阀门，待密封注剂充分固化后，阀门才可投入正常使用。

G形卡具也是用于处理阀门填料盒泄漏的专用工具。目前G形卡具的商品规格有三种，即大、中、小三个型号。作业时根据泄漏阀门填料盒的外部尺寸，可选择不同型号的G形卡具。其带压密封作业的程序是：

（1）按泄漏阀门填料盒尺寸选择G形卡具型号。

（2）试装，确定钻孔位置，并打样冲眼窝。

（3）用ϕ10 mm的钻头在样冲眼窝处钻一定位密封孔，深度按G形卡具螺栓头部形状确定。

（4）安装G形卡具，检查眼窝处的密封情况。

（5）用ϕ3 mm的长杆钻头将余下的填料盒壁厚钻透，引出泄漏介质。

（6）安装注剂专用旋塞阀及高压注剂枪进行注剂作业。

泄漏停止后，G形卡具以不拆除为好，如图2—89所示。

当泄漏阀门填料盒的几何尺寸较大，无现成的G形卡具可选时，也可自己设计制作G形卡具，其结构与商品G形卡具相同。

对于允许动火的场合，如蒸汽、水等输送系统上阀门填料盒部位出现的泄漏，也可以加工一个如

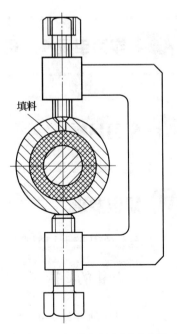

图2—89 G形卡具应用示意图

103

图2—90所示的接头。使用时，首先把这个接头牢牢地焊在泄漏阀门的填料盒外壁的适当位置处，拧上注剂专用旋塞阀，用长杆钻头把填料盒壁厚钻透，引出泄漏介质，关闭旋塞阀，即可连接高压注剂枪进行带压密封作业。

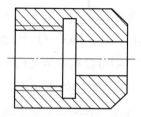

图2—90　焊制接头结构图

　　一般来说，阀门填料盒的体积都比较小，采用注剂式带压密封技术进行带压密封作业时，所需注射的密封注剂的用量较少。因此，可以选择体积小、携带方便、操作灵活的螺杆式注剂枪进行带压密封作业。实际操作时，泄漏一旦停止，就应当控制注剂过程的进行，防止将密封注剂注入到工艺管道内。注剂过程结束后，关闭注剂阀，待密封注剂充分固化后，拆下旋塞阀，在注剂孔上拧上相应的丝堵。

　　已消除了泄漏的阀门，经过一段时间后，也有可能在填料盒处再次出现泄漏。碰到这种情况，只要拆下丝堵，安上注剂专用旋塞阀，用长杆钻头钻穿已经固化了的密封注剂，引出泄漏介质，连接上高压注剂枪，即可重新向阀门填料盒内注射密封注剂，随着注剂过程的进行，泄漏会再一次被消除。

　　其他采用填料函密封的设备，如离心机、压缩机、搅拌机等设备的转轴部位密封，也多采用填料密封，当这些部位发生泄漏时，同样可以采用上述方法进行带压密封作业。

学习单元4　现场泄漏部位攻螺纹技术方法

学习目标

➤ 能够使用丝锥在孔内攻螺纹。

知识要求

用丝锥在孔壁上切削螺纹叫攻螺纹。

一、丝锥的构造

　　丝锥由切削部分、定径（修光）部分和柄部组成，如图2—91a所示。丝锥用高碳钢或合金钢制成，并经淬火处理。

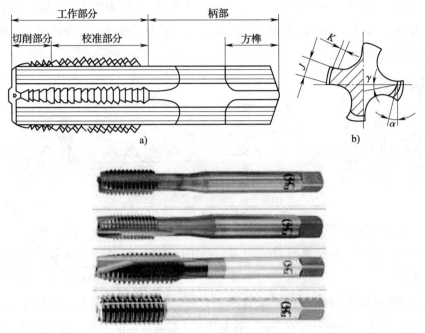

图 2—91　丝锥的构造

1. 切削部分

切削部分是丝锥前部的圆锥部分，有锋利的切削刃，起主要切削作用。刀刃的前角（α）为 8°~10°，后角（γ）为 4°~6°，如图 2—91b 所示。

2. 定径部分

定径部分确定螺纹孔直径、修光螺纹、引导丝锥轴向运动和作为丝锥的备磨部分，其后角 $\alpha = 0°$。

3. 屑槽部分

屑槽有容纳、排除切屑和形成刀刃的作用，常用的丝锥上有 3~4 条屑槽。

4. 柄部

屑部的形状及作用与铰刀相同。

二、丝锥种类和应用

手用丝锥一般由二只和三只组成一组，分头锥、二锥和三锥，其圆锥斜角 φ 各不相等，修光部分大径也不相同。

三只组丝锥：头锥 $\varphi = 4°~5°$，切削部分中不完整牙有 5~7 个，完成切削总工作量的 60%，二锥 $\varphi = 10°~15°$，切削部分中不完整牙 3~4 个，完成切削总工作量的 30%；三锥 $\varphi = 18°~23°$，切削部分中不完整牙有 1~2 个，完成切削总工作量的 10%，如图 2—92 所示。由于三只组丝锥分三次攻螺纹，总切削量划为三部分，因此，可减少切断面积和阻力，攻螺纹时省力，螺纹也比较光洁，还可以防止丝锥折断与损坏切削刃。

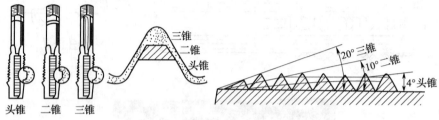

图 2—92　三只组成套丝锥

二只组丝锥：头锥 $\varphi = 7°$，不完整牙约占 6 个；二锥 $\varphi = 20°$，不完整牙约占 2 个，如图 2—93 所示。

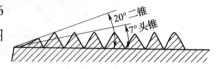

图 2—93　两只组成套丝锥

通常 M6～M24 的螺丝攻一套有两只，M6 以下及 M24 以上一套螺丝攻有三只。这是因为小螺丝攻强度不高，容易折断，所以备三只；而大螺丝攻切削负荷大，需要分几次逐步切削，所以，也做成三只一套。细牙螺纹丝锥不论大小规格均为两只一套。

普通丝锥还包括管子丝锥，它又分为圆柱形管子丝锥和圆锥形管子丝锥两种。圆柱形管子丝锥的工作部分比较短，是两只组。

三、攻螺纹扳手（铰手、铰杠）

手用丝锥攻螺纹孔时一定要用扳手夹持丝锥。扳手分普通式和丁字式两类，如图 2—94 所示。各类扳手又分固定式和活络式两种。

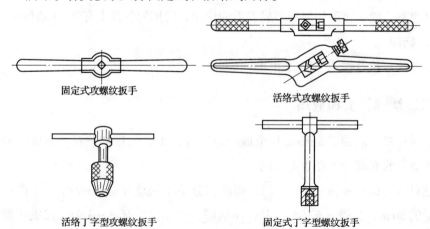

固定式攻螺纹扳手　　　　　活络式攻螺纹扳手

活络丁字型攻螺纹扳手　　　　固定式丁字型螺纹扳手

图 2—94　攻螺纹扳手

1．固定式扳手

扳手的两端是手柄，中部方孔适合于一种尺寸的丝锥方尾。

由于方孔的尺寸是固定的，不能适合于多种尺寸的丝锥方尾。使用时要根据丝锥尺寸的大小，来选择不同规格的攻螺纹扳手。这种扳手的优点是制造方便，可随便找一段铁条钻上个孔，用锉刀锉成所需尺寸的方形孔就可使用。当经常攻一定大小的螺丝时，用它很适宜。

2．活络式扳手（调节式扳手）

这种扳手的方孔尺寸经调节后，可适合不同尺寸的丝锥方尾，使用很方便。常用的攻螺纹扳手规格见表2—4。

表 2—4　　　　　　　　　　　常用攻螺纹扳手规格　　　　　　　　　　mm

丝锥直径	≤6	8～10	12～14	≥16
扳手长度	150～200	200～250	250～300	400～450

3．丁字形攻螺纹扳手

这种扳手常用在比较小的丝锥上。当需要攻工件高台阶旁边的螺纹孔或攻箱体内部的螺纹孔时，用普通扳手要碰工件，此时则要用丁字扳手。小的丁字扳手有做成活络式的，它是一个四爪的弹簧夹头。一般用于装 M6 以下的丝锥。大尺寸的丝锥一般都用固定的丁字扳手。固定丁字扳手往往是专用的，视工件的需要确定其高度。

四、攻螺纹前螺纹底孔直径的确定

攻螺纹时丝锥对金属有切削和挤压作用，如果螺纹底孔与螺纹内径一致，会产生金属咬住丝锥的现象，造成丝锥损坏或折断。因此，钻螺纹底孔的钻头直径应比螺纹的小径稍大些。

如果大得太多，会使攻出的螺纹（丝扣）不足而成废品。底孔直径的确定跟材料性质有很大关系，可通过查表2—5或用公式计算法来确定底孔直径。

1．常用公制螺纹底孔直径的确定

$$钢料及韧性金属　D \approx d - t　（mm）$$
$$铸铁及脆性金属　D \approx d - 1.1\,t　（mm）$$

式中　D——底孔直径（钻孔直径）；

$\quad\quad d$——螺纹大径（公称直径）；

$\quad\quad t$——螺距。

表 2—5　　　　　　攻常用公制基本螺纹前钻底孔所用的钻头直径　　　　　　mm

螺纹直径 d	螺距 t	钻头直径 D		螺纹直径 d	螺距 t	钻头直径 D	
		铸铁、青铜、黄铜	钢、可锻铸铁、纯铜、层压板			铸铁、青铜、黄铜	钢、可锻铸铁、纯铜、层压板
2	0.4	1.6	1.6	14	2	11.8	12
	0.25	1.75	1.75		1.5	12.4	12.5
2.5	0.45	2.05	2.05		1	12.9	13
	0.35	2.15	2.15	16	2	13.8	14
3	0.5	2.5	2.5		1.5	14.4	14.5
	0.35	2.65	2.65		1	14.9	15
4	0.7	3.3	3.3	18	2.5	15.3	15.5
	0.5	3.5	3.5		2	15.8	16
5	0.8	4.1	4.2		1.5	16.4	16.5
	0.5	4.5	4.5		1	16.9	17
6	1	4.9	5	20	2.5	17.3	17.5
	0.75	5.2	5.2		2	17.8	18
8	1.25	6.6	6.7		1.5	18.4	18.5
	1	6.9	7		1	18.9	19
	0.75	7.1	7.2	22	2.5	19.3	19.5
10	1.5	8.4	8.5		2	19.8	20
	1.25	8.6	8.7		1.5	20.4	20.5
	1	8.9	9		1	20.9	21
	0.75	9.1	9.2	24	3	20.7	21
12	1.75	10.1	10.2		2	21.8	22
	1.5	10.4	10.5		1.5	22.4	22.5
	1.25	10.6	10.7		1	22.9	23
	1	10.9	11	—	—	—	—

2. 不通孔钻孔深度的确定

不通孔攻螺纹时，由于丝锥切削刃部分攻不出完整的螺纹，所以，钻孔深度应超过所需要的螺纹孔深度。钻孔深度是螺纹孔深度加上丝锥起切削刃的长度，起切削刃长度大约等于螺纹外径 d 的 0.7 倍。因此，钻孔深度可按下式计算：

$$钻孔深度 = 需要的螺纹孔深度 + 0.7d$$

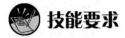 **技能要求**

一、用丝锥攻螺纹操作准备

工作前佩戴好劳动保护用品，详细检查将使用的工具、设备，虎钳台要设安全防护网，虎钳口卡件时最大行程不得超过钳口的 2/3，钻孔的工件要夹持牢固，钻头要卡紧，不得用手拿着工件钻孔。确认无误方可工作。

二、用丝锥攻螺纹操作步骤

用丝锥攻螺纹的方法和步骤如图 2—95 所示。

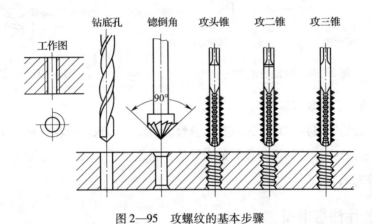

图 2—95　攻螺纹的基本步骤

1. 钻底孔

攻螺纹前在工件上钻出适宜的底孔，可查表 2—4 和表 2—5，也可用公式计算确定底孔直径，选用钻头。

2. 锪倒角

钻孔的两面孔口用 90°的锪钻倒角，使倒角的最大直径和螺纹的公称直径相等。这样，丝锥容易起削，最后一道螺纹也不至于在丝锥穿出来的时候崩裂。

3. 将工件夹入虎钳

一般的工件夹持在虎钳上攻螺纹，但较小的工件可以放平，左手握紧工件，右手使用扳手攻螺纹。

4. 选用合适的扳手

按照丝锥柄上的方头尺寸来选用扳手。

5. 头攻攻螺纹

将丝锥切削部分放入工件孔内，必须使丝锥与工件表面垂直，并要认真检查校正，如图 2—96 所示。攻螺纹开始起削时，两手要加适当压力，并按顺时针方向（右旋螺纹）将丝锥旋入孔内。当起削刃切进后，两手不要再加压力，只用平稳的旋转力将螺纹攻出，如图 2—97 所示。在攻螺纹中，两手用力要均衡，旋转要平稳，每当旋转 $1/2 \sim 1$ 周时，将丝锥反转 $1/4$ 周，以割断和排除切屑，防止切屑堵塞屑槽，造成丝锥的损坏和折断。

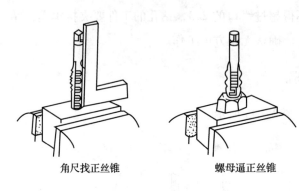

角尺找正丝锥　　　　螺母逼正丝锥

图 2—96　丝锥找正方法

图 2—97　攻螺纹操作

6. 二攻、三攻攻螺纹

头攻攻过后，再用二攻、三攻扩大及修光螺纹。二攻、三攻必须先用手旋进头攻已攻过的螺纹中，使其得到良好的引导后，再用扳手，按照上述方法，前后旋转直到攻螺纹完成为止。

三、操作注意事项

1. 及时清除丝锥和底孔内的切屑

深孔、不通孔和韧性金属材料攻螺纹时，必须随时旋出丝锥，清除丝锥和底孔内的切屑，这样，可以避免丝锥在孔内咬住或折断。

2. 正确选用冷却润滑液

为了改善螺纹的粗糙度，保持丝锥良好的切削性能，根据材料性质的不同及需要，可参照表 2—6 选用冷却润滑液。

表 2—6　　　　　　　　　　　　切螺纹常用的冷却润滑液

被加工材料	冷却润滑液
铸铁	煤油或不用润滑液
钢	肥皂水、乳化液、机油、豆油等
青铜或黄铜	菜籽油或豆油
纯铜或铝合金	煤油、松节油，浓乳化液

四、丝锥折断在孔中的取出方法

丝锥折断在孔中，根据不同情况，采用不同方法，将断丝锥从孔中取出。

1. 丝锥折断部分露出孔外，可用钳子拧出，或用尖錾及样冲轻轻地将断丝锥剔出，如图 2—98 所示。如果断丝锥与孔咬得太死，用如上述方法取不出时，可将弯杆或螺母气焊在断丝锥上部，然后旋转弯杆或用扳手扭动螺母，即可将断丝锥取出，如图 2—99 所示。

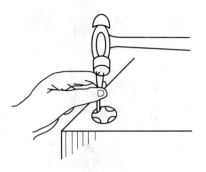

图 2—98　用錾子或冲子剔出
断丝锥法

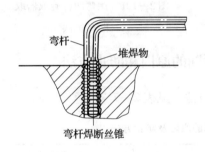
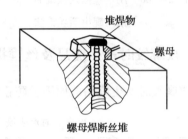

弯杆焊断丝锥　　　　　　螺母焊断丝堆

图 2—99　用弯杆或螺母焊接取出断丝锥法

2. 丝锥折断部分在孔内，可用钢丝插入到丝锥屑槽中，在带方头的断丝锥上旋上两个螺母，钢丝插入断丝锥和螺母间的空槽（丝锥上有几条屑槽应插入几根钢丝），然后，用攻螺纹扳手逆时针方向旋转，将断丝锥取出，如图 2—100 所示。还可以用旋取器将断丝锥取出，如图 2—101 所示。在弯杆的端头上钻三个均匀分布的孔，插入三根短钢丝，钢丝直径由屑槽大小而定，形成三爪形，插入到屑槽内，按照丝锥退出方向旋动，将所丝锥取出。

在用上述方法取出断丝锥时，应适当加入润滑剂，如机油等。

3. 在用以上几种方法都不能取出断丝锥时，如有条件，可用电火花打孔方法，取出断丝锥，但往往受设备及工件太大所限制。其次，还可以将断丝锥退火，然后用钻头钻削取出，此种方法只适用于可改大螺纹孔的情况。

断丝锥也会遇到难以取出的情况，从而造成螺纹孔或工件的报废。因此，在攻螺纹时，要严格按照操作方法及要求进行，工作要认真细致，防止丝锥折断。

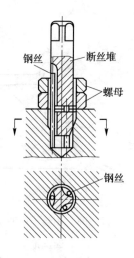

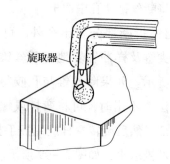

图 2—100 用钢丝插入丝锥屑
槽内旋出断丝锥法

图 2—101 用弯曲杆旋取器取
断丝锥法

五、攻螺纹时产生废品及丝锥折断的原因和防止方法

1. 攻螺纹时产生废品的原因及防止方法，见表 2—7。

表 2—7　　　　攻螺纹时产生废品的原因及防止方法

废品形式	产生原因	防止方法
螺纹乱扣、断裂、撕破	1. 底孔直径太小，丝锥攻不进，使孔口乱扣 2. 头锥攻过后，攻二锥时放置不正，头、二锥中心不重合 3. 螺孔攻歪斜很多，而用丝锥强行"借"仍借不过来 4. 低碳钢及塑性好的材料，攻螺纹时没用冷却润滑液 5. 丝锥切削部分磨钝	1. 认真检查底孔，选择合适的底孔钻头，将孔扩大再攻 2. 先用手将二锥旋入螺孔内，使头、二锥中心重合 3. 保持丝锥与底孔中心一致，操作中两手用力均衡，偏斜太多不要强行借正 4. 应选用冷却润滑液 5. 将丝锥后角修磨锋利
螺孔偏斜	1. 丝锥与工件端平面不垂直 2. 铸件内有较大砂眼 3. 攻螺纹时两手用力不均衡，倾向于一侧	1. 起削时要使丝锥与工件端平面成垂直，要注意检查与校正 2. 攻螺纹前注意检查底孔，如砂眼太大，不宜攻螺纹 3. 要始终保持两手用力均衡，不要摆动
螺纹高度不够	攻螺纹底孔直径太大	正确计算与选择攻螺纹底孔直径与钻头直径

2. 攻螺纹时丝锥折断的原因及防止方法，见表2—8。

表2—8 丝锥折断原因及防止方法

折断原因	防止方法
1. 攻螺纹底孔太小	1. 正确计算与选择底孔直径
2. 丝锥太钝，工件材料太硬	2. 磨锋利丝锥后角
3. 丝锥扳手过大，扭转力矩大，操作者手部感觉不灵敏，往往丝锥卡住仍感觉不到，继续扳动，使丝锥折断	3. 选择适当规格的扳手，要随时注意出现的问题，并及时处理
4. 没及时清除丝锥屑槽内的切屑，特别是韧性大的材料，切屑在孔中堵住	4. 按要求反转割断切屑，及时排除，或把丝锥退出清理切屑
5. 韧性大的材料（不锈钢等）攻螺纹时没有用冷却润滑液，工件与丝锥咬住	5. 应选用冷却润滑液
6. 丝锥歪斜单面受力太大	6. 攻螺纹前要用角尺校正，使丝锥与工件孔保持同轴度
7. 不通孔攻螺纹时，丝锥尖端与孔底相顶，仍旋转丝锥，使丝锥折断	7. 应事先作出标记，攻螺纹中注意观察丝锥旋进深度，防止相顶，并要及时清除切屑

六、泄漏法兰现场攻螺纹

当采用金属丝或钢带法进行带压密封作业，螺栓孔与螺栓杆之间的间隙很小，密封注剂难以通过此间隙到达敛缝与法兰间隙组成的新的密封空腔时，则可采用在泄漏法兰上直接开设注剂孔的方法加以解决。

首先按45°角在泄漏法兰两连接螺栓的中间钻一个 $\phi10.5$ mm 或 $\phi12.5$ mm 的斜孔，不要钻透，大约留 3 mm，之后用 M12 或 M14×1.5 的丝锥攻出螺纹，这时再将余下的壁厚用 $\phi5$ mm 的钻头钻透，拧上注剂旋塞接头，如图 2—102 所示。开设注剂孔的数量，以能顺利将整个敛缝处与法兰间隙组成的新密封空腔注满密封注剂为宜，但一般不应少于两个。注剂孔全部开好后，拧上注剂旋塞接头，即可按带压密封的步骤，敛缝、连接高压注剂枪进行带压密封作业，直到泄漏停止。

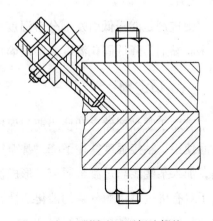

图2—102 泄漏法兰现场攻螺纹

第3节 胶黏剂配制

 学习单元1 胶黏添加剂的功能和使用方法

 学习目标

➢ 能够使用多种添加剂对胶黏剂进行改性。

 知识要求

添加到胶黏剂中以提高某些原有特性或获得新特性的物质统称为添加剂。

一、引发剂

引发剂是在一定条件下能分解产生游离基的物质。一般不饱和聚酯、厌氧、光敏等胶黏剂加入某些引发剂。常用的引发剂有过氧化二苯甲酰、过氧化环己酮、偶氮二异丁腈等。

二、促进剂

促进剂是能降低引发剂分解温度或加速固化剂与树脂、橡胶反应速度的物质。很多胶黏剂为降低固化温度，缩短固化时间往往添加一些促进剂。

三、稳定剂

有助于胶黏剂储存和使用期间保持其性能稳定的成分。胶黏剂在高温环境下长时间使用，粘接强度往往下降，甚至完全破坏。为了使胶黏剂耐热氧化性能得到提高，加入某些能与过渡金属离子形成稳定络合物的有机化合物，可以降低过渡金属离子对有机过氧化物分解的催化活性，改善其热老化性能。酚类、芳香胺、仲胺类化合物可用为胶黏剂的热稳定剂。

四、阻聚剂

阻聚剂是可以阻止或延缓胶黏剂中含有不饱和键的树脂、单体在储存过程中自行交联的物质。常用的是对苯二酚。

五、络合剂

某些络合能力强的络合剂，可以与被粘材料形成电荷转移配价键，从而增强胶黏剂的粘接强度。由于很多胶黏剂的主体材料如环氧树脂、丁腈橡胶等和固化剂如乙二胺等都有络合能力，所以必须选择络合能力很强的络合剂。常用的有 8 - 羟基喹林、邻氨基酚等。

六、增稠剂

有些胶黏剂的黏度很低，涂胶黏剂时容易流失或渗入被粘物孔中而产生缺胶现象。需要在这些胶黏剂中加入一些能增加黏度的物质即增稠剂。增稠剂的选择主要应与胶黏剂主体材料有很好的相溶性。一般常用的有气相二氧化硅、气溶胶、丙烯酸树脂等。

七、防老剂

防老剂是能延缓高分子化合物老化的物质。对于在高温、暴晒下使用的胶黏剂和橡胶类胶黏剂，由于容易老化变质，一般在配胶黏剂时都加入少量防老剂。

八、乳化剂

能使两种或两种以上互不相溶（或部分互溶）的液体（如油和水）形成稳定的分散体系（乳状液）的物质，称作乳化剂。它的作用主要是能降低连续相与分散相之间的界面张力，使它们易于乳化，并且在液滴（直径 $0.1 \sim 100\ \mu m$）表面上形成双电层或薄膜，从而阻止液滴之间的相互凝结，促使乳状液稳定化。

乳化剂属于表面活性剂范畴，根据其亲水基团的性质分为四类：阴离子型、阳离子型、两性型和非离子型。常用的有十二烷基硫酸钠等。

九、防腐剂

防止胶黏剂腐烂的成分。主要是一些药品，能防止微生物或霉菌产生。

聚醋酸乙烯乳液胶黏剂须防止霉菌的感染变质。加少量防腐剂，其用量一般不超过胶黏剂总量的 0.2% ~ 0.3%。常用防腐剂有甲醛、苯酚、季铵盐以及汞类化合物。

无论胶黏剂、封闭剂、高分子合金修补剂、带压密封胶等，其基本成分都离不开以上介绍的内容，只不过是配方的选择和叫法不同，并无本质上的区别。

十、填料

为了改善胶黏剂的加工性、耐久性、强度及其他性能，或为了降低成本，常加入非黏性的固体填料。通常使用的填料有金属及其氧化物粉末，玻璃、石棉等非金属的长短纤维及其织物等，见表 2—9。采用特殊填料，还能获得特殊性能。如胶黏剂内加入银粉，能改变胶黏剂的绝缘性，使之能导电。加入硅粉，提高了导热性，并使胶黏剂固化过程收缩大大减小。胶黏剂内加入三氧化二铬，可以配制成防腐胶黏剂。加入生石灰，能制成水下胶黏剂等。

表 2—9　　　　　　　　　　常用填料及其作用

类型	品种	密度 / (g/cm^3)	用量 / ($g/100\ g$)	作　用
金属粉	铁粉	7.8	50 ~ 300	导电、导热，改善导磁率
	铜粉	8.9	200 ~ 300	导电、导热
	铝粉	2.7	50 ~ 300	导电、导热，提高粘接强度
	锌粉	7.14	50 ~ 100	导电、导热，提高热稳定性
	银粉	10.5	200 ~ 300	导电、导热好
氧化物粉	氧化铝粉	3.7 ~ 3.9	50 ~ 80	提高粘接强度及硬度
	氧化铁粉	3.23	50 ~ 80	提高粘接强度
	氧化锌粉	5.6	30 ~ 50	提高粘接强度
	石英粉	2.2 ~ 2.6	50 ~ 100	减小内应力，提高硬度
	二氧化二硼粉	1.85	50 ~ 80	活性填料，提高耐热性
	五氧化二砷粉	4.08	50 ~ 80	活性填料，提高耐热性
	氧化铍粉	3.06 ~ 3.2	50 ~ 100	提高导热性
矿物粉	云母粉	2.8 ~ 3.1	5 ~ 20	增加吸湿稳定性
	滑石粉	2.9	30 ~ 80	提高胶的延展性能和黏附强度
	石墨粉	1.6 ~ 2.2	20 ~ 100	导热、提高耐磨性能
	碳化硅粉	3.06 ~ 3.2	50 ~ 100	提高硬度
	陶土	1.98 ~ 2.02	50 ~ 100	提高粘接强度
纤维	玻璃纤维	2.6	10 ~ 40	提高粘接强度和抗冲击性
	碳纤维	1.6 ~ 2.2	10 ~ 40	提高粘接强度和抗冲击性

填料用量要根据胶料的黏度与性能酌情掌握。对于轻质的填料，如气相二氧化硅、玻璃纤维，因体积大，用量应低于树脂量的 30%，而质地重的石英粉、瓷粉可加到 80%，重质的铁粉、银粉则可加到 250% 以上。

填料一定要研磨成细碎粉末后，才能与胶料混合均匀。不少填料容易吸水，会影响胶黏剂性能，使用前应加热烘干，并储存于干燥容器内备用。

 学习单元2 胶黏剂改性的方法

 学习目标

➤ 能够根据带压密封要求使用多种添加剂对胶黏剂进行改性。

 知识要求

环氧树脂是应用最广泛的胶黏剂，最具代表性。因此，以下以环氧树脂改性剂为例。

未经改性的环氧树脂固化物存在初黏力不高、剥离强度及耐冲击强度差、耐温性低等缺点。加入一定品种的环氧改性剂可得到性能全面、优良的环氧胶黏剂。

一、改性剂的分类

1．提高胶接强度的改性剂：合成橡胶（羧基丁腈橡胶、羧基丁二烯共聚物、含羟基的橡胶等）、低分子聚酰胺、聚乙烯醇缩醛、聚氨酯和聚异氰酸酯、热塑性添加剂（如酚氧树脂、聚乙烯与聚烯醇缩醛共聚物、聚丙烯酸酯、聚砜等）。

2．提高胶黏剂固化物弹性的改性剂：聚硫橡胶、低聚丙烯酸酯、聚氨酯橡胶及其他合成橡胶等。

3．提高耐热性的改性剂：酚醛低聚物、有机硅树脂等。

4．提高耐候性、耐久性的改性剂：脂肪族环氧化合物等。

但是不少改性剂往往兼有两种或多种功能，很难予以截然区别。目前人们通常将提高胶黏剂强度和弹性的改性剂称为增塑剂、增柔剂，后来又提出了增韧剂的概念。

增塑剂，又称低分子改性剂，它们是一些液态低分子化合物，能混溶于固化后的环氧树脂结构中，但不参加固化反应。如邻苯二甲酸二丁酯等。增柔剂一般是高分子量化合物，能与环氧树脂混溶；其分子结构中大多含有活性基团，可以参加环氧树脂的固化反应，从而在环氧树脂的交联结构中引进一部分柔性较好的链段，降低了环氧胶黏剂本身的模量，提高了伸长率，但胶黏剂的耐温性能有所降低。如液体聚硫橡胶、聚乙烯醇缩醛、聚氨酯、热塑性尼龙、液体丁腈橡胶等。增韧剂分子中也含有活性基团，能和环氧树脂发生作用。但增韧剂并不完全溶于环氧树脂中，有时还和环氧树脂分相。增韧剂能提高胶黏剂抗冲击性能及剥离强度，但对耐温性没有影响。如端羧基丁腈橡胶、聚酚氧树脂和聚砜等。增柔与增韧虽是两个不同的概念，但实际上难以严格区别，往往混淆。

在讨论改性剂能提高胶接强度指标时应该了解，在任何情况下，强度不仅依赖于所应用的改性剂的类型，而且依赖于环氧化合物原材料的性质、所采用的固化剂的特性、胶黏剂制备方法、胶接件成型条件和一系列其他因素。除此之外，还可能存在如下情况：某些改性剂对胶接强度（或某一性能）有益，但对热稳定性、弹性、耐久性、工艺性等带来不利影响。所以在研究某种改性剂的效能时必须在测定胶接强度的同时测定其弹性模量，完成最简单的热重分析，确定胶接件在潮湿大气中有满意的性能，并对胶接工艺优缺点作出评价。

二、增塑剂

增塑剂黏度低、沸点高，用来增加树脂的流动性，有利于浸润、扩散，改善环氧固化物的弹性和耐寒性。一般用量为树脂重量的 5% ~20%。用量过多会使胶接强度下降。增塑剂使体系热变形温度大幅度下降，固化收缩增大。常用的增塑剂有邻苯二甲酸二丁酯、磷酸三甲酚酯等。

三、提高胶接强度的改性剂

包括增柔剂、增韧剂在内的许多改性剂可以提高胶接强度，如液体聚硫橡胶、聚乙烯醇缩醛、液体丁腈橡胶、醇溶性尼龙、聚酯等常用的改性剂。

四、提高耐温性能的改性剂

为提高环氧树脂固化物耐温性，广泛使用的改性方法是在环氧树脂结构中引进耐温性树脂，如酚醛树脂、有机硅树脂和聚砜树脂等。

五、其他环氧树脂改性剂

为提高环氧胶黏剂的耐水性可采用脂肪族环氧对双酚 A 环氧进行改性。

用聚氯乙烯和过氯乙烯树脂改性的胶黏剂可用作聚氯乙烯塑料本身胶接、聚氯乙烯跟金属、泡沫塑料间的胶接。

除了上述最为广泛应用的改性剂以外，在文献中还介绍过环氧树脂的一些其他改性剂，如聚硫醇、氨基树脂、呋喃衍生物和其他化合物。

第 4 节　粘接式带压密封

 学习单元 1　粘接接头设计知识

 **学习目标**

➤ 能够掌握粘接接头方面的基础知识。

 **知识要求**

一、粘接接头设计准则

粘接接头设计的好坏直接影响粘接性能，因此应综合考虑被粘物的形状、粘接强度、粘接工艺、使用环境及使用寿命等诸多因素。

粘接接头的强度取决于被粘物及胶黏剂的性质，接头的几何形状和环境条件。被粘物的性质指的是弹性模量、延伸率、拉伸屈服强度、泊松比和表面状态。胶黏剂的特性是指胶层固化后的弹性模量、剪切强度、拉伸强度、剥离强度、延伸率和疲劳强度。几何因素包括搭接长度、宽度、被粘物厚度、接头挠度、接头对称性及胶层厚度。环境条件是指负荷作用时间、温度和其他环境条件。为取得最佳的粘接效果，粘接接头设计应遵循以下原则：

1. 受力方向应取在粘接强度最大的方向上。

2. 尽可能获得较大的粘接面积。

3. 胶层厚度、性能尽可能一致，无气泡。

4. 胶层薄且连续。

5. 避免应力集中。

对于金属类刚性材料，粘接接头设计的最重要因素是负荷的持续时间、大小和作用方向。用于结构粘接的大多数胶黏剂其剪切强度较高，而剥离强度或劈裂强度低，所以设计接头时应该使胶层处于剪应力作用下，而避免剥离应力和劈裂应力，或使它们减至最小值。剪切应力与粘接面积有关，而总的应力与粘接接头的几何形状有关。

二、搭接接头设计

搭接接头是最常见的粘接结构形式，最普通的就是直接搭接，如图2—103所示。当接头承受载荷时，它使搭接部位两端的胶层承受拉伸应力，而搭接的边缘受到较高应力。因此，接头破坏时的负荷实际低于粘接的真正强度。

搭接接头的剪切强度正比于接头的宽度。增加搭接长度，粘接强度也会提高，但不是正比关系。不断增加搭接长度时，单位面积强度并不按同样的比例继续提高。如图2—104所示为搭接长度与破坏负荷的关系图。

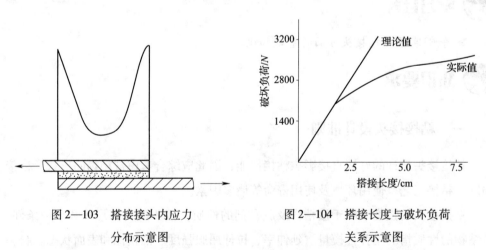

图2—103　搭接接头内应力　　　　图2—104　搭接长度与破坏负荷
　　　　分布示意图　　　　　　　　　　　关系示意图

搭接强度不仅与搭接的长度有关，而且与金属的厚度和金属屈服强度有关。具有每平方厘米几千牛顿拉伸剪切强度的胶黏剂用于粘接金属薄板时，即使搭接长度相当短，搭接强度也可能超过金属薄板的屈服强度。搭接长度、负荷和金属厚度相互的关系如图2—105所示。

如图2—106所示为常见搭接结构形式。简述如下：

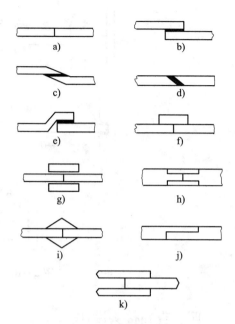

图 2—106　搭接结构示意图

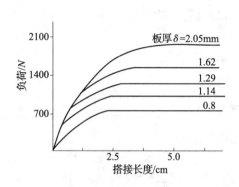

图 2—105　金属板厚与搭接长度对
　　　　　粘接强度影响曲线

a. 对接。简单。粘接效果不好。

b. 直搭接。实用。粘接效果好。

c. 斜角搭接。常用。粘接效果很好。

d. 锲面搭接。常用。粘接效果很好。

e. 镶入式搭接。实用。粘接效果好。

f. 盖板式搭接。有时使用。粘接效果较好。

g. 双盖板式搭接。有时使用。粘接效果好。

h. 镶嵌双盖板式搭接。复杂，加工费用高。粘接效果很好。

i. 斜角双盖板式搭接。结构较复杂。粘接效果很好。

j. 半搭接。需设备加工。粘接效果好。

k. 双搭接。难以平衡负荷。粘接效果好。

三、T 形接头设计

T 形接头形式如图 2—107 所示。图中分析了各种 T 形接头抵抗四个方向上的负荷的能力。当粘接大型材时，部件的设计应使胶层处于剪切应力的作用下，在接头设计中，应尽可能避免劈裂应力或使之减至最低值。

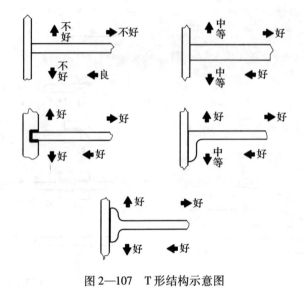

图 2—107　T 形结构示意图

四、直角接头设计

直角接头形式如图 2—108 所示。图中分析了三种直角接头受力情况及应力评价。箭头为外力方向。

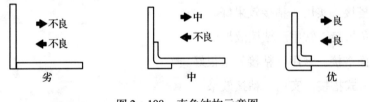

图 2—108　直角结构示意图

五、实心棒对接接头设计

实心棒对接接头形式如图 2—109 所示。接头 a 承受弯曲外力不良，而承受拉伸、压缩和扭转外力良好；b ~ d 型接头承受拉伸、压缩、扭转和弯曲外力均良好。

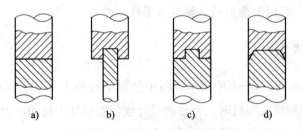

图 2—109　实心接头结构示意图

六、管状对接接头设计

管状对接接头形式如图 2—110 所示。接头 a 抗拉伸与压缩应力良好，而抗剪切和扭转应力不良；接头 b～f 型接头承受拉伸、压缩、扭转和弯曲外力均良好。

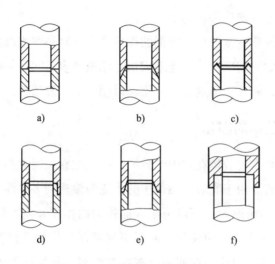

图 2—110　管状接头结构示意图

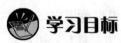 **学习单元 2　胶黏剂的固化**

学习目标

➢ 能够掌握胶黏剂固化方面的基础知识。

知识要求

为了使胶黏剂和被粘物之间产生黏附力，胶黏剂必须以液体状态完全浸润被粘物表面。但是液体物质几乎没有什么剪切强度，例如在两块玻璃板之间滴一些水，由于水浸润了玻璃表面，要把两块玻璃剥开是十分困难的，但是只要用很小的剪切力就可以把它们分开。因此液体胶黏剂在浸润被粘物表面之后，必须通过适当的方法将它们变成固体，才能承受各种负荷，这个过程称为固化。胶黏剂的固化工艺对粘接质量有着很重要的影响。温度、压力和时间是固化过程中三个重要的工艺参数。不同的胶黏剂有不同的固化条件。

一、溶液胶黏剂固化时间的调整方法

热塑性高分子物质可以溶解在适当的溶剂中成为高分子溶液，在其浸润被粘物表面之后，溶剂挥发就产生一定的黏附力。

溶液胶黏剂的固化速度取决于溶剂的挥发速度，对一些难以挥发的溶剂，固化时间很长；但是，如果溶剂的挥发速度太快，涂刷时容易起皮。因此配胶时应选择适当的溶剂，也可以将几种溶剂混合使用，以便调节挥发速度。

二、乳液胶黏剂的固化

乳液胶黏剂是聚合物胶体在水中的分散体，胶粒直径通常是 $0.1 \sim 2\ \mu m$，它的周围由乳化剂保护着。由于乳液胶黏剂中的水逐渐渗透到多孔性的被粘材料中并蒸发掉，乳液浓度就不断增大，最后由于表面张力的作用发生凝聚。当环境温度足够高时，乳液凝聚形成连续的胶膜，若环境温度低于最低成膜温度时，则形成强度很差的不连续胶膜。因此，在使用乳液胶黏剂时，环境温度不能低于最低成膜温度。

三、热固性胶黏剂的固化

热固性树脂是具有三向胶联结构的聚合物，它具有耐热、耐水、耐蠕变等优点，目前结构胶黏剂基本上以热固性树脂为主要成分。

热固性胶黏剂的性能不仅取决于配方，同固化周期也有密切关系，因为固化周期对于固化产物的微观结构很有影响。因此，必须在足够高的温度范围内进行固化。在粘接两种膨胀系数相差很大的材料时，为防止过大的热应力，最好采用常温固化的胶黏剂，所以固化温度应当加以准确控制。

在胶黏剂固化过程中，一般都应施以一定的压力。其作用一方面可使胶黏剂更好地产生塑性流动以浸润被粘物表面；另一方面在胶黏剂固化过程中，可能产生小分子挥发性副产品而在胶层中造成气泡，施加一定压力可使胶黏剂和被粘物紧密结合。压力的大小应根据胶黏剂性质而定，固化时如无挥发性副产物产生，只需轻微加压使被粘物保持接触即可，这样的压力称为接触压力。

第 5 节 逆向焊接带压密封

学习单元 1 手工电弧焊基础知识

学习目标

➤ 能够了解手工电弧焊的基本知识。

知识要求

焊接是借助于原子间的联系和质点的扩散从而得到整体接头的过程，也可以说，焊接是利用热能或压力，用（或不用）填充材料把工件连接起来的方法。常见的焊接过程都是在条件充足的情况下完成的，而本章将要介绍的"带压焊接密封技术"则是指金属设备或金属工艺管道一旦出现裂纹，发生压力介质外泄，如何在不降低工艺介质温度、压力的条件下（即在动态条件下），利用热能使熔化的金属将裂纹连成整体焊接接头或在可焊金属的泄漏缺陷上加焊一个封闭板，使之达到重新密封目的的一种特殊技术手段，属于带压密封技术范畴。根据处理方法的不同，可分为"逆向焊接法"和"引流焊接法"。这两种方法对于熟练的电焊工只要进行一定的培训即可施工，具有简便、易行、见效快的特点。因此，目前国内还有一部分企业采用这种技术进行带压密封作业，而且收到了很好的经济效益。

对于高温高压蒸汽泄漏，在采用注剂式带压密封成功后，或在带压密封作业过程中往往采用焊接的方式进行封闭加固，避免发生二次泄漏。因此，手工电弧焊接技术对带压密封技术来说是不可或缺的重要技术手段。

一、焊缝表达方法

常见的焊接接头有对接、T 形接、角接、搭接四种，如图 2—111 所示。

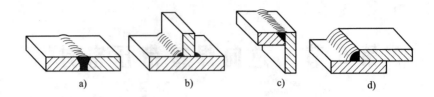

图 2—111　焊接的连接形式

a）对接　b）T形接　c）角接　d）搭接

二、焊缝符号表示法

当焊缝分布比较简单时，可不必画出焊缝，只在焊缝处标注焊缝代号。为简化图样，不使图样增加过多的注解，有关焊缝的要求一般应采用标准规定的焊缝代号来表示。

焊缝代号一般由基本符号与指引线组成。必要时还可以加上辅助符号、补充符号和焊缝尺寸符号。

1. 基本符号

基本符号是表示焊缝横截面形状的符号，它采用近似于焊缝横截面形状的符号来表示，见表 2—10。

表 2—10　　　　　焊缝符号及标注方法（摘自 GB 324—2008）

名称	符号	示意图	图示法	标注法
I形焊缝	‖			
V形焊缝	∨			
单边V形焊缝	V			

续表

名称	符号	示意图	图示法	标注法	
带钝边V形焊缝	 Y	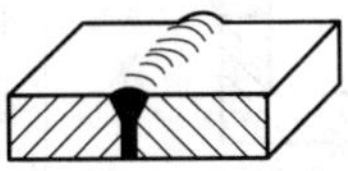	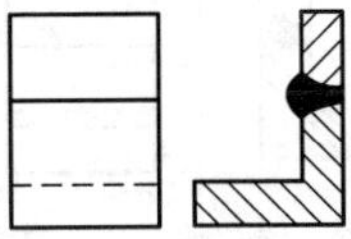	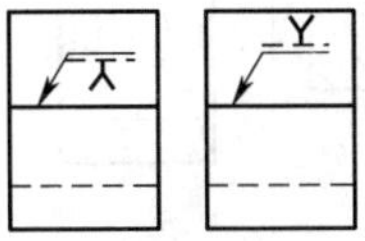	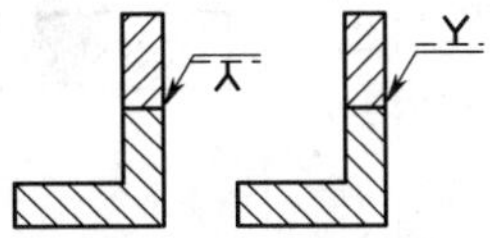
带钝边单边V形焊缝	Y	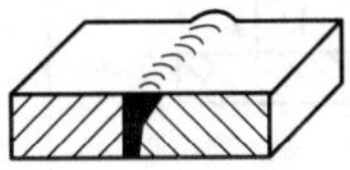	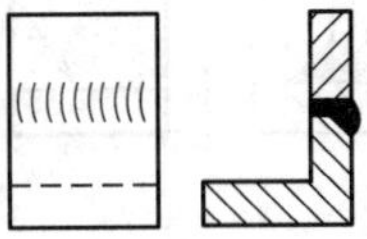	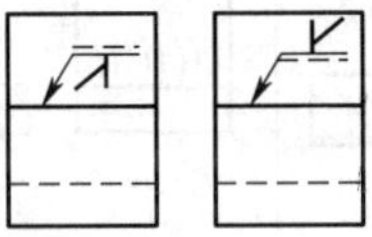	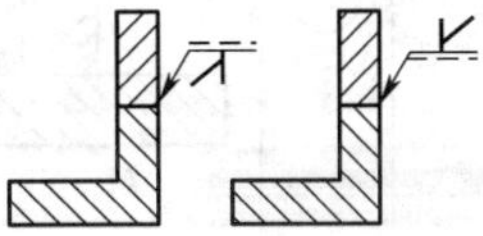
带钝边U形焊缝	Y	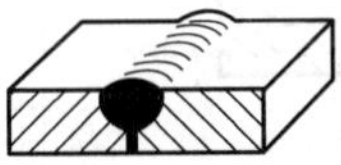	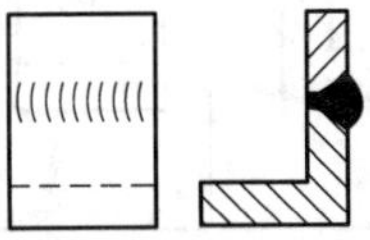	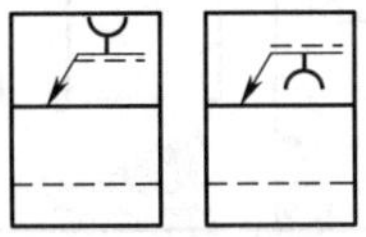	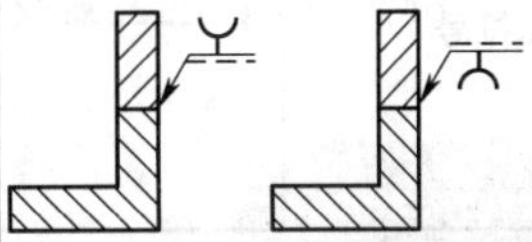
带钝边J形焊缝	Y		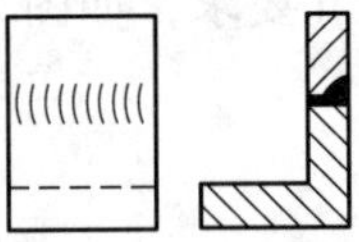	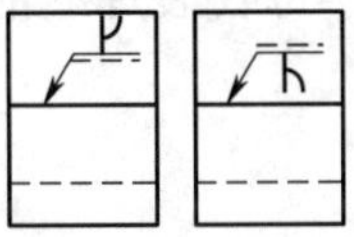	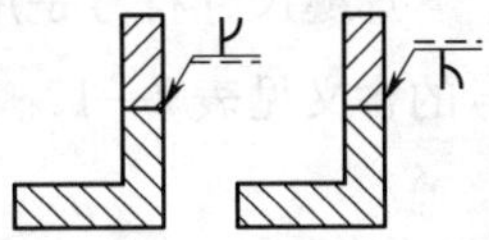
角焊缝	△	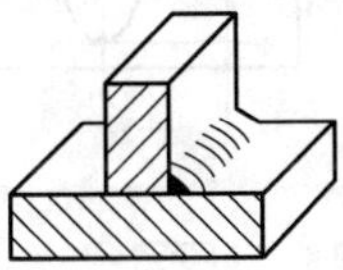	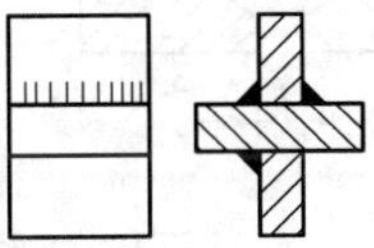	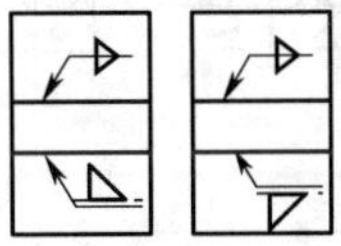	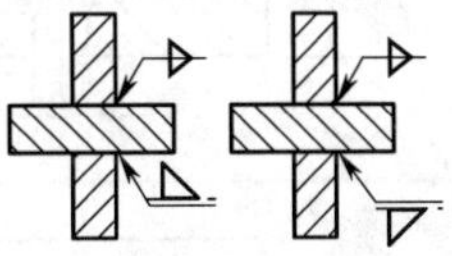

2. 辅助符号

　　辅助符号是表示焊缝表面形状特征的符号，见表2—11。不需要确切地说明焊缝表面形状时，可省略此符号。

表 2—11 　　　　　　辅助符号及标注方法（摘自 GB 324—2008）

名称	符号	示意图	图示法	标注法	说明
平面符号	─				焊缝表面平齐（一般通过加工）
凹面符号	⌣				焊缝表面凹陷
凸面符号	⌢				焊缝表面凸起

3. 焊缝尺寸符号

焊缝尺寸符号是用字母代表焊缝的尺寸要求，如图 2—112 所示。焊缝尺寸符号的含义见表 2—12。

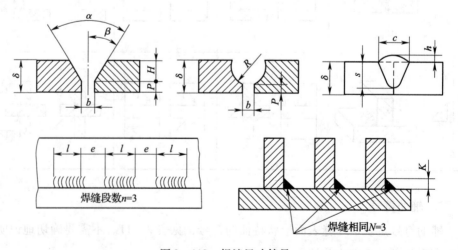

图 2—112　焊缝尺寸符号

在图样中，焊缝符号的线宽、焊缝符号中字体的字形、字高和字体笔画宽度应与图样中其他符号（如尺寸符号、表面粗糙度符号、形状和位置公差符号）的线宽、尺寸字体的字形、字高和笔画宽度相同。

表 2—12 　　　　　　焊缝尺寸符号含义（摘自 GB 324—88）

符号	名　称	符号	名　称	符号	名　称
δ	工件厚度	R	根部半径	S	焊缝有效厚度
α	坡口角度	K	焊角尺寸	l	焊缝长度
b	根部间隙	H	坡口深度	e	焊缝间距
P	钝　边	h	余　高	n	焊缝段数
c	焊缝宽度	β	坡口面角度	N	相同焊缝数量

三、焊接坡口尺寸图

管道工程施工图中的焊缝坡口形式及尺寸可以通过图中技术要求中给出的相应的国家标准查找。钢制管道焊接坡口形式和尺寸见表 2—13。

表 2—13 　　　　　　　钢制管道焊接坡口形式和尺寸

项次	厚度 T /mm	坡口名称	坡口形式	坡口尺寸 间隙 c /mm	坡口尺寸 钝边 P /mm	坡口尺寸 坡口角度 $\alpha(\beta)/(°)$	备注
6	20 ~ 60	U 形坡口	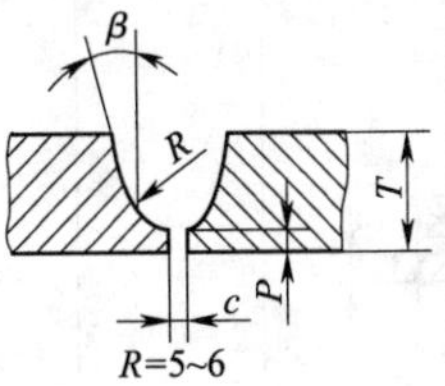	0 ~ 3	1 ~ 3	(8 ~ 12)	
7	2 ~ 30	T 形接头 I 形坡口	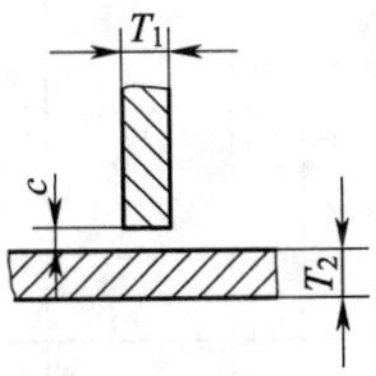	0 ~ 2	—	—	
8	6 ~ 10	T 形接头 单 V 形坡口	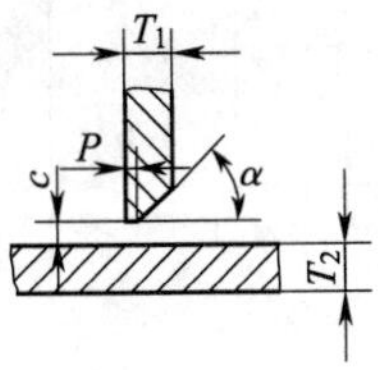	0 ~ 2	0 ~ 2	45 ~ 55	
	10 ~ 17			0 ~ 3	0 ~ 3		
	17 ~ 30			0 ~ 4	0 ~ 4		

续表

项次	厚度 T /mm	坡口名称	坡口形式	坡口尺寸			备注
				间隙 c /mm	钝边 P /mm	坡口角度 $\alpha(\beta)/(°)$	
9	20～40	T形接头双V形坡口		0～3	2～3	45～55	
10	管径 $\phi \leq 76$	T形接头对称K形接口	$a=100$ $b=70$ $R=5$	2～3	—	50～60 (30～35)	
11	管径 $\phi 76～133$	管座坡口		2～3	—	45～60	
12		法兰角焊接头		—	—	—	$K=1.4T$，且不大于颈部厚度 $E=6.4$，且不大于 T
13		承插焊接法兰		1.6	—	—	$K=1.4T$，且不大于颈部厚度
14		承插焊接接头		1.6	—	—	$K=1.4T$，且不小于 3.2

四、电焊条

1. 电焊条分类

电焊条的分类见表2—14。

表2—14　　　　　　　　　　　电焊条分类表

焊条型号				焊条牌号		
序号	焊条分类	代号	国家标准	序号	焊条分类 （按用途分类）	代号 汉字（字母）
1 2	碳钢焊条 低合金钢焊条	E E	GB/T 5117—95 GB/T 5118—95	1 2 3	结构钢焊条 钼及铬钼耐热钢 焊条低温钢焊条	结（J） 热（R） 温（W）
3	不锈钢焊条	E	GB/T 983—95	4	不锈钢焊条 ①铬不锈钢焊条 ②铬镍不锈钢焊条	铬（G） 奥（A）
4 5	堆焊焊条 铸铁焊条	ED EZ	GB 984—85 GB 10044—88	5 6	堆焊焊条 铸铁焊条	堆（D） 铸（Z）
6 7 8	镍及镍合金焊条 铜及铜合金焊条 铝及铝合金焊条	ENi TCu TAl —	GB/T 13814—92 GB 3670—83 GB 3669—83	7 8 9 10	镍及镍合金焊条 铜及铜合金焊条 铝及铝合金焊条 特殊用途焊条	镍（Ni） 铜（T） 铝（L） 特（TS）

2. 电焊条牌号

（1）电焊条牌号表示形式

$\boxed{代号}\boxed{1}\boxed{2}\boxed{3}\boxed{补充代号}$

牌号中各单元表示方法：

$\boxed{代号}$——用字母（旧用汉字）表示电焊条的大类（主要用途）。

第1、2位——用数字表示电焊条的强度等级、具体用途或焊缝金属主要化学成分组成等级。

第3位——用数字表示电焊条的药皮类型和适用电源。

$\boxed{补充代号}$——用字母（旧用汉字）和数字表示电焊条的性能补充说明。

注：在各种电焊条的国家标准中，规定了电焊条的型号。但电焊条行业在电焊条产品样本、目录或说明书中，仍习惯采用牌号表示，另用"符合国标型号×××"表示。

【例】J422 低碳钢焊条，符合国标型号 E4303。

（2）电焊条牌号中代号表示意义

电焊条牌号中代号表示的意义见表2—15。

表2—15 　　　　　　　　　　电焊条牌号中代号表示意义

代号	电焊条大类名称	代号	电焊条大类名称
J（结）	结构钢焊条	Z（铸）	铸铁焊条
R（热）	钼和铬铝耐热钢焊条	Ni（镍）	镍及镍合金焊条
G（铬）	铬不锈钢焊条	T 或 Cu（铜）	铜及铜合金焊条
A（奥）	奥氏体不锈钢焊条	L 或 Al（铝）	铝及铝合金焊条
W（温）	低温钢焊条	TS（特殊）	特殊用途焊条
D（堆）	堆焊焊条		

注：括号内是旧牌号用的汉字代号，以下同。

（3）电焊条牌号中第1、2位数字表示意义

电焊条牌号中第1、2位数字表示的意义见表2—16。

表2—16 　　　　　　　电焊条牌号中第1、2位数字表示意义

电焊条大类	第1、2位数字表示意义
结构钢焊条	表示焊缝金属抗拉强度等级，各牌号表示的抗拉强度等级/屈服强度等级如下，单位为 MPa，括号内数值单位为 kN/mm^2： J42—420（43）/330（34）　　J75—740（75）/640（65） J50—490（50）/410（42）　　J80—780（80）/— J55—540（55）/440（45）　　J85—830（85）/740（75） J60—590（60）/530（54）　　J10—980（100）/— J70—-690（70）/590（60）
钼和铬钼耐热钢焊条	第1位数字表示焊缝金属主要化学成分组成等级，第2位数字表示同一焊缝金属主要化学成分组成，等级中的不同牌号，各牌号表示意义如下，单位为%： R1×—Mo≈0.5　　　　　　　　R5×—Cr≈5、Mo≈0.5 R2×—Cr≈0.5、Mo≈0.5　　　R6×—Cr≈7、Mo≈1 R3×—Cr≈1.2、Mo≈0.5~1.0　R7×—Cr≈9、Mo≈1 R4×—Cr≈2.5、Mo≈Mo≈1　　R8×—Cr≈11、Mo≈1

续表

电焊条大类	第 1、2 位数字表示意义
不锈钢焊条	表示方法与耐热钢焊条相同，各牌号表示意义如下，单位为% ： G2 ×—Cr≈13　　　　　A4 ×—Cr≈26、Ni≈21 G3 ×—Cr≈17　　　　　A5 ×—Cr≈16、Ni≈25 A0 ×—C≤0. 04　　　　A6 ×—Cr≈16、Ni≈35 A1 ×—Cr≈ −19、Ni≈10　　A7 ×—Cr≈15、Ni≈2 A2 ×—Cr≈18、Ni≈12　　A8 ×—C≈19、Ni≈18 A3 ×—Cr≈23、Ni≈13　　A9 ×—待发展
低温钢焊条	表示焊条工作温度等级，各牌号表示的工作温度如下： 牌号　　　W70　W90　W10　W19　W25 工作温度/℃　−70　−90　−100　−190　−250
堆焊焊条	前两位数字表示焊条的用途、组织或焊缝金属主要化学成分组成等级，各牌号表示意义如下： D00 ×—09 ×—不规定　　D50 ×—阀门用 D10 ×—常温不同硬度用　D60 ×—合金铸铁型 D25 ×—常温高锰钢用　　D70 ×—碳化钨型 D30 ×—刀具及工具用　　D80 ×—钴基合金型 　　　　　　　　　　　　D90 ×—待发展
铸铁焊条	表示方法与耐热钢焊条相同，各牌号表示意义如下： Z1 ×—碳钢或高钒钢型　　　　Z5 ×—镍铜型 Z2 ×—铸铁（包括球墨铸铁）型　Z6 ×—铜铁型 Z3 ×—纯镍型　　　　　　　　Z7 ×—待发展 Z4 ×—镍铁型
镍及镍合金焊条 铜及铜合金焊条 铝及铝合金焊条	表示方法与耐热钢焊条相同，各牌号表示意义如下： Ni1 ×—纯镍型　　　　　Ni2 ×—镍铜型 Ni3 ×—镍铬型　　　　　Ni4 ×—待发展 T1 ×—纯铜型　　　　　　T3 ×—白铜型 T2 ×—青铜型　　　　　　T4 ×—待发展 L1 ×—纯铝型　　　　　　L3 ×—铝锰型 L2 ×—铝硅型　　　　　　L4 ×—铝镁型
特殊用途 焊条	第 1 位数字表示焊条的用途，第 2 位数字表示同一用途中的不同牌号，各牌号表示意义如下： TS2 ×—水下焊接用　　　TS6 ×—铁锰铝焊条 TS3 ×—水下切割用　　　TSX ×—特细焊条 TS4 ×—铸铁件焊补前开坡口用 TS5 ×—电渣焊用管状焊条

（4）电焊条牌号中第 3 位数字表示意义

电焊条牌号中第 3 位数字表示的意义见表 2—17。

表 2—17 电焊条牌号中第 3 位数字表示意义

序号	药皮类型	电源种类	药皮性能及用途
0	不属已规定的类型	不规定	在某些焊条中采用氧化锆、金红石碱性型等，这些新渣系目前尚未形成系列
1	氧化钛型	DC（直流）AC（交流）	含多量氧化钛，焊条工艺性能良好，电弧稳定，再引弧方便。飞溅很小，熔深较浅，熔渣覆盖性良好，脱渣容易，焊缝波纹特别美观，可全位置焊接，尤宜于薄板焊接。但焊缝塑性和抗裂性稍差。随药皮中钾、钠及铁粉等用量的变化，分为高钛钾型、高钛钠型及铁粉钛型等
2	钛钙型	DC，AC	药皮中含氧化钛 30% 以上，钙、镁的碳酸盐 20% 以下，焊条工艺性能良好，熔渣流动性好，熔深一般，电弧稳定，焊缝美观，脱渣方便，适用于全位置焊接。如 J422 即属此类型，是目前碳钢焊条中使用最广泛的一种焊条
3	钛铁矿型	DC，AC	药皮中含钛铁矿不小于 30%，焊条熔化速度快，熔池流动性好，熔深较深，脱渣容易，焊波整齐，电弧稳定，平焊、平角焊工艺性能较好，立焊稍差，焊缝有较好的抗裂性
4	氧化铁型	DC，AC	药皮中含多量氧化铁和较多的锰铁脱氧剂，熔深大，熔化速度快，焊接生产率较高，电弧稳定，再引弧方便，立焊、仰焊较困难，飞溅稍大，焊缝抗热裂性能较好，适用于中厚板焊接。由于电弧吹力大，适于野外操作。若药皮中加入一定量的铁粉，则为铁粉氧化铁型
5	纤维素型	DC，AC	药皮中含 15% 以上的有机物，30% 左右的氧化钛，焊接工艺性能良好，电弧稳定，电弧吹力大，熔深大，熔渣少，脱渣容易。可作立向下焊、深熔焊或单面焊双面成型焊接。立、仰焊工艺性好，适用于薄板结构、油箱管道、车辆壳体等焊接。随药皮中稳弧剂、黏结剂含量变化，分为高纤维素钠型（采用直流反接）、高纤维素钾型两类
6	低氢钾型	DC，AC	药皮组分以碳酸盐和萤石为主。焊条使用前须经 300 ~ 400℃ 烘焙。短弧操作，焊接工艺性一般，可全位置焊接。焊缝有良好的抗裂性和综合力学性能。适用于焊接重要的焊接结构。按照药皮中稳弧剂量、铁粉量和黏结剂不同，分为低氢钠型、低氢钾型和铁粉低氢型等
7	低氢钠型	DC	
8	石墨型	DC，AC	药皮中含有多量石墨，通常用于铸铁或堆焊焊条。采用低碳钢焊芯时，焊接工艺性能较差，飞溅较多，烟雾较大，熔渣少，适用于平焊。采用有色金属焊芯时，能改善其工艺性能，但电流不宜过大
9	盐基型	DC	药皮中含多量氯化物和氟化物，主要用于铝及铝合金焊条。吸潮性强，焊前要烘干。药皮熔点低，熔化速度快。采用直流电源，焊接工艺性较差，短弧操作，熔渣有腐蚀性，焊后需用热水清洗

五、焊条烘干温度及保持时间

常用焊条烘干温度及保持时间见表2—18。

表 2—18　　　　　　常用焊条烘干温度及保持时间

类别	牌号	温度/℃	时间/h
碳钢和低合金钢焊条	J422	150	1
	J426	300	1
	J427	350	1
	J502	150	1
	J506，J507	350	1
	J506RH，J507RH	350~430	1
	J507MoW	350	1
	J557	350	1
	J556RH	400	1
	J606，J507	350	1
	J607RH	350~430	1
	J707	350	1
	J707RH	400	2
低温钢焊条	W607，W707	350	1
钼和铬钼耐热钢焊条	R207，R307	350	1
	R307H	400	1
	R317，R407，R507	350	1
铬镍不锈钢焊条	A102	150	1
	A107	250	I
	A132	150	1
	A137	250	1
	A202	150	1
	A207	250	1
	A002，A022，A212，A242	150	1
铬不锈钢焊条	G202	150	1
	G207	250	1
	G302	150	1
	G307	200~300	1

类别	牌号	温度/℃	时间/h
熔炼焊剂	HJ431	250	2
	HJ350，HJ260	300~400	2
	HJ250	300~350	2
烧结焊剂	SJ101	300~350	2
	SJ102		

六、焊接方法选用

焊接方法有气焊、手工电弧焊、手工氩弧焊、埋弧自动焊、埋弧半自动焊等。在施工现场，手工电弧焊和气焊应用最为普遍。手工氩弧焊成本较高，用于有特殊要求的管道连接。

手工电弧焊的优点是电弧温度高，穿透能力比气焊大，接口容易焊透，适用于厚壁焊件。在同样条件下，电弧焊强度高于气焊，另外，电弧焊加热面积小，焊件变形也小。

气焊不但可以焊接，而且还可以进行切割、开孔、加热等多种作业，便于在现场施工过程中的焊接和加热。对于狭窄地方接口，气焊可用弯曲焊条的方法较方便地进行焊接作业。

在同等条件下，电弧焊成本低，气焊成本高。具体采用哪种焊接方法，应根据焊接工作的条件、焊接结构特点、焊缝所处空间位置以及焊接设备和材料来选择使用。

七、焊接的一般规定

1. 压力管道焊缝位置应符合下列规定

（1）直管段上两对接焊口中心面间的距离，当公称直径≥150 mm 时，不应小于 150 mm；当公称直径 <150 mm 时，不应小于管子外径。

（2）卷管的纵向焊缝应置于易检修的位置，且不宜在底部。

（3）焊缝距弯管（不包括压制、热推或中频弯管）起弯点的距离不得小于 100 mm，且不得小于管子外径。

（4）环形焊缝距支吊架净距不应小于 50 mm；需要热处理的焊缝距支、吊架的距离不得小于焊缝宽度的 5 倍，且不得小于 100 mm。

（5）不宜在管道焊缝处及其边缘上开孔。

（6）对有加固环的卷管，加固环的对接焊缝应与管子纵向焊缝错开，其间距不应小于 100 mm。加固环距管子的环形焊缝不应小于 50 mm。

2. 压力管道焊接坡口

当管道壁厚≥3 mm 时，管端应开坡口；当壁厚小于 3 mm 时，可不开坡口。坡口的加工宜采用机械进行，也可用等离子弧氧乙炔焰等热加工方法。采用热加工方法加工坡口后，应除去坡口表面的氧化皮、熔渣及影响焊接接头质量的表面层，并应将凹凸不平处打磨平整。管道坡口的形式和尺寸应符合图样设计要求。

3. 管道焊接的对口及清理

管道焊口组对时，应对坡口及其内外表面进行清理，清除油、漆、锈、毛刺等污物，清除的方法有手工方法、机械方法及化学方法，应根据管材的种类及性质选用适用的方法，见表 2—19。清理合格后应及时焊接，以防再次生锈和污染。

表 2—19 坡口及其内外表面的清理

管道材质	清理范围/mm	清理物	清理方法
碳素钢 不锈钢 合金钢	≥10	油、漆、锈、毛刺等污物	手工或机械等
铝及铝合金	≥50	油污、氧化膜等	有机溶剂除净油污，化学或机械法除净氧化膜
铜及铜合金	≥20		
钛	≥50		

管道焊口组对应做到内壁齐平，其内壁错边量应符合表 2—20 的规定。

表 2—20 管道组对内壁错边量

管道材质		内壁错边量
钢		不宜超过壁厚的 10%，且不大于 2 mm
铝及铝合金	壁厚≤5 mm	不大于 0.5 mm
	壁厚 > 5 mm	不宜超过壁厚的 10%，且不大于 2 mm
铜及铜合金、钛		不宜超过壁厚的 10%，且不大于 1 mm

不相等壁厚管道组对时，其内壁错边量也应符合表 2—20 的规定。当其错边量超过规定或外壁错边量大于 3 mm 时，应按图 2—113 所示进行坡口修理。组对焊口时，应尽量多转动几次，使对口间隙均匀。

4. 固定点焊

管道焊口组对好后，应用点焊的方法进行固定，以防止管道移动错边。点焊时，每个焊口应点焊 3 ~ 5 处，点焊长度宜为 10 ~ 15 mm，高度宜为 2 ~ 4 mm，且不超过管壁厚的 2/3。点焊选用的焊条和焊工技术水平应与正式焊接相同。

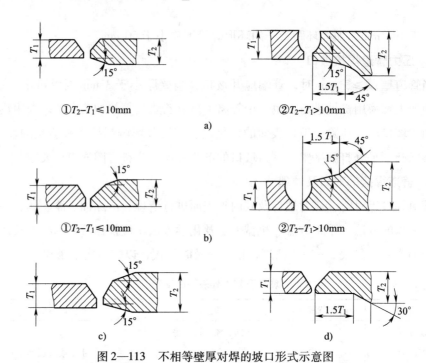

图2—113　不相等壁厚对焊的坡口形式示意图

a）内壁尺寸不相等　b）外壁尺寸不相等　c）内外壁尺寸均不相等　d）内壁尺寸不相等的削薄

八、焊接的工艺要求

1. 焊条、焊丝的选择和使用

焊条、焊丝的选择应按照母材的化学成分、力学性能、焊接接头的抗裂性、焊前预热、焊后热处理、使用条件、施工条件等因素综合考虑，且应符合下列规定：

（1）焊接工艺性能良好。

（2）同种材质管道焊接时，焊条、焊丝的性能与化学成分应与母材相同。低温钢应选用与母材相适应的焊材；耐热耐蚀合金钢，可选用镍基焊材。

（3）不同材质管道焊接时，焊材选用应符合以下规定：

1）当两侧母材均为非奥氏体钢或均为奥氏体钢时，可根据合金钢含量较低的一侧的母材或介于两者之间选用焊材。

2）当两侧母材之一为奥氏体钢时，应选用25Cr13Ni型或含镍量更高的焊材。

（4）复合钢管焊接时，基层和复层应分别选用相应的焊材，基层与复层的过渡层的焊接应选用过渡层焊材。

2. 管道焊接要求

（1）焊条、焊丝、焊剂使用前应按出厂说明书的规定进行烘干，使用时应放进专用的焊条筒内，保持干燥。焊条的药皮应无脱落和显著裂纹。焊丝使用前应进行清理。

（2）在正式施焊前，应对定位焊缝进行检查，当发现有裂纹或其他缺陷时，应及时处理后方可正式施焊。

（3）严禁在坡口之外的母材表面引弧和试验电流，并应防止电弧擦伤母材。

（4）焊接时应采用合理的施焊方法和施焊顺序。

（5）施焊过程中应保证起弧和收弧质量，收弧时应将弧坑填满。多层焊的焊层间接头应错开。

（6）管道焊接时，管内应防止穿堂风通过。

（7）每一条焊缝宜一次连续焊完（除工艺要求或检验要求需分次焊接外），当因故中断焊接时，应根据工艺要求采取保温缓冷或后热等方法防止产生裂纹，再次焊接前应检查焊层表面，确认无裂纹后，方可按原工艺要求继续施焊。

3．焊前预热及焊后热处理

为了消除焊缝焊后快速冷却产生的裂纹等缺陷，在焊前应对焊件进行预热处理。在焊接过程中，由于金属受热产生热应力，会影响管壁的强度及使用效果，为了消除焊接应力，应对管材进行焊后热处理。

（1）焊前预热及焊后热处理方法应根据管材的特性、管材的厚度、结构刚性、焊接方法及使用条件等因素综合确定。

（2）要求焊前预热处理的焊件，其层间温度应在规定的预热温度范围内。

（3）当焊接温度低于 0℃时，所有钢材焊缝应在始焊处 100 mm 范围内预热至 15℃以上。

（4）对有应力腐蚀的焊缝，应进行焊后热处理。

（5）异种金属管道焊接时，焊前预热及焊后热处理温度应根据可焊性较差一侧管材确定。但焊后热处理温度不应超过另一侧管材的临界温度。

（6）调质钢焊缝焊后热处理温度，应低于回火温度。

（7）焊前预热的加热范围，应以焊缝中心为基准，每侧不应小于焊件厚度的 3 倍；焊后热处理的加热范围，每侧不应小于焊缝宽度的 3 倍；加热带以外部分应进行保温。加热时，应注意内外壁温度均匀。

（8）对于容易产生焊缝延迟裂纹的钢材，焊后应及时进行热处理，当不能及时进行热处理时，应在焊后立即均匀加热至 200～300℃，并进行保温缓冷，其加热范围应与焊后热处理要求相同。

（9）焊前预热及焊后热处理温度应符合设计要求或焊接要求。

（10）当采用钨极氩弧焊打底时，焊前预热温度取正常预热温度下限降低 50℃。

（11）焊后热处理的加热速率、热处理温度下的恒温时间及冷却速度应符合下列规定（δ 为管壁厚度）。

1）当温度升至 400℃以上时，加热速率不应大于（$205 \times 25/\delta$）℃/h，且不得大于 330℃/h。

2）焊后热处理的恒温时间应为每 25 mm 壁厚恒温时间为 1 h，且不得少于 15 min。在恒温期间，最高与最低温差应低于 65℃。

3）恒温后冷却速率不应大于（$60 \times 25/\delta$）℃/h，且不得大于 260℃/h，400℃以下可自然冷却。

（12）对于热处理后进行返修或硬度检测超过规定要求的焊缝，应重新进行热处理。

九、手工电弧焊焊接操作的基本步骤

手工电弧焊焊接操作的基本步骤由以下五部分组成。

1. 引弧

手工电弧焊时引燃焊接电弧的过程称为引弧。引弧的方法有两种：一种叫划擦法，另一种叫直击法。对于初学者来说，划擦法较易掌握。

（1）划擦法

划擦法的动作似擦火柴。先将焊条前端对准焊件，然后将手腕扭转，使焊条在焊件表面上轻微划擦一下，即可引燃电弧。当电弧引燃后，应立即使焊条末端与焊件表面保持 3～4 mm 的距离，以后只要使弧长约等于该焊条直径，就可使电弧稳定燃烧，如图 2—114 所示。

（2）直击法

直击法是将焊条前端对准焊件，然后将手腕下弯，使焊条轻微碰一下焊件，随即迅速把焊条提起 3～4 mm，即可引燃电弧。当产生电弧后，使弧长保持在与所用焊条直径相适应的范围内，如图 2—115 所示。

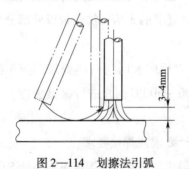

图 2—114 划擦法引弧

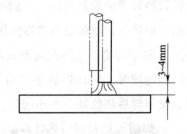

图 2—115 直击法引弧

2. 焊缝的起焊

起焊（起头）指焊缝开始处的焊接。因为焊件在未焊之前温度较低，熔深较浅，这样会导致焊缝强度减弱。为避免这种现象，要对焊缝的起头部位进行必要的预热，即在引弧后先将电弧稍微拉长一些，对焊缝端部进行适当预热，然后适当缩短电弧长度进行正常焊接，如图 2—116 所示。图中 A、B 两条起端焊缝比较整齐，这是因为采用了拉长电弧进行预热得到的结果，其中 A 作直线运条，B 作小幅横向摆动，而 C 缝却不整齐，这是由于电弧未作预热的缘故。

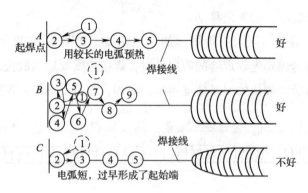

图 2—116　起始端的运条法

3. 运条

（1）焊条的基本运动

焊缝起焊后，即进入正常焊接阶段。在正常焊接阶段，焊条一般有 3 个基本的运动，即沿焊条中心线向熔池送进，沿焊接方向逐渐移动及横向摆动，如图 2—117 所示。

（2）运条的方法

实际操作中，运条的方法有多种，如直线形运条法、直线往复运条法、锯齿形运条法、月牙形运条法、三角形运条法、圆圈形运条法、8 字形运条法等，需要根据具体情况灵活选用。

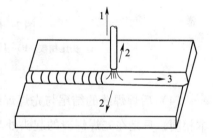

图 2—117　焊条的 3 个基本运动方向

1—向熔池方向送进　2—横向摆动

3—沿焊接方向移动

4. 接头（焊缝的连接）

在操作时，由于受焊条长度的限制或操作姿势的变换，一根焊条往往不可能完成一条焊缝。焊缝的接头就是后焊焊缝与先焊焊缝的连接部分。焊缝的连接一般有以下 4 种方法：

（1）后焊焊缝的起焊与先焊焊缝的结尾相接，如图 2—118a 所示。其操作方法是在先焊焊缝弧坑稍前处（约 10 mm）引弧，电弧长度要比正常焊接时略微长一些（使用低氢型焊条时，其电弧不可拉长，否则容易产生气孔），然后将电弧移到原弧坑的三分之二处，填满弧坑后，即可转入正常焊接。此法适用于单层及多层焊的表层接头。

（2）后焊焊缝的起头与先焊焊缝的起头相接，如图 2—118b 所示。这种接头的方法要求先焊焊缝起焊处略低些，接头时，在先焊焊缝的起焊处前 10 mm 处引弧，并稍微拉长电弧，然后将电弧引向起焊处，并覆盖它的端头，待起头处焊缝焊平后再向先焊焊缝相反的方向移动。

（3）后焊焊缝的结尾与先焊焊缝的结尾相接，如图 2—118c 所示。这种接头方法要求后焊焊缝焊到先焊焊缝的收尾处时，焊接速度要适当放慢，以便填满先焊焊缝的弧坑，然后以较快的焊接速度再略向前焊，超越一小段后熄弧。

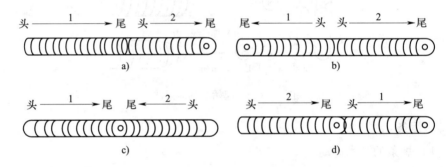

图 2—118　焊道接头的方式

a）头尾相接　b）头头相接　c）尾尾相接　d）尾头相接

1—先焊焊道　2—后焊焊道

（4）后焊焊缝的结尾与先焊焊缝的起头相接。这种接头方法与第三种情况基本相同，只是在先焊焊缝的起头处与第二种接头一样，应稍微低些。

5. 焊缝的收尾

焊缝的收尾是指一条焊缝焊完时，应把焊缝尾部的弧坑填满。如果收尾时立刻拉断电弧，则弧坑会低于焊件表面，焊缝强度减弱，易使应力集中而造成裂缝。所以，收尾动作不仅是熄弧，还要填满弧坑。收尾方法一般有以下 3 种：

（1）划圈收尾法

收尾时，焊条作圆圈运动，直到填满弧坑后再拉断电弧，此法适用于厚板焊接的收尾，对于薄板则有烧穿的危险。

（2）反复断弧收尾法

当焊到焊缝终点时，焊条在弧坑上反复作断弧、引弧动作 3～4 次，直到将弧坑填满为止。此法适用于薄板焊接和大电流焊接。但碱性焊条不宜采用此法，否则易产生气孔。

（3）回焊收尾法

当焊到焊缝终点时，焊条立即改变角度，向回焊一小段后熄弧。此方法适用于碱性焊条。

 学习单元 2　逆向焊接带压密封技术

 学习目标

➢ 掌握逆向焊接带压密封技术基本原理。

➢ 能够掌握逆向焊接带压密封操作方法。

 知识要求

一、逆向焊接带压密封技术基本原理

为了论述"逆向焊接带压密封技术基本原理"，举一个常见的焊接现象加以说明。在正常情况下，两块平板在自由状态下对接焊接时，施焊前应当使被焊两板板缝间隙张开一定的角度，如图 2—119a 所示。随着焊接的进行，张开的角度逐渐缩小，焊接完毕就会得到如图 2—119b 所示的焊件。但这样的焊件并不是所要的理想焊件，它会是一个有弯曲变形的焊件。为了得到理想的焊件，施焊作业必须还要考虑到两板对接焊时的角变形，做法是在对接的两板施焊前应垫起一个角度，如图 2—120a 所示。这样焊接后就能得到一个比较标准的焊件，如图 2—120b 所示。这

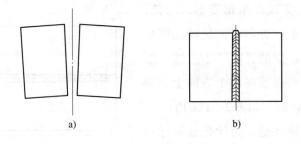

a)　　　　　　　　　　b)

图 2—119　张角焊接示意图

种做法就是在焊接过程中经常采用的反变形法。如果焊接前将两板平行放置，如图 2—121a 所示，则焊接过程中就有可能发生两板间隙逐渐缩小，最终产生两板交叠的现象，如图 2—121b 所示。此时若忽略了角变形，而按图 2—121c 所示的情形焊接，施焊后还会产生较大的角变形，如图 2—121d 所示。

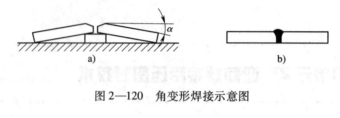

图 2—120　角变形焊接示意图

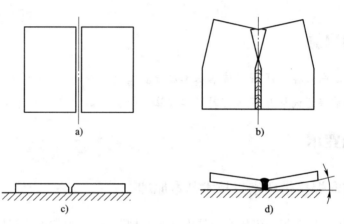

图 2—121　焊接变形示意图

发生这些现象的原因是：焊接时焊缝部位受到了急剧的加热，在被焊件上产生了不均匀的温度场，使被焊金属材料产生了不均匀的膨胀，处于高温区域的金属材料膨胀量较大，受到周围温度较低、膨胀量较小的金属材料的限制而不能自由地伸长，也就是说膨胀量大的区域的金属材料在不同方向上没有伸长到应该伸长的长度，于是在焊件中出现了内应力，使高温区的金属材料受到了挤压，产生局部压缩应变而使两板交叠及产生角变形。因此，施焊后的工件在不同方向上的长度比原来的要短一些，所缺少的长度等于压缩变形的长度，一般主要表现在两个方向上，即横向收缩和纵向收缩，如图 2—122 所示。

可能产生的疑问是，为什么金属材料经过不均匀加热后会出现收缩呢？既然金

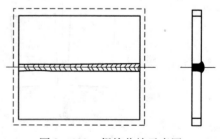

图 2—122　焊接收缩示意图

属和其他物体一样有热胀冷缩现象，那么热胀多少，冷却时就应该缩回多少，怎么会发生尺寸上的明显变化呢？要解释这个问题得从下面三个试验的结果谈起，以加深理解金属经不均匀加热后发生收缩变形的道理。图 2—123、图 2—124、图 2—125 分别是三个试验过程的示意图。这三个试验都是用两样材料和同样长度的三根钢棒作试件，试验时采取均匀加热方式，加热温度均为 900℃。

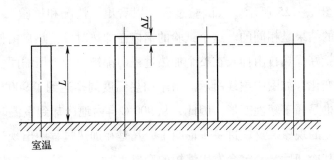

图 2—123　金属棒在均匀加热和冷却时的变形示意图

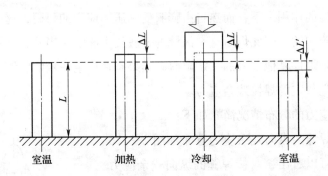

图 2—124　外力作用下金属棒在均匀加热和冷却时的变形示意图（一）

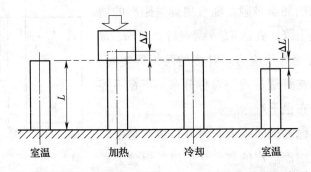

图 2—125　外力作用下金属棒在均匀加热和冷却时的变形示意图（二）

　　试验一如图 2—123 所示。从图中可以看出，钢棒在自由状态下加热会出现自由膨胀（即伸长）现象，伸长量为 ΔL，随后冷却则又会出现自由收缩（缩短），冷却到室温时，钢棒又恢复到原有的长度，因此试验前后金属棒没有发生长度变化。

试验二如图 2—124 所示。从试验过程可以看出，情况同试验一不一样，由于钢棒被加热到900℃后，立刻用压力机把钢棒自由伸长的部分 ΔL 压缩回去，使其与室温时的长度相当，随后冷却钢棒，这时钢棒会出现逐渐的收缩，冷却到室温时，钢棒发生明显的缩短现象。因此试验后的钢棒长度要比原尺寸短一些。

试验三如图 2—125 所示。从试验过程可以看出，情况和试验二又有所不同，但钢棒冷却后的结果是相同的。这个试验的钢棒在加热时发生热自由伸长的开始就受到了阻碍，就好像热自由伸长在整个加热过程中都被一种力压缩回去了，而钢棒长度没有发生变化，如图中虚线所示。由于加热温度同样达到了900℃，所以这里被压缩的变形也是属于塑性变形。因此，从900℃自由地冷却到室温时，同样发生长度比原来缩短的现象。这就进一步证明了，凡是在加热过程中出现过压缩塑性变形的金属棒，其冷却后，一定会发生缩短的变形。

两板对接焊缝的焊接过程，可以认为和图 2—125 所示的过程相似，焊缝区域的金属处于高温的作用之下，而热自由膨胀受到压缩应力的阻碍，这个力是周围较低温度的金属施加的，因此焊后这一区域的金属发生收缩。当然，这种收缩也不是自由的，还受到焊件其他部分的一定阻碍。结果是在产生一定的收缩或缩短变形的同时，还会产生一定的焊接残余应力。

关于焊接应力的分布情况简介如下：

两板对接焊缝的纵向残余应力分布如图 2—126 所示。从图中可以看出，对接焊缝的纵向残余应力在焊缝附近的 ab 段内出现拉应力，其最大值一般都达到或超过材料的屈服极限。随着离焊缝距离的增加，拉应力急剧下降，到达 a、b 两点后，即 ca、bc 段内，则迅速转变为压应力。对接的两板等宽时，产生的纵向应力与焊缝位置呈对称分布，板宽不等时，纵向应力分布也不对称。

两板对接焊缝的横向残余应力分布情况是由焊缝金属的纵向收缩而造成的弯曲变形以及焊缝金属的横向收缩而造成板的移动决定的。

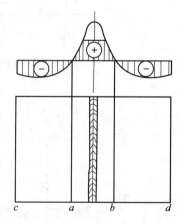

图 2—126 对接焊缝纵向残余
应力分布图

二、焊缝金属的纵向收缩引起的横向残余应力

假设沿焊缝轴线把已经对焊好的两板分开，每块板将会出现如图 2—127a 所示

的变形。但实际上两板是通过焊缝连成一个整体的，因此焊缝中间必然要受到拉应力的作用，如图 2—127b 所示。但随着对接两板的宽度的增加，弯曲变形的倾向就会变小，相应的横向残余应力的数值也会变小。

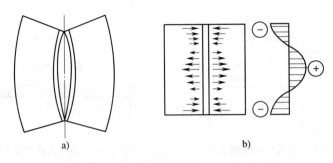

图 2—127　两板对接焊缝横向残余应力分布图

三、焊缝金属横向收缩引起的横向残余应力

当焊板很宽时，弯曲的影响很小，因而焊缝内的横向残余应力主要取决于焊缝的横向收缩。由于整条焊缝不可能在同一时间内焊接完成，后焊的焊缝在收缩时，受到先焊焊缝的限制。因此，在后焊的焊段内产生了拉应力，而在先焊的焊缝段内产生了压应力，逐段影响直至焊完。显然，横向残余应力的分布与焊接方向和顺序有关。图 2—128 所示是连续单向焊接后横向残余应力分布图，从图中可知引弧端和息弧端为拉应力，而板的中段为横向压应力。图 2—129 所示为两端向中间焊接后横向残余应力分布图，从图中可知，两引弧端为横向压应力，而熄弧点所处的中段为横向拉应力，情况同图 2—128 所示过程正好相反。图 2—130 所示是中间向两端焊接后横向残余应力分布图，从图中可知两个熄弧端为横向拉应力，而引弧点所处的中段为压应力，而这一特征正是"逆向焊接带压密封技术"所要遵循的最基本的原则之一。

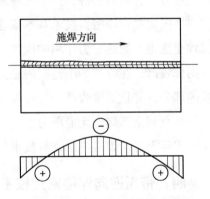

图 2—128　连续单向焊接横向残余
应力分布图

正是由于存在着较大的焊接应力，在两板对接施焊时，常采用使两板对缝间隙张开一定的角度的方式，利用焊缝的收缩控制对接缝在熔池附近始终保持较小的间隙，直到焊完为止。实际生产中的工艺管道、设备出现的裂纹，如图 2—131 所示，从图中可知从裂纹任意一端到中间最宽部分与对焊平板时使对缝间隙张开的角度十

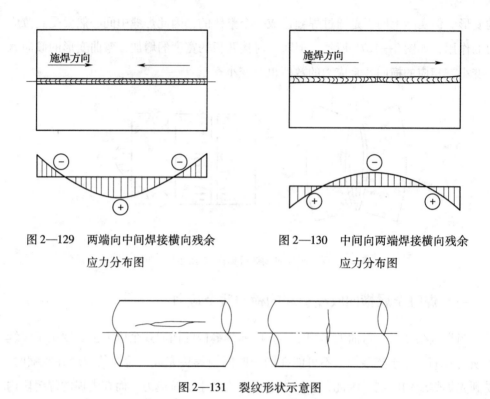

图 2—129 两端向中间焊接横向残余
应力分布图

图 2—130 中间向两端焊接横向残余
应力分布图

图 2—131 裂纹形状示意图

分相似，只要掌握了焊缝的收缩规律，就完全可以利用焊接过程中的横向压缩应力使裂纹收严，然后补焊，达到带压密封的目的。

逆向焊接带压密封技术基本原理是：利用焊接过程中焊缝和焊缝附近的受热金属均受到很大的热应力作用的规律，使泄漏裂纹在低温区金属的压缩应力作用下发生局部收严，在收严的小范围内是无泄漏的，补焊过程中只焊已收严不存在泄漏介质的部分，并且采取收严一段补焊一段、补焊一段又会收严一段的方法，这样反复进行，直到全部焊合无泄漏为止。

实际上逆向焊接带压密封技术是利用焊接变形的一种补焊方法。

四、带压逆向焊接密封技术特点

图 2—132 所示是带压逆向焊接过程应力分布情况简图。施焊时首先在靠近裂纹处无泄漏的部位上引弧，运条方向如图 2—132 中箭头所示，一般焊 30 mm 左右长，这段焊缝冷却后，在焊缝引弧处前端的局部裂纹将受到很大的横向压缩应力，而使其收严一小段，再在收严的一小段上引弧施焊，过程同上，直到整条裂纹全部焊合为止。

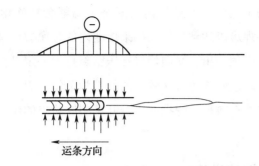

图 2—132　带压焊接过程应力分布示意图

为了加深理解焊缝横向收缩量的概念，表 2—21 列举了 V 形坡口对接焊缝横向收缩量的近似值。由表中可知，随着板厚的增加及焊缝层数的增加，横向收缩量明显增大，可见这个横向收缩应力数值之大。因此，在实际动态带压密封补焊作业时，正确运用焊缝横向收缩规律，完全可以圆满地处理管道及设备上的裂纹。在焊缝不长的情况下，焊缝的横向缩短是主要的，而且焊缝的横向缩短量随着焊缝宽度的增加而有所增加，这些原则在实际焊接时均要有效地加以利用和发挥。

表 2—21　　　　　　　　　　　　V 形坡口对接焊缝横向收缩量近似值

钢板厚/mm	5	6	7	8	9	10	11	12	13	14	15	16	17	18	19	20
收缩量/mm	1.3	1.3	1.4	1.4	1.5	1.6	1.7	1.8	1.8	1.9	2.0	2.1	2.2	2.4	2.5	2.6

带压逆向焊接密封技术特点是：

1. 该法属于动态密封作业方法，施工时不影响正常生产。

2. 消除泄漏迅速。

3. 无须配备特殊的工器具。只要有电焊机就可进行作业。

4. 必须具备动火条件方能采用。

带压逆向焊接只适用于可焊设备、管道上出现的裂纹，不能用于焊缝缺陷（如气孔、夹渣）引起的点状及孔洞状泄漏的带压密封作业。因此，应用范围有一定的限制。

 技能要求

一、逆向焊接带压密封操作方法概述

在有大量泄漏介质喷出的情况下，采用带压焊接密封技术进行补焊作业的难点在于焊接电弧的吹力远远小于泄漏介质的喷出压力。补焊时，电弧一接触到高压喷

出的介质流，焊条的金属熔滴及熔池内的液态金属就会被吹跑，而使电弧不能连续、稳定地熔化，补焊难以达到目的。如果熔池内的金属被过量地喷出，还会使泄漏区域扩大。因此，必须指出，逆向焊接带压密封技术一定是在无泄漏介质干扰的情况下进行。采用分段逆向施焊方法的目的就是为了使补焊的过程始终处于无泄漏的状态之中，这样就能有效地使焊接电弧避开从裂纹喷出的泄漏介质，成功地解决焊不上的问题。

二、分段逆向焊接操作

分段焊的步骤是：首先在靠近裂纹的某一端，未损坏的工件金属上，沿与裂纹长度相同的方向焊一段30～50 mm长的焊缝，这一小段焊缝冷却后所产生的横向收缩应力就能使裂纹从这一端开始有2～20 mm在压缩应力的作用下完全收严，达到无泄漏状态，如图2—133所示。待焊缝冷却，药皮颜色由红变暗后，就可以继续补焊焊缝前端已经收严的那一小段裂纹了。

应当注意的是，补焊时只能补焊裂纹已经收严、无泄漏介质喷出的那一小段，绝不可贪多图快。收严的长度一般为2～20 mm，但随着补焊对象的具体工况、材质的不同有很大的差异。如泄漏介质的压力越高，收严的长度越小；工件的厚度越小，收严的长度越大，被补焊件与焊条金属材料的线膨胀系数越大，收严的长度也越大。表2—22是壁厚为6～8 mm，材质为Q235A的试验工件，用E4303型焊条，在不同泄漏介质压力下，采用带压焊接密封技术补焊，试验裂纹在焊缝压缩应力作用下所收严的长度。

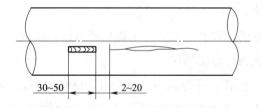

图2—133　管道裂纹带压焊接过程示意图

表2—22　　　　　　　　　补焊过程中裂纹收严长度情况表

介质压力/MPa	0.5以下	0.5～1	1～2	2～3	3～5	5～10	10～20
收严长度/mm	20以上	15～20	8～15	6～8	5～6	4～5	2～4

由上表可知，裂纹在焊缝应力作用下收严的长度是十分有限的。因此，在补焊收严的那一小段时，应当认真观察裂纹的收严情况，确认下一步补焊的长度。继续

补焊时，应严格控制焊接电弧与熔池的长度，并使焊接电弧与熔池始终处在裂纹收严的范围之内。若操作技术不太熟练或收严的裂纹长度不能判断清楚时，补焊过程应将焊接电弧与熔池控制在已收严裂纹长度的一半范围之内为宜。另外，补焊动作要迅速、准确，特别是引弧动作要快，以防止焊缝受热膨胀，这样会明显地降低横向压缩应力，使裂纹重新张开，下一步工作将无法进行，甚至有造成烧穿设备、管道壁厚的可能，反而增大泄漏缺陷。

收严的这一小段再焊好之后，稍停一下，待焊缝冷却，药皮由红变暗后，则焊缝前端又会有一小段裂纹在压缩应力作用下收严，如图2—134所示。补焊时的注意事项同上。

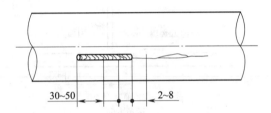

$$30\sim50 \qquad 2\sim8$$

图2—134　管道裂纹带压焊接过程示意图

这样收严一段、补焊一段，反复进行，就能将泄漏裂纹全部焊合，这种带压补焊的方法，即为分段焊法。

将裂纹按分段焊法全部焊合之后，再按正常焊法在补焊好的焊缝上复焊一至两层，这样就完成了全部带压焊接密封作业。

用上述方法，即分段补焊的方法可以基本上解决压力条件下补焊不上的问题，把带压焊接问题由不能变成了可能。但是由于在焊缝压缩应力作用下，收严的每一小段裂纹长度都很短，一般为2~8 mm，同时严与不严的裂纹之间也没有十分明确的界限，主要是靠观察和经验去判明。再加上补焊时电弧的热量使焊缝受热，产生热膨胀而使压缩应力减小，裂纹收严的部分将随焊缝压缩应力的减小而发生变化，已收严的裂纹末端靠近泄漏处可能有一部分会重新裂开，使收严的长度变小。因此，补焊时焊接电弧很容易"过界"，即超过裂纹已收严部分而进入喷出泄漏介质的区域，造成突然灭弧，形成烧穿焊件的弧坑，使泄漏扩大，给继续补焊作业造成困难，严重时会使泄漏介质在补焊金属处沿熔池突然喷出，威胁操作人员的人身安全。这是应用分段焊接法完成带压焊接密封作业较难克服的一个困难。

为了克服这个难题，就必须首先解决突然灭弧的问题，避免把被补焊件烧穿的现象发生。要想克服突然灭弧，操作者在补焊时就必须切实保证焊接电弧、熔池、熄弧点都避开沿裂纹喷出的泄漏介质。通过实践人们认识到，带压补焊操作不能按正常的焊接方法在裂纹的一端引弧，向另一端运条。而是采用在裂纹上已收严的那一小段末端，临近未收严裂纹而又无泄漏介质影响处引弧，沿裂纹往回运条，在已补焊好的焊缝金属上熄弧，其过程如图 2—135 所示。这样就能保证整个带压焊接过程中的焊接电弧始终接触不到沿裂纹喷出的泄漏介质，而运条的熄弧时间和运条的熄弧位置就可以完全由操作者根据实际情况合理地选择，在最有利的条件下确定。在焊缝横向压缩应力作用下，前端的局部裂纹收严一段，则补焊一段，收严一段，再补焊一段，这样把一条裂纹分成若干小段，分次进行。并采用逆向运条的方式，实现工艺设备及管道在动态条件下的再密封。这种在动态条件下利用焊接方式达到重新密封目的的过程，称为"逆向焊接带压密封技术"。

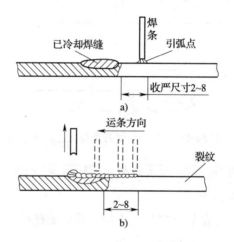

图 2—135 分段逆向焊接过程示意图

三、逆向焊接带压密封操作技术

采用上述方法在动态条件下修补压力管道、容器上的裂纹时，每段所补焊的仅仅是前一步骤施焊过程中产生的横向压缩应力作用下，裂纹完全收严的一小段，而使裂纹收严的每一小段的长度是有限的，一般只有 2~8 mm，所以补焊这一小段时动作必须迅速、准确。再者这种施焊方法是在特定情况下进行的，因此它与正常的焊接方法存在着一定的差异。下面介绍操作的基本要领。

1. 引弧

对已收严的那一小段裂纹补焊时，宜采用接触法引弧，并且引弧点一定要落在已收严的那一小段裂纹上，过程如图 2—136 所示。如为了在每一小段上能多补焊点，在泄漏很小的裂

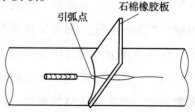

图 2—136 接触法引弧过程示意图

纹上引弧也是可行的，但千万注意避免熔池内的金属液滴进入到熔池外端的裂纹内，以防冷却后形成影响裂纹收严的金属瘤，造成后部裂缝难以收严，补焊过程不能进行的后果。

为了防止液体进入到裂纹内形成金属瘤，在补焊时可以在引弧点的前端用一石棉橡胶板制作的、有弧度的挡板，如图2—136所示，这样就可以隔离液体金属及焊接飞溅进入裂纹的通道。挡板还有一个作用，就是可以挡住喷射的泄漏介质，避免压力介质伤害施工人员。

在被补焊件较厚（$\delta \geqslant 5$ mm）时，也可以采用划擦法引弧。但这里所说的划擦法与正常焊接时的划擦法稍有不同，其具体做法是：将焊条的引弧端从已冷却的焊缝靠近裂纹的一端开始与被焊件接触，沿裂缝方向在已收严的裂纹上轻轻一划，在裂纹末端临近泄漏处停止，并迅速将焊条提起，使弧长保持在2～4 mm，形成熔池后立即向回运条，在已冷却的焊缝上熄弧，过程如图2—137所示。

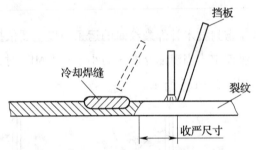

图2—137 划弧法引弧过程示意图

用这种划擦法引弧，对初学者掌握分段逆向补焊法比较合适，特别是在试件上模拟练习逆向焊接带压密封操作方法更为有利。但在实际补焊中，如果被焊工件较薄（$\delta \leqslant 5$ mm），焊条最先接触的是已经冷却了的焊缝，电弧的热量最先传给已冷却的焊缝，焊缝会受热而膨胀，使已收严的裂纹重新裂开，压力介质沿裂纹喷出，电弧被隔断而难以补焊，甚至会突然灭弧，形成穿透被焊件的弧坑，泄漏扩大，无法继续施工。因此，在被补焊工件较薄时不宜采用这种划擦法引弧。即使被补焊件较厚，也应该注意，不要反复擦划，避免使已收严的裂纹受热重新裂开。划弧动作要迅速、准确，焊条端部要清洁，没有熔渣，应确保一次划擦就能引燃电弧。

用接触法引弧时，也要注意保持焊条引弧端的清洁，没有熔渣，药皮套管过长应当掰掉，以利于焊条接触被补焊工件后能迅速产生电弧。防止连续多次撞击引弧点，而使被补焊件污染，难以分辨裂纹已收严的范围，易造成引弧点落在仍有泄漏或有少量泄漏的裂纹上，再者多次撞击产生的电弧热量传导给已冷却的焊缝，也会使横向压缩应力减小，已收严的裂纹重新张开，无法补焊。

补焊每一段的引弧时间间隔，应在前段焊缝冷却，裂纹收严的长度能够观察清楚之后为宜。

引弧时还应注意焊条一定要对准裂纹，严防烧偏，使裂纹产生新的变形。引弧技术是逆向焊接带压密封操作技术的关键一步，要熟练掌握，这样才能在千变万化的实际应用中运用自如。

2. 运条

引弧后的下一步骤就是正确地运条。采用分段逆向焊接法补焊设备及管道的裂纹时，每次补焊的长度都很短，有的甚至接近点焊，因此要求运条动作简便。带压补焊时，焊条沿裂纹做直线移动，或稍有前后摆动，动作要快，电弧要短，防止形成过多的液态金属阻碍电弧对被焊工件的直接作用，造成未熔合。同时要注意控制熔深，一般熔深可在补焊工件壁厚的 40% 左右，最大不超过 50%。工件较薄时，熔深要小，以防烧穿。焊缝的形状不一定要求美观、整齐，只要将泄漏堵住即可。

3. 焊条角度

采用逆向焊接带压密封技术补焊裂纹时的运条角度主要依据电焊工的实践经验及泄漏介质的压力等级而定。当泄漏介质压力小于 0.1 MPa 时，焊条的运条角度应垂直于被补焊工件，如图 2—138 所示。

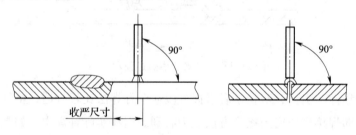

图 2—138　运条角度示意图（一）

当管道、容器内介质压力为 0.1~0.2 MPa 时，焊条的运条角度与裂纹纵向成 70°~80°，而与裂纹横向垂直，如图 2—139 所示。无论采用何种运条角度，都必须使焊条轴线对准裂纹，严防烧偏。

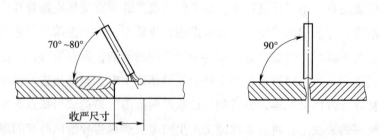

图 2—139　运条角度示意图（二）

4. 熄弧

采用逆向焊接带压密封技术每次补焊的一小段的熄弧点均应落在已冷却的焊缝金属上，并且应当超过补焊裂纹的前一段焊缝。熄弧时应注意填满熔池。

对于掌握逆向焊接带压密封技术还不太熟练的焊工，应当注意引弧后可以先不运条，而是先作点焊，点焊焊缝冷却后，再重新在已冷却的点焊焊缝上引弧，然后向回运条，在原来已冷却的焊缝上熄弧。同时还应注意保证点焊焊缝与重新引弧后补焊的焊缝的接头质量。

5. 焊缝位置

带压焊接密封技术作业中的焊缝位置是千变万化的，但基本上可分为平焊、横焊、立焊和仰焊四种。由于焊缝位置的不同，补焊时所采用的方式也有所区别。

采用分段逆向焊法作平焊和横焊时，操作者可根据实际情况，选择既方便操作又能保证完全的裂纹的任意一端开始补焊。在条件充足的情况下，也可以从裂纹两端同时开始补焊，在裂纹一段焊完一小段后，立刻到裂纹的另一端施焊另一段。后一小段焊完，另一端焊好的焊缝已经冷却，这样交替进行，可以有效地缩短补焊时间，过程如图 2—140 所示。最后碰头时注意焊缝质量，熄弧时应填满熔池。采用两端同时补焊要从安全角度出发，切忌忙乱而造成事故，其操作方向与分段逆向焊法的要领基本相同。

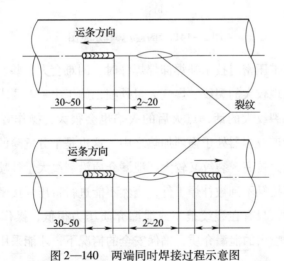

图 2—140　两端同时焊接过程示意图

采用带压逆向焊接法做立缝补焊时，应从上端开始，逐段往下进行，其过程如图 2—141 所示。带压补焊之前先在裂纹上端无泄漏介质喷出的金属上从下至上焊一段 30 ~ 50 mm 长的焊缝，焊缝所产生的横向压缩应力会使其下部的裂纹收严 2 ~ 20 mm，如图 2—141a 所示。将已收严的 2 ~ 20 mm 的一小段从下至上再焊合之后，其下部裂纹同样又会有 2～8 mm 的一小段收严，如图 2—141b 所示。这样收严一段，则补焊一段，反复进行，直到把裂纹全部焊合为止，如图 2—141c 所示。补焊过程中应当注意防止铁液下坠，形成未熔合或落入裂纹内影响其收严效果。在这里采用挡板的方式避免上述两种意外事故的出现也是十分有效的。挡板可由另一操作人员掌握，压在裂纹收严与未收严的交界处，即漏与不漏的交界处，随着补焊过程的进行，逐段向下移动。焊好后再按正常的立焊方法在焊缝上再加焊一至两遍，由于是在没有泄漏的情况下进行的，应当保证焊接质量。

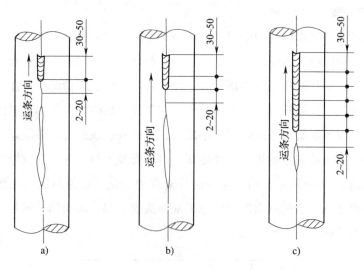

图 2—141　带压立焊程示意图

采用逆向焊接带压密封技术补焊仰焊焊缝时，困难会大一些。例如煤气输送管道及容器下部若出现较大的裂纹，煤气大量外喷，施工中一般要求首先将泄漏煤气引燃，以防意外。裂纹大的话，点火后的火焰也会很大，操作者无法接近泄漏裂纹，同时火焰使管道及容器处于强烈加热之中，这也是十分危险的。其他介质虽然不燃烧，但如果压力较高，裂纹又较大，泄漏介质沿裂纹大量外喷，操作者也可能无法接近。操作者接触不到被补焊工件，当然不能进行带压焊接密封作业了。

应当说明的是，只有在裂纹很小或泄漏介质压力很低，操作者能够接近到裂纹，同时又能避开喷出的泄漏介质，确保安全的情况下，才能采用带压焊接密封技术进行补焊。

仰面裂纹的补焊可以从方便操作，又能保证安全的任意一端开始，补焊时应当注意防止因躲避沿裂纹喷出的泄漏介质而造成焊条倾斜、烧偏。每次补焊的一小段要根据情况，判断准确，并适当把补焊长度缩短一些，每次补焊的长度以占裂纹已收严部分的一半到三分之二为宜，技术熟练的电焊工应凭自己的实际经验来确定每次补焊的大致长度。补焊时动作要准确、迅速。

泄漏介质的压力越高，在焊缝压缩应力作用下收严的裂纹长度就越小，这一点从表2—22中可以看出，因此每次能补焊的长度也就越小。对于泄漏介质压力在0.1~0.2 MPa的管道、容器的裂纹补焊时，每一小段收严的裂纹焊合后，应再焊一遍，使焊缝加宽、加厚，以增大焊缝所产生的横向压缩应力，同时也会使裂纹的收严长度有所增加，然后再补焊下一段已收严的裂纹，直到全部焊合为止，再在上面连续盖面一层，以增加焊缝强度。

四、逆向焊接带压密封现场操作

生产工艺管道出现泄漏的裂纹大多发生在管道的对接焊缝上。产生裂纹的主要原因是焊接质量不佳。如焊接时电流太小、运条速度太快、坡口角度太小、钝边太厚、对接间隙太窄、焊条角度不对以及电弧偏吹、未焊透等。这些缺陷存在于焊缝之中，加上管道在安装时附加的装配应力、气温变化及开停车所产生的温差应力、工艺介质在管道内流动过程中伴随着的振动等多项外界因素的综合作用，会使管道焊缝开焊而发生泄漏。管道对接焊缝的任何部位出现裂纹，几乎都包含有平缝、立缝及仰缝或平缝、立缝、仰缝同时都有，情况较为复杂。因此，在采用带压焊接密封技术补焊这类裂纹时，应根据具体情况，采取不同的施焊方法。

1. 泄漏裂纹发生在管道的一侧

当裂纹发生在工艺管道的某一侧，最大裂开长度不到整个环焊缝的半个圆周时，可以把它当作立焊缝处理，施焊时从裂纹的上端开始，按照立焊补焊的程序分段逆向施焊，最后焊到底部，将裂纹全部焊合。施焊时要注意熄弧时的焊缝质量。

如果裂纹发生在管道的某一侧，而且最大裂开范围已经超过了半个圆周时，应当按照裂纹发生在上部及下部时的不同处理方法分别处理。

2. 泄漏裂纹发生在管道的下部

当裂纹发生在运行工艺管道的下部，无论是一段小裂纹还是裂开半个圆周的裂纹，除因泄漏太大，操作人员无法靠近补焊之外，可以把它当作两个侧焊缝，分别进行处理。补焊时可以从任一侧裂纹的上端开始，按立焊补焊程序进行，补焊到管道裂纹的底部即可停止。再从余下的裂纹另一侧上端开始补焊，过程同上所述，直至两侧焊缝欲接时，调整焊接位置，做局部仰焊后，再将管道泄漏裂纹全部焊合，再增强补焊一到两遍。

如果泄漏管道直径较大，而其下部发生的裂纹很小、很短，可以把它当作仰焊缝的情况直接处理。

3. 泄漏裂纹发生在管道的上部

泄漏发生在流体输送管道的上部，如果管道直径很大，而裂纹较小，则带压焊接操作过程与平焊缝基本相似，如图2—142所示。施焊程序按平焊缝的补焊程序进行。

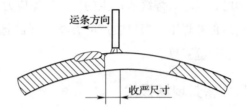

图2—142　大管径裂纹补焊程示意图

如果裂纹出现在管道上部，而且裂开的程度较大，如图2—143所示。图中a所示裂纹在管道上部较长，但不足半个圆周；图中b所示裂纹开裂程度接近半个圆周；图中c所示裂纹在管道上部，而且超过了半个圆周。这三种情况采用平焊或立焊都无法进行。

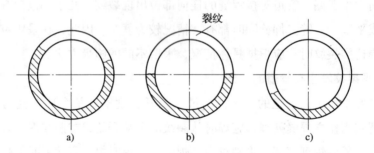

图2—143　管道环焊缝裂纹示意图

为了有效地处理这类形式裂纹，可以在管道上部，裂纹近似于平缝的范围内选择裂纹缝隙较小处，用手锤轻轻敲打或用扁铲、样冲等刃具敲击，使裂纹局部捻严2～5 mm长的一小段，如图2—144所示。图中a为锤击情况，b为样冲敛缝情况。当这一小段裂纹已被捻严泄漏停止时，立刻将这一小段点焊好，再趁焊缝红热状态，用刨锤尖端把焊缝两边的裂纹各捻严2～5 mm长的一小段，立刻再将这两小段点焊好。最后把这点焊好的三小段焊点连续施焊，这样就会形成一条约有10 mm长的焊缝。同样道理，由于这一小段焊缝热应力的作用，焊缝两端会出现局部收严的现象，但收严的长度很小，一般只有2 mm左右，不仔细观察则难以看到。但应注意这2 mm左右的收严裂纹肯定不会有泄漏介质外喷。只要观察出有裂纹收严，即可开始用分段逆向焊法，分别自上而下逐段补焊，如图2—145所示。开始时，每一小段收严的裂纹长度很小，但随着补焊的持续进行，焊缝的不断加长，收严的裂纹长度自然会逐渐加长到2~8 mm。因此，开始操作时，不能急于求成。用手锤连续敲击时，应避免使裂纹产生过大的变形，增加补焊的困难。用手锤敲击时，用力要均匀、准确，裂纹缝隙较窄时，可将锤顶对准裂纹敲击，使裂纹两边受力均匀，轻轻敲击两三下，发现有收严现象即可开始点焊；如果裂纹缝隙较宽，则可以采取交替敲打裂纹两边的方式，并将锤顶轻轻往裂纹中间带，或用扁铲、样冲往中间捻，使裂纹收严一小段。但要注意不要用力过猛，以免使裂纹两边产生大面积的凹陷，发生错位，补焊时无法收严。

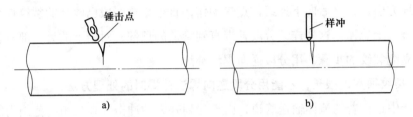

图2—144　裂纹敛缝示意图

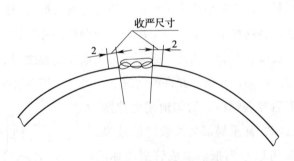

图2—145　环裂纹补焊示意图

对于蒸汽、煤气等气体管道上部的裂纹，有时无法在裂纹中间将裂纹局部捻严，这种情况下，也可以采用自下而上逐段补焊的方法。补焊时，先在裂纹下端未损坏的金属上焊一段30~50 mm长的焊缝，这时焊缝产生的横向压缩应力就会使裂纹自下端开始收严一小段。待焊缝冷却后，在已收严的裂纹末端先点焊上一点，如图2—146a所示。点焊点冷却后，再在裂纹端部引弧，向上运条，在原来点焊的焊点上熄弧，过程如图2—146b所示。这一小段裂纹焊合后，其上部裂纹又会收严一小段，再在这已收严的一小段裂纹的末端，即没有泄漏介质喷出的地方点焊一点，然后在下端引弧向上运条、补焊，再在焊点上熄弧，这样就又补焊好了一段，如此反复进行，一直焊到管道顶部。之后，对另一部分裂纹则按带压焊立缝裂纹的步骤，用分段逆向焊法补焊。

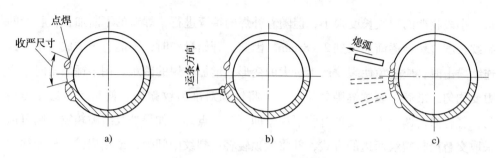

图2—146　环裂纹补焊示意图

对于技术熟练的焊工，也可以采用在裂纹已收严部分的末端，但没有泄漏介质喷出的地方引弧，之后向下连续作点焊动作，直至把这一段已收严的裂纹焊合，在原焊道金属上熄弧。这样连续分段补焊直到管道的顶部，对余下的另一部分裂纹则按补焊立缝裂纹的步骤，用分段逆向焊法补焊。

4. 裂纹很宽、很长，不能用分段逆向焊法补焊时的处理方法

生产中运行着的流体输送管道，由于受到外力的冲击，在长距离范围内的变形及热胀冷缩过程中产生的集中应力的作用下，管道会发生较大的损坏及破裂，有时裂纹会较宽而且很长，甚至造成管道破裂的内应力还没有彻底释放掉，裂纹还存在着继续扩展的可能。在这种情况下直接采用分段逆向焊法补焊，只依靠焊缝的横向压缩应力是很难使裂纹收严的。因此，必须考虑采取能使裂纹变窄，并且能抵消破坏应力的有效措施。比如，在条件允许的情况下，可以采用在裂纹两边分别焊两块带孔的耳板，焊牢后穿入螺栓，均匀地用力拧紧，即可收到使裂纹变窄，甚至局部裂纹收严的效果，螺栓的紧固力同时可以起到抵消造成管道损坏的应力的作用，如图2—147所示。如果用一对耳板效果不太明显，特别是在管道直径较大的情况下，裂纹已接近或超过半个圆周时，可以考虑加焊两

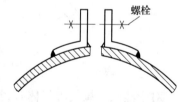

图2—147　耳板拉紧裂纹示意图

对、三对或更多对的耳板，同时应当注意耳板的布置应对称，受力均匀，防止拧紧螺栓时造成裂纹两边错位，难以达到收严裂纹的目的。

耳板的厚度、几何尺寸，应根据管道的大小、裂纹的宽度，造成损坏的应力的情况确定，材质应与工作材质相同，也可以采用型钢制作，如角钢等。紧固螺栓的规格一般应大于M10，耳板在往管道上焊接时应当牢固，如果泄漏介质影响操作者施焊，可以采用挡板把泄漏介质隔开，然后再焊接。

在管道长距离范围内存在着较大的变形时，应采取消除变形应力的永久性措施（如增加支架、吊架、管托等），然后再按上述方法进行带压焊接密封作业。

采用焊耳板，用螺栓拧紧，使裂纹变窄，甚至局部收严的方法后，应选择裂纹上收得最严的部位，可以直接点焊上一小段的，应立刻就点焊一段，不易点焊上的则可用手锤轻轻敲打使裂纹收严一小段后，再点焊上，待焊缝冷却后，再用分段逆向焊法，自上而下逐段完成补焊作业。

由于管道环焊缝出现损坏后，裂纹会不断扩展，甚至超过半个圆周，这时余下的焊缝虽然没有裂开，但强度也受到了较大的影响。因此，在采取焊耳板用螺栓拧紧方法之前，对未破裂的焊缝应该加固。例如，在未破裂的焊缝两端增焊背板，或将未破裂的焊缝两端补焊一至二层，然后再按上述方法进行补焊。对于破坏过大的裂纹也可以参照"引流焊接法"进行修复。

5. 增强补焊焊道的途径

"带压逆向焊接密封技术"是在特定的条件下施焊的一种方法。因此，它不可能像正常焊接那样把裂纹焊透和焊牢，它所形成的焊道，不论焊几层其熔深比泄漏管道壁厚都要小得多，一般只能达到壁厚的40%左右，最多只能达到壁厚的60%左右，如图2—148a所示。从图中可以看出，在焊缝下部还有相当一部分金属没有焊合。图2—148b为正常焊接时形成的焊缝，从图中可知，熔深情况很好。两者比较，带压焊接密封技术形成的焊缝比正常焊接所形成的焊缝要浅得多，因此焊缝的强度也要相差许多。这种情况在常压的管道和容器上还能基本上满足要求，但应用在压力较高的管道及容器上，则容易重新出现裂纹。因此，对于带压焊补所形成的焊缝，必须采取有效的加固措施。

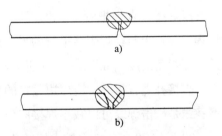

图2—148 带压补焊与正常焊接对比示意图

实际工作中经常采用的加固措施是：在补焊所形成的焊缝上每隔100 mm 至200 mm，用材质、厚度与泄漏管道大致相同的板材，在焊缝上加焊一块背板，以增加补焊焊缝的强度，如图2—149 所示。背板的尺寸以长50 mm、宽30 mm 为宜，也可以根据实际情况增大尺寸。背板四周的角焊缝要满焊。

补强背板可以在标准管材上割取，也可以用钢板制作。用板材制作补强背板时，应预先卷制成与管道、容器曲率相符弧度的卷板，然后按尺寸切割出所需的背板。

在进行带压焊接密封补焊焊缝上焊接补强背板时，应先焊与补焊焊缝平行的一面，焊完后趁热用手锤轻轻敲打，使补强背板与管道之间从已焊好的一端开始出现局部靠紧，再在背板两边将这靠紧的部分分别焊上。焊好后再敲打，使其再靠严，

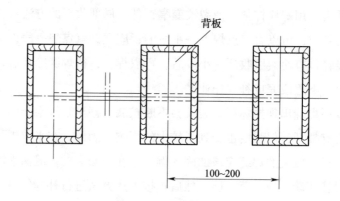

图 2—149　焊缝背板示意图

严一段，焊一段，反复进行，直到焊至带压补焊焊缝的一侧时，用长电弧对补强背板加热，并趁热用手锤沿焊缝两侧与补焊焊缝平行的方向敲击背板，使背板在补焊焊缝上隆起，而焊缝两侧的背板都与管壁贴紧，再将背板的两边焊过补焊的焊缝，并趁焊缝红热状态用手锤轻轻敲打焊缝及背板，使未焊的背板紧靠管壁，再继续逐段焊接，直到把背板两侧焊完。最后焊补强背板与补焊焊缝平行的另一边，并保证焊角高度，如图 2—150 所示。

图 2—150　背板焊接过程示意图

　　焊接补强背板时，边焊边敲打的目的有两个。一个是使补强背板与补焊管道靠严；二是敲击焊缝可以减小焊接应力，防止焊缝开裂。

　　20 世纪 70 年代，在鞍山钢铁公司，我国工人师傅曾用"带压逆向焊接密封方法"补焊过管道裂纹，然后用背板的方式增强焊缝强度，收到了满意的效果。他们先后在动态条件下处理了天然气输送管道上出现的裂纹达 40 处，最大裂纹长达 400～500 mm，泄漏介质压力最高达 1.8 MPa，管道最高工作压力达 2.0 MPa。采用"带压逆向焊接密封技术"处理后，输送管道运行最长时间已达 9 年，未发生过带压补焊的裂纹重新开裂的现象。

　　对于补焊对象工作压力较高，而操作者技术又不太熟练，难以在动态条件下得到优质焊缝时，应当考虑在采用分段逆向焊法补焊好后，对补焊焊缝进行适当加固，以延长补焊焊缝的使用寿命，并在以后的停产检修时，将带压焊接密封的焊缝连同加固的背板一起割掉，重新按有关标准要求进行修复。

五、带压逆向补焊焊接规范的选择

　　实际生产中需要带压补焊的管道及容器的材质绝大部分是低碳钢材料。因此，这里提供的参考数据主要是针对材质为低碳钢的各类压力容器及管道上所发生的裂纹的带压补焊。

1. 电源和焊条

焊接电源一般采用常用的电焊机，交流机、直流机均可。采用直流电焊机时应正接。

电焊条宜采用直径为 3.2 mm 以下的小直径焊条。对材质为 Q235A 或 20#钢的泄漏管道，可以选用交直流两用的 E4303 型电焊条。

2. 焊接电流

带煤气、蒸汽、空气等气体压力介质补焊时，焊接电流的选择应比正常情况下焊接相同工件时的电流大 30~50 A，带水补焊时，焊接电流应比正常情况下焊接相同工件时大 50~70 A。

正常情况下，焊接相同工件时所使用的电流，系指操作者本人习惯使用的电流。

对于不太熟练的操作者，则应预先在材质、厚度与被焊工件相同的试件上，用几种不同的焊接电流进行试验，将自己所能掌握的，并可最快形成熔池而不致将试件烧穿的最大电流作为带压补焊电流。

应当指出的是，选择适当的焊接电流是非常重要的。如果选用电流过大，很容易将被补焊工件烧穿；如果选用电流过小，引弧后需对工件预热一段时间，才能形成熔池，由于每段补焊的裂纹长度很短，只有 2~8 mm，这样会在引弧预热的同时，电弧的热量迅速传导到已冷却的焊缝，使已冷却的焊缝受热膨胀，焊缝所产生的横向压缩应力减小，已收严的裂纹又会重新张开，压力介质会沿着重新裂开的裂纹喷出。这时如果引弧点尚未形成熔池，沿重新裂开的裂纹喷出的压力介质就会将电弧吹灭，而无法继续补焊。如果裂纹重新裂开时，正在形成熔池或已经形成熔池，但还没有形成焊缝的金属，则会由于压力介质沿熔池喷出，而将熔池内没有形成焊缝的液态金属和焊条的金属熔滴吹跑，造成焊条突然灭弧，形成穿透被补焊件壁厚的弧坑，给继续补焊增加了难度。

3. 电弧长度

带压补焊时，应尽量把电弧压短，一般以 2~4 mm 为宜。使用小焊条、大电流、短电弧的目的，是为了加快补焊速度，引弧后能迅速形成熔池，热量较集中，这样就能使电弧热量传导到已冷却的焊缝，使之产生热膨胀之前就在引弧点处形成新的焊缝，将已收严的裂纹固定，不能重新裂开，同时可以使电弧吹力增加，以抵消被补焊的裂纹向外微量渗漏的介质压力，避免产生气孔、砂眼等焊接缺陷，提高焊缝质量。

4. 焊接层数

用分段逆向焊法将裂纹焊合后，如焊缝的质量和外观形状都不理想，需按正常焊接方法加焊一至两遍。焊第二遍之前，应将带压补焊时形成的第一层焊缝的缺陷尽量消除，表面未熔合部分应将其焊缝或焊瘤烧掉，重新补焊。对有少量泄漏的砂眼，可用刨锤尖捻严后点焊。对焊缝的过高、过陡部分应该烧掉，使整条焊缝从外观看高度相仿，宽度大体一致。然后将焊渣清除干净。

这里应该说明和注意的是，在处理砂眼时，应将砂眼切实捻严，确保一次点焊成功，切忌反复数次，在焊缝上形成较大的局部凸起，影响第二层焊缝的补焊，甚至焊第二层焊缝时，由于需将凸起的部分烧掉，砂眼又会重新出现。对于较高、较陡焊缝上的砂眼，应将焊缝铲掉，用刨锤尖捻严后重新补焊。

加焊第二层焊缝时，所选择的焊接电流和焊条规格同带压补焊时相同。运条时焊条在作纵向移动的同时应作横向摆动，摆动幅度应超过第一层焊缝的宽度，电弧长度保持在 3~4 mm 的范围内，以防形成过高、过陡的焊缝。

焊接表层焊缝时，焊接电流可比带压补焊时的电流适当减小一些，但仍需大于正常情况下焊接相同材质时所使用的焊接电流。焊接输送煤气、蒸汽、压缩空气等气体介质的管道、容器时，焊接电流应比正常情况下焊接相同工件大 10~20 A，而焊接水管道及容器时，焊接电流应比正常情况下相同材质工件大 20~30 A。运条的速度与焊条的横向运动应均匀，以便形成较正齐、美观的焊缝。

六、带压逆向补焊操作注意事项

"带压逆向补焊密封技术"是在特殊情况下实施的一项应急技术手段。因此，它的工作环境往往要比正常焊接工作时困难得多；而且需要带压补焊的对象——裂纹，其形状也是千差万别，比起正常焊接时的工作对象——工件的对缝间隙更要复杂得多；带压补焊大多属于抢修性质工作，操作时间要比正常焊接过程中多得多。作为一名电焊工，每天的工作都是在正常情况下进行焊接，天天在进行实践活动，手上技术比较熟练，而带压补焊操作在生产实践中的机会毕竟比正常焊接要少得多。因此，电焊工熟练掌握带压补焊技术的可能性也要比正常焊接工作小得多。综上所述，由于工作环境艰苦，情况复杂，时间要求紧迫，而技术又不容易熟练掌握，所以在带压补焊中出现意外情况的因素也就比正常焊接时多一些。

带压逆向补焊过程中可能出现的意外情况可分为安全方面和技术方面两种。出现安全方面的意外情况是不能允许的，必须采取切实可靠的安全措施，严格防止意外事故的发生。另一个是技术方面的意外情况，而这一点有时是难以避免的，所以在实际操作中应注意预防，一旦出现，必须及时有效地处理，这样才能达到圆满地完成带压补焊的任务，使其不影响生产或少影响生产。

下面讨论带压补焊过程中，在技术上可能出现的几种意外情况及处理方法。

1. 烧穿

烧穿是由于带压补焊时电弧将被补焊工件穿透后，压力介质沿熔池喷出，熔池内的液态金属及焊条的金属熔滴被吹跑造成突然灭弧，形成穿透被补焊工件的弧坑，反使泄漏扩大，造成下一步工序难以进行。造成烧穿的原因是：

（1）操作者技术不够熟练，控制不了较大的焊接电流。

（2）引弧和运条过程中，电弧偏离裂纹，而使裂纹一侧受热熔化，产生变形隆起，变形处的裂纹及收严部分重新裂开，压力介质沿新开裂的裂纹再次外漏。

（3）使用的焊接电流过小，引弧后不能迅速形成熔池，需经过一段时间预热，而预热的同时，电弧的热量已经传至冷却的焊缝，焊缝受热膨胀，而使焊缝产生的横向压缩应力减小，收严的裂纹末端发生局部裂开，又有压力介质喷出。这时如果已形成熔池，但还没有形成焊缝的话，或正在形成熔池，则压力介质就会沿熔池喷出，将熔池中的液态金属及焊条的金属熔滴吹跑，造成突然灭弧，形成烧穿。

（4）带压补焊时急于求成，引弧点超过了裂纹收严部分，落在了有少量泄漏或微量渗漏的裂纹上。引弧时，由于电弧的吹力可以抵消或超过了介质向外渗漏的压力，能够形成熔池，但形成熔池后，液态金属阻碍了电弧吹力对渗漏介质压力的作用，渗漏介质会吹动熔池中的液态金属，造成"翻浆"，电弧熄灭，翻浆加剧，直到熔池中的液态金属被吹跑，而形成烧穿。

预防烧穿的方法如下：

由上述造成烧穿的主要原因分析可知，其主要是由于操作者技术不熟练、经验不足、判断不准、操作不当引起。因此，为了防止烧穿，操作者平日应在试件上反复进行带压补焊练习，摸索出规律，熟练地掌握操作方法，积累一定的经验后，再参加实际操作。

试件可用长 400 mm 左右，直径 89~108 mm 的钢管加工制成，结构如图 2—151 所示。试件制作时，首先在铣床上将钢管通长铣出一条宽 8~10 mm 的窄缝，窄缝的两边一定要平直，上下宽度要一致，不能呈 V 形，不得有未铣透及局部残留物。铣完以后，用虎钳子将窄缝两端卡严，每端点焊 20~30 mm，两端焊上盲板（相当于封头），接出一根 $\phi32$ mm 短管，用阀门、活接或法兰把试件接入压力介质，即可进行试件操作。

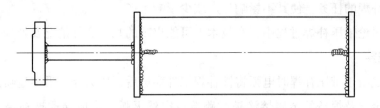

图 2—151　试件结构示意图

在试件上练习操作，应由低压到高压，逐步进行，操作者会从中得到体会。

发生烧穿的处理方法：

实际带压补焊操作中，如果在焊缝中间发生烧穿，可以立刻处理烧穿的孔洞，也可以继续补焊一段或将裂纹全部焊合后再处理烧穿的孔洞。

烧穿孔洞的处理方法，可以用焊条头或材质与被补焊工件相同的金属棒磨成尖锥状，插入孔洞之中，并铆严，铆严后在其周围点焊，焊合后将残留部分烧掉，用手锤轻轻敲击，然后将孔洞填平。如果不能完全铆严，可先将已铆严的部位焊合，然后齐根将焊条头或金属棒烧掉，趁红热状态，将泄漏部分铆严，再点焊好，焊合后用手锤敲打几下，然后将孔洞处填平。

如果是引弧时发生的烧穿，烧穿的孔洞在裂纹上，孔洞两侧都没有焊缝，这时应先将孔洞到已冷却的焊缝之间的一小段裂纹焊合。补焊方法是：在靠近孔洞处引弧，沿裂纹向回运条，在已冷却的焊缝上熄弧。如果这一小段裂纹很短，也可以点焊，然后再将点焊焊缝与已冷却的焊缝连接起来。当这一小段焊缝冷却后，孔洞后的裂纹将会出现收严现象。再将这已收严的裂纹点焊，当这一点焊焊缝冷却，即可按分段逆向法往前补焊，一直焊出 30～50 mm 长的焊缝后，再回来处理孔洞。

在条件允许的情况下，也可以将孔洞留下，暂时不处理，而从裂纹的另一端重新开始补焊，将裂纹全部焊合后，余下烧穿孔洞，以后再做处理。

如果烧穿的孔洞周围发生变形，可用手锤轻轻敲打，使变形处复原，再补焊孔洞两侧裂纹。若裂纹变形处理好以后仍不能收严，这种情况主要发生在孔洞后部的裂纹上，可以用刨锤尖将其捻严，并且捻严一段，点焊一段，直至裂纹能收严为止，之后再用分段逆向焊法补焊，焊出一段 30～50 mm 长的焊缝后，再处理孔洞。

对于已经烧穿的较大孔洞，补焊孔洞的焊缝不能使孔洞裂纹收严时，也可以采用捻缝的方法，捻严一段，点焊一段，直到使裂纹能收严为止，然后进行分段补焊，焊出一段焊缝后，再回过头来处理孔洞。

对于水管道及容器上的裂纹，带压补焊时发生烧穿会使孔洞后部的裂纹无法补焊。在这种情况下，可采用木塞的方法将烧穿的孔洞先堵严，使泄漏停止。对木塞的要求是木质要硬、锥度要小、头要尖，如图 2—152 所示。只有这样才能有利于将木塞迅速插入泄漏着的烧穿孔洞之中，用手锤打击木塞时也不会被打裂和打劈。木塞堵好后，就可以补焊孔洞后部的裂纹，孔洞后部焊合一段 30 ~ 50 mm 长的焊缝之后，就可以着手处理烧穿的孔洞了。首先将木塞拔掉，铆入形状与锥状木塞相同的、材质同泄漏管道类似的金属棒，不漏后，把烧穿处焊好。

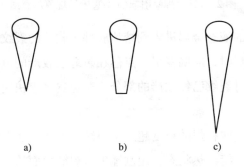

图 2—152 小木塞结构示意图

a）锥度过大 b）头不尖 c）正确

2. 砂眼

带压逆向补焊焊缝上出现的砂眼主要是由于运条动作太慢、熔深增大，熔池中心的底部已接近穿透，有少量或微量的压力介质漏出，或由于补焊的裂纹未完全收严，有很小量的泄漏，这些因素使熔池轻微"翻浆"形成焊缝后，就会留下少量泄漏的砂眼。

为了防止出现砂眼，带压逆向补焊时应注意控制熔深。补焊每一小段裂纹时，熔深不宜超过被补焊管道壁厚的 40% 左右，运条到前段已冷却的焊缝时，熔深应不超过被补焊管道壁厚的 60% 左右。引弧点一定要选择在已收严的无泄漏介质影响的裂纹上，熄弧时注意填满弧坑。

实际带压补焊操作中已经出现的砂眼，可用刨锤尖捻严后再点焊上。如果砂眼处焊缝较高，形成了一定的隆起状态，应将焊缝连同砂眼一起铲去。若出现微漏，还可用刨锤尖捻严，或用样冲捻严，然后重新焊合。

3. 裂纹中间的异物

裂纹中间存在异物将会严重阻碍裂纹的收严效果。因此，必须清除裂纹内的异物。形成裂纹内异物的原因有两个：

（1）分段逆向补焊时，补焊的长度超过了焊缝所产生的横向压缩应力作用所收严的范围，这样形成熔池后，熔池中的液态金属在电弧吹力的作用下，就有可能进入到熔池底部未收严的裂纹之中，凝固后就会形成焊瘤，即出现"塞牙"现象，如图2—153所示。

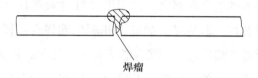

焊瘤

图2—153　焊瘤引起的"塞牙"现象示意图

为了防止熔池内的液态金属进入到熔池底部未收严的裂纹之中形成焊瘤，阻碍裂纹的收严，带压补焊时，应确保引弧点落在裂缝已收严的范围内，以保证每小段带压补焊的长度不超过裂纹已经收严的部分，避免贪多求快使引弧点进入未收严区域。

一般来说，带压逆向补焊的长度超过了裂纹收严部分所形成的焊瘤比较小，出现这种情况时，可趁焊缝红热状态，用刨锤尖将焊缝前面的一小段裂纹捻严，并且捻严一段，点焊一段。点焊时应注意只要把表层焊上即可。点焊两三次，焊出10 mm左右的一小段焊缝之后，焊缝前面的裂纹就会开始有局部收严发生，这时就可以按"分段逆向焊法"继续进行带压补焊了。

（2）裂纹在开裂过程中形成的金属碎块卡在裂纹之间，形成异物。为了防止裂纹内的异物阻碍裂纹的收严，带压补焊前应对裂纹进行详细地检查，也可以用铜刷对裂纹进行清扫，尽量除去裂纹内的金属碎块等异物。

对于裂纹较宽，而且卡在裂纹内的金属块很大，又没有办法清除的，就很难采用带压补焊的方法进行修复了。

对于裂纹较窄，卡在裂纹内的金属异物不很大，但是又无法清除时，应尽量采用逆向焊法进行带压补焊，待补焊到卡在裂纹内金属异物前一段距离时，裂纹已不能继续收严，这时可以用刨锤尖将这段卡住的裂纹捻严，并且捻严一段，点焊一段。如果用刨锤尖难以捻严裂纹，也可以用扁铲或样冲在裂纹两边各冲几下，使裂纹两边靠拢，靠严一小段则点焊一小段，接着或冲或捻，严一段、焊一段，反复进行，直到越过裂纹内异物后，裂纹重新在焊缝横向压缩应力作用下开始收严，这时就可以再用分段逆向焊法继续补焊，全部裂纹焊合后，再对补焊焊缝进行必要的补强，以达到较长的使用寿命。

七、带压逆向焊接密封技术安全注意事项

带压逆向焊接密封技术是利用焊接变形达到重新密封目的的一种补焊方法。从理论上讲，用这种方法可以在压力低于 3.0 MPa 的情况下，带压补焊管道、设备上在生产运行中发生的任何一种裂纹（不包括在强大外力作用下或内部介质爆炸引起的严重变形的破坏裂纹）。但由于实际生产中的管道、设备破裂的情况是相当复杂的，很多情况下不宜采用带压补焊方式进行修复，有时即使能够带压补焊，在操作过程中也有可能发生意外。比如，裂纹很宽。一般情况下，裂纹的宽度与其长度成正比，即裂纹越宽，其长度也就越长。裂纹的两端都是从未裂到裂开，从裂开很小逐渐增大。正常情况下只要从一端开始，逐段逆向补焊，焊缝所产生的横向收缩应力均能使裂纹逐段收严，随着补焊过程的逐段进行，裂纹的长度会逐渐变小，其宽度也会逐渐变窄。因此，从理论上说裂纹应该是可以补焊成功的。而生产中的管道或容器若是输送、储存有一定压力的煤气，在破坏裂纹很大时，泄漏量必然也会很大，补焊点火所燃起的火焰就可能使操作者无法靠近裂纹，不能靠近裂纹，补焊工作也就不能进行。甚至还有可能由于灭火不及时，使工艺管道及容器长时间处在火焰中被烧烤，其局部的温度会急剧上升，直至烧红，引起强度降低，突然爆裂，造成重大事故。因此，在带压补焊作业之前应进行仔细地观察、周密地分析、准确地判断，采取切实可靠的措施，以保证操作者的人身安全及生产的正常进行，这一点是带压补焊工作中特别应当注意的首要问题，并且做到：

1. 带压补焊作业前，应对生产中的管道、容器上的裂纹及泄漏情况进行详细地检查、分析，判断是否具备带压补焊的条件。

2. 带压补焊操作者和现场指挥者应了解和掌握工艺管道、容器内压力介质的物化性质。对其可能造成的危害后果，采取切实可靠的预防措施。

3. 带压补焊工作应当由有经验的、技术熟练的电焊工施工。一般情况下，不宜在生产运行中的管道、容器上进行带压补焊的试验工作，而应当在试件上通过反复多次的练习，基本上掌握操作方法、积累一定的经验后，再进行实际操作。

4. 带压补焊时，应根据具体情况安排专门的安全监护人员，不宜一个人单独进行带压补焊作业。

5. 带压补焊输送或储存有毒、有害及腐蚀性介质的管道及容器时，应准备相应的防护用品、用具。

6. 高空作业时，应搭设较宽敞的、标准的平台，并有上下方便的扶梯（或跑道）。补焊操作者应站在平台上作业。在没有架设平台的情况下进行带压补焊操作不宜佩用安全带，防止在意外情况发生时，操作者无法迅速撤离作业现场。

7. 带压补焊操作者应选择能够避开压力介质喷出的安全位置，尽量站在上风一侧进行补焊或采用挡板将压力介质隔开，严防压力介质喷出伤人。

8. 带压补焊蒸气等高温的以及深冷的氨类管道、容器时，应当将补焊操作者可能触及的裸露部位用适当的隔热材料遮盖好，防止烫伤、冻伤。

9. 带压补焊前除对被补焊工件裂纹进行仔细地观察、分析外，还要对施工的周围环境进行观察和分析，利用有利条件，消除不利因素，研究和确定出紧急情况下的撤离方法及路线。

10. 带压补焊煤气输送管道和容器时，应先将泄漏处点燃，然后看好风向和火势，尽量站在上风侧，防止中毒、烧伤，同时还应当注意：

（1）室内的煤气管道、容器破裂发生泄漏，特别是裂纹较大、泄漏流量也较大，而通风条件不好时，不宜采用带压补焊，以防止室内形成爆炸性混合气体，点火补焊时引起爆炸事故。如果厂房高大、通风良好，或可以采用强制通风措施时，则应当先通风，排净室内煤气后，再点火补焊。采用强制通风措施时，只要裂纹还在向外泄漏煤气就不应停止通风。如有条件，通风后可在室内几个适当地点采样，进行空气分析，室内空气中含氧在20%以上时，再点火引燃泄漏煤气，确保安全。

（2）带压补焊操作前，应将作业现场周围易燃物、障碍物清除干净，对补焊管道、容器附近管道及设备，应采取适当的防火措施，如用铁皮隔离等。

（3）带压补焊前，应当准备足够的、能保证在需要时可将火焰迅速扑灭的灭火工具及器材，必要时可请消防车监护。

（4）在泄漏管道、容器内介质压力较高时，补焊前可能会引不着泄漏介质，火焰一接触高速喷出的泄漏煤气束流，立刻会被吹跑，发出"噗"的一响，这时应反复点火。以观察泄漏煤气被点燃的一瞬间，即发出"噗"的一响地过程中，火焰所能达到的范围，这样操作者就可以选择安全的位置进行带压补焊作业，避免烧伤事故。

（5）上述情况带压补焊时，由于电火花的作用，高速喷出的煤气则会连续地被点燃，同时又会被不断地吹灭，发出连续或断续的"噗、噗"的响声，在裂纹前，沿泄漏煤气喷出的方向上，一米到几米高的范围内形成爆炸和燃烧，产生气浪及火球。这时不要惊慌，而应当仔细观察火焰、气浪可能达到的距离，以及随着裂纹变短、变窄，火焰、气浪所发生的变化，巧妙地躲避，防止烧伤。

（6）带压补焊前引燃泄漏介质时，可以采用火把，并站在一定的安全距离之外，泄漏气流喷出方向的侧面，并将火把慢慢地伸到泄漏裂纹的附近，与裂纹中喷出的可燃煤气接触，把泄漏煤气引燃。

（7）煤气输送管道出现裂纹后已经发生着火时，带压补焊前应先将燃烧着的火焰扑灭，以仔细观察裂纹的情况，清除引火物及火源。灭火后观察裂纹破裂情况及清除火源时，由于存在有毒的一氧化碳气体，操作者应佩戴好防毒面具，煤气中含有磷、硫等天然杂质，有可能还会重新着火，应当采取防火、隔火的相应措施。

（8）带压补焊时，电弧一旦接触到泄漏工件后，火焰和响声会有明显的增加，这是正常现象，因为电弧的热量会使已冷却的焊缝受热，焊缝所产生的横向收缩应力会有所减小，新补焊所形成的焊缝还没产生足够的横向收缩应力。因此，焊缝前部的裂纹有变大的趋势，但随着补焊过程的进行，泄漏裂纹会逐渐变窄、变短，燃烧火焰也会相应变小，直至最后熄灭。

在带压补焊过程中，若发现火焰突然变小，而裂纹又没有明显收严，操作者应当立刻停止补焊作业，并将余下的火焰扑灭，查明火焰变小、泄漏压力突然降低的原因，防止回火引起爆炸。带压补焊常压管道、容器裂纹时，这种情况更需要注意。

（9）在裂纹很大、压力较高、泄漏量较多、点火后火焰很大，操作者无法接近泄漏裂纹时，可以将火焰扑灭，适当降低输送介质压力后再补焊，或采取其他措施来改变火焰方向，使电焊工能够接近裂纹。

降压补焊和补焊低压煤气管道、容器时，必须保持管道、容器内部处于正压。一般情况下，管道、容器内的压力应保持在 1 kPa 以上；如果压力较低，裂纹又较小，压力可保持在 0.5 kPa 以上；如果裂纹很大，泄漏量也很大，其最低压力应当保持在 2 kPa 以上，防止回火爆炸。

（10）在降压补焊时，应设有专人负责调整压力。调整压力时应预先通知现场操作人员，特别是当压力过低时，必须通知操作人员暂时停止工作，并将火焰扑灭，待压力提高，并在压力稳定后，再重新点火，补焊。

（11）操作者在补焊时如果发现火焰突然变小，也应当立即停止工作，将火焰扑灭，查清压力下降原因，待恢复到一定压力后，再重新点火、补焊。

第6节　引流焊接密封

 学习单元 1　引流焊接密封技术的基本原理

 学习目标

➤ 能够掌握引流焊接密封技术的基本原理。

 知识要求

一、引流焊接密封技术的基本原理

为了说明带压引流密封技术的原理，这里用一个现实中的实例来说明。在日常生活中，人们会遇到自来水龙头坏得无法再用下去的情形，必须立刻更换一只新的水龙头，具体作法是，将自来水总闸关掉（或无法关掉），在水管内还存有大量水的情况下拆下坏的水龙头，这时会有许多水流出，如果等到水流尽了再安装新的，则会有大量的水流失，而行之有效的做法是，事先将新的水龙头拧到全开的位置，拆下坏的水龙头后，立刻顶着流出的水把新水龙头换上，这时打开的水龙头就起到了排放掉压力水的作用，减轻了更换水龙头的安装难度，安好后把水龙头关上即可。

假如有办法把正在大量泄漏的流体介质引开，然后采用特殊的方法密封泄漏区域，处理好以后，像自来水龙头一样把阀门一关，泄漏立刻停止，从而达到带压密封的目的，这就是引流密封法的基本设想。具体做法是，按泄漏部位的外部形状设计制作一个引流器，引流器一般是由封闭板或封闭盒及闸板阀组成，由于封闭板或封闭盒与泄漏部位的外表面能较好地贴合，因此在处理泄漏部位时，只要将引流器靠紧在泄漏部位上，事先把闸板阀全部打开，泄漏介质就会沿着引流器的引流通道及闸板阀排掉，而在封闭板的四周边缘处，则没有泄漏介质或只有很少的泄漏介质外泄，此时就可以利用金属的可焊性将引流器牢固地焊在泄漏部位上，如图 2—154 所示。引流器焊好后，关闭闸板阀就能达到重新密封的目的。

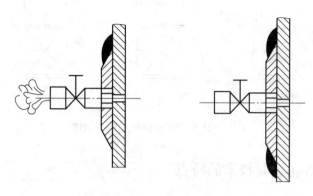

图 2—154　引流焊接示意图

实际上"带压引流焊接密封技术"的基本原理与"带压引流粘接密封技术"的基本原理是一样的，只是把粘接和固定引流器用的黏合剂改为焊接用的电焊条。

引流焊接密封技术的基本原理：利用金属的可焊性，将装闸板阀的引流器焊在泄漏部位上，泄漏介质由引流通道及闸板阀引出施工区域以外，待引流器全部焊牢后，关闭闸板阀，切断泄漏介质，达到带压密封的目的。

二、引流器的种类和结构形式

1. 引流器的种类

引流器一般由封闭盒（管）和排泄阀两部分组成，它的结构形式应当按照泄漏缺陷的外部几何轮廓设计制作，常见的有管式引流器和盒式引流器。

2. 引流器的结构形式

管式引流器的结构形式如图 2—155 所示。其封闭管可用标准无缝钢管制作，所用无缝钢管的规格根据泄漏缺陷的大小选择，钢管的内径应能全部覆盖住泄漏缺陷，并有充足的通道引出泄漏介质，不产生阻塞现象，引流阀应选择阻力小的闸板阀。图 2—155a 是用于平面泄漏缺陷的管式引流器，封闭管前端为带有坡口的平面结构形式；图 2—155b 是用于曲面泄漏缺陷的管式引流器，封闭管前端带有弧线形结构形式，可按泄漏缺陷的外部几何形状制作；图 2—155c 是用于角缝泄漏缺陷的管式引流器，封闭管的前端为带有特定角度的锥状结构形式，可按泄漏缺陷的角度制作研合。

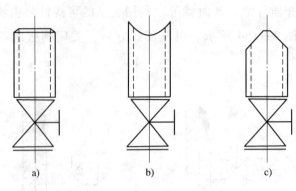

a)   b)   c)

图2—155 管式引流器结构示意图

三、引流焊接密封技术的特点

引流焊接密封技术不仅可以处理设备及流体输送管道上由于裂纹所引起的各种泄漏，而且可以处理由于腐蚀、冲刷所造成的孔洞，如弯头、三通等流体介质发生转向处的泄漏缺陷，以及法兰连接面上发生的泄漏缺陷等。它比带压逆向焊接密封技术应用领域要大得多，且施工难度也比逆向焊接法小得多。其特点如下：

1. 该法属于动态堵漏作业方法，施工时不影响正常生产。
2. 适用范围较广。
3. 消除泄漏迅速。
4. 无须配备特殊的工器具。只要有电焊机就可进行作业。
5. 必须具备动火条件方能采用。

 学习单元2 引流焊接密封技术操作方法

 **学习目标**

➢ 能够掌握引流焊接密封技术操作方法。

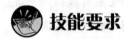 **技能要求**

一、设备及直管道泄漏的引流焊接密封

设备及直管道段上的泄漏多是裂纹、腐蚀及焊缝上的焊接缺陷引起的，泄漏多

呈喷射状态。其操作方法如下：首先全面了解泄漏介质参数，测量泄漏部位的尺寸，如管道外直径、设备曲率、泄漏裂纹长短、孔洞几何尺寸，根据上述数据设计制作一个封闭盒（管），要求封闭盒能与泄漏部位外表面良好地吻合，能全部覆盖住泄漏缺陷，在封闭盒中心开一个 $\phi15 \sim \phi89$ mm 的孔，根据所选阀门的结构形式，在开孔上焊一短接（丝头、法兰、焊接等形式），将 DN15 ~ DN80 的闸板阀安装在短接上，必要时还可在阀门的另一侧再加一个短接，在此短接上可以接短胶皮管，这样就可以把泄漏介质引向指定的方向，其结构如图 2—156 所示。作业时，应当有两人以上配合作业，一人首先把引流器紧紧压合在泄漏缺陷上，使泄漏介质经引流通道、短接、闸板阀及胶皮管引开，使得封闭盒的四周无泄漏或泄漏很小；另一名操作者——电焊工应事先把电流调整好，电流不可过大，以免把管道烧穿，第一步先将引流器点焊在泄漏部位上，以防止焊接变形，施焊时，引弧点应选在无泄漏处，并在封闭盒上引弧，然后再移到焊接处连续施焊。

焊接的顺序是先焊特殊位置或不好焊的位置，如仰焊；后焊正常位置或好焊的位置，如平焊。这样可以有效地保证焊接的质量，因为先焊时，泄漏介质的干扰会小一些，随着焊接的进行，泄漏介质的干扰会明显增大。当焊到有少量泄漏介质外泄的位置时，焊接后，在焊缝上可能出现气孔或其他焊接缺陷，甚至在焊缝上仍有泄漏存在，这时可用刨锤或样冲将其捻严，再在其上复焊一层焊肉。焊接时的焊条角度如图 2—157 所示。引流器的四周焊好后，应认真检查一遍，确认无误后，即可关闭闸板阀，实现带压密封作业的目的。

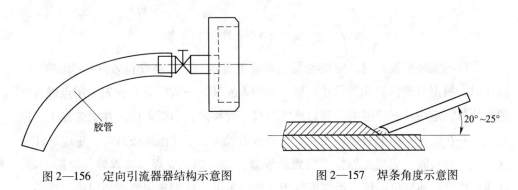

图 2—156　定向引流器结构示意图　　　图 2—157　焊条角度示意图

二、法兰泄漏的引流焊接密封

法兰泄漏可采用有多种方法进行带压密封作业，引流焊接法也是其中之一，而且该方法只要有合格的电焊工就可以进行作业。

引流器的制作。首先测量泄漏法兰的有关数据，泄漏两法兰的总宽度 b，法兰

的最大外径 D，法兰接管的尺寸 D_1、D_2，如图 2—158 所示。根据这些数据设计一个法兰专用引流器，结构如图 2—159a 所示。法兰引流器的壁厚应根据泄漏介质的压力而定，引流器的加工精度视泄漏介质的压力、泄漏量的大小而定。精度要求较高时可首先焊制成一个封闭的圆柱形盒体，如图 2—159b 所示，圆柱形盒体的内壁宽度应大于两块法兰及连接螺栓的总长，一般应大于这

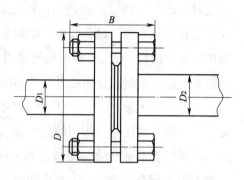

图 2—158　泄漏法兰测量示意图

一尺寸 10 ~ 30 mm，盒子焊好后，用铣床或锯床在直径上断开，断开后再点焊上，然后加工两个圆孔 $\phi1$ mm、$\phi2$ mm，引流阀应开设在圆柱盒的径向上，当泄漏量较大，一个引流阀难以达到引流目的时，则应当开设多个引流阀，以达到顺利排放泄漏介质的目的。引流阀可选用 DN15 ~ DN80 的闸板阀。

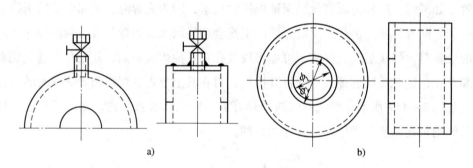

a)　　　　　　　　　　　　　　　　　b)

图 2—159　法兰泄漏引流器结构示意图

在现场安装引流器时，应使泄漏点对准引流器，这样会获得较好的引流效果。操作时，根据引流器的几何尺寸，可一到两人安装，一人施焊。首先采用点焊方式把引流器固定在泄漏管道上，然后连续焊接，焊接时，引弧点应落在引流器上，原则上不要在工艺管道上引弧，尤其是管道压力较大、工作温度较高时，更应当注意这一点。焊接时，应当先焊特殊位置的焊缝，如仰焊、立焊、横焊等，最后平焊，这样可以把可能发生的情况留在容易焊接的位置上，处理起来要方便得多。第一道焊缝焊好后，应当再焊一遍，以提高焊缝的可靠性，确认无误后，关闭引流阀，泄漏就会立刻停止。

三、管道弯头泄漏的引流焊接密封

管道弯头是流体介质改变方向的部位，因此在弯头半径较大的一侧常发生冲刷

和腐蚀，引起管壁穿孔，造成泄漏。这种泄漏如果不及时处理会越漏越大。采用引流焊接法处理此类泄漏还是比较方便的。首先根据泄漏弯头的尺寸，确定引流器的尺寸及弯曲半径，引流器的宽度应能全部覆盖住泄漏孔洞，引流器的长度应能保证在弯制后盖住泄漏孔洞，这两个尺寸都应当大一点，引流器的板厚应比泄漏弯头的壁厚大，以保证强度。下好料后的板材应在其四个边加工出坡口，如图 2—160 所示，坡口开好后，按泄漏弯头的弯曲半径煨制。煨制时，可取一个与泄漏弯头尺寸相同的弯头配合煨制，尽可能做到严密合缝，煨制好的板材，参照泄漏弯头

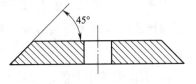

图 2—160　坡口角度示意图

的情况开设引流孔，连接闸板阀。作业时，两到三人配合作业，首先将闸板阀打到全开位置，引流孔对准泄漏缺陷，迅速贴合，使泄漏介质绝大部分从引流孔及闸板阀引至其他地方，另一名焊工则在事先调好电流的情况下，迅速把引流器点焊在泄漏弯头上，前一人即可离开，补焊时应先焊仰焊及立焊位置，即先焊难焊的部位，后焊易焊的部位。补焊时可能出现泄漏介质从引流器边缘泄漏的情况，这时如不影响补焊，则可连续焊下去；当泄漏较大，难以补焊时，可用刨锤或扁铲敛缝，采用逆向焊接的方法补焊，因为事先已开了坡口，所以还是比较容易捻严的，如果缝隙过大，也可用去掉药皮的焊条塞入缝隙内，然后再焊接，第一遍焊好后，应再焊一遍，必要时还可以多焊几遍，确认无误后，关闭闸板阀，达到带压密封作业目的。

四、其他部位泄漏的引流焊接密封

对于其他部位，如三通、四通处发生的泄漏，只要能设计制作出合适的引流器，就可以采用焊接的方法进行带压密封作业，对于阀门阀体、填料处发生的泄漏也可以用焊接的方法消除，必要时可以做一个大的引流器将整个泄漏阀门全部封闭，引流后进行焊接，即可达到带压密封作业的目的。总之引流焊接法比分段逆向焊接法有更为广泛的应用范围，只要操作得当，一般都能达到重新密封的目的。

采用电焊补焊的方法消除具有可焊性的金属设备及管道、法兰、阀门等处发生的泄漏点，具有简便、迅速、无须专门设备及工具的特点，因此一般的工矿企业都可以应用，尤其对于水蒸气等非易燃、易爆的介质，采用补焊法是较为理想的。但对于易燃、易爆的介质，以及在工厂非动火区域内发生的泄漏，这种方法的使用受到极大的限制，虽然在实例介绍中有带压补焊天然气及煤气管道成功的实例，但从

安全的角度考虑，对于易燃、易爆介质的泄漏还是应当采用"注剂式带压密封技术"或"带压粘接密封技术"更为理想。

五、安全操作注意事项

引流焊接密封技术施工的原则是先把泄漏介质引开到施焊点以外，所以引流法焊接要比逆向焊接法焊接容易一些，危险性也要小一些，而且应用的范围要大一些。

1. 引流焊接作业前，应对生产中的管道、容器上的缺陷及泄漏情况进行详细地检查、分析，判断是否具备引流焊接的条件。

2. 引流焊接操作者和现场指挥者应了解和掌握工艺管道、容器内压力介质的物化性质。对其可能造成的危害后果，采取切实可靠的预防措施。

3. 引流焊接工作应当由有经验的、技术熟练的电焊工施工。

4. 引流焊接时，至少要三人以上配合作业，应根据具体情况安排专门的安全监护人员。

5. 引流焊接输送或储存有毒、有害及腐蚀性介质的管道及容器时，应准备相应的防护用品、用具。

6. 高处作业时，应搭设较宽敞的、标准的平台，并有上下方便的扶梯（或跑道）。焊接操作者应站在平台上作业。在没有架设平台的情况下进行引流焊接操作不宜佩用安全带，防止在意外情况发生时，操作者无法迅速撤离作业现场。

7. 引流焊接操作者应尽量站在上风一侧进行焊接，泄漏介质的引流管要有专人控制或固定牢固，并引向特定的方向，严防压力介质喷出来伤人。

8. 引流焊接蒸汽等高温的以及深冷的氨类管道、容器时，应当将补焊操作者可能触及的裸露部位用适当的隔热材料遮盖好，防止烫伤、冻伤。

9. 引流焊接前除对被焊接的泄漏缺陷进行仔细地观察、分析外，还要对施工的周围环境进行观察和分析，利用有利条件，消除不利因素，研究和确定出紧急情况下的撤离方法及路线。

10. 当焊接点有较大的泄漏介质干扰时，也可以选用封闭剂进行止漏，然后再焊接，实践证明这一点是十分有效的。

11. 有泄漏介质干扰，引弧困难时，应当选择带水作业用的特殊电焊条。

【思考题】

1. 夹具的作用是什么？

2. 简述夹具的设计准则。

3. 能够根据泄漏点密封形式设计夹具的密封结构和形式。

4. 注剂孔有几种结构形式？

5. 掌握草图图线的徒手画法。

6. 能够绘制局部法兰夹具图。

7. 能够标注夹具尺寸公差。

8. 能够运用隔离技术防止密封注剂流入介质系统。

9. 能够测量常用阀门的结构和密封原理。

10. 掌握带压密封现场钻孔攻螺纹方法。

11. 能够使用多种添加剂对胶黏剂进行改性。

12. 掌握粘接接头方面的基础知识。

13. 掌握胶黏剂固化方面的基础知识。

14. 简述分段逆向焊接操作步骤。

15. 逆向焊接带压密封技术基本原理是什么？

16. 能够根据泄漏情况选择引流器种类。

第3章
带压密封质量检查

第1节 仪器检测

 学习单元1　内窥镜的工作原理

 学习目标

➤ 能够理解内窥镜的工作原理。

 知识要求

一、内窥镜概述

内窥镜是利用光纤等作为光源，使用刚性或柔性的内窥镜和摄影器材等设备，对零部件局部表面进行检测的技术。

内窥镜的最早应用是在医学领域。早在19世纪，就制造出了用镜子通过细管反射烛光的原始内窥镜，使得医生可以直观地观察病人身体的内部情况。最早的工业内窥镜是用于检查枪膛和炮筒，因此称为管道镜，由一个空心管子和镜子组成。第二代内窥镜由目镜、传送图像的一组透镜、物镜组成，这是最早的硬性镜。同第一代管道镜相比，硬性镜的图像质量得到了很大提高，但不能弯曲，只能进行直线观察。后来，无损检测工作者开始把光纤内窥镜应用于机器的内部检查。

由于直径和光纤根数的限制，光纤镜不如硬性镜图像清晰，但它开辟了对不可见部位的遥视视觉检查的新领域。虽然直杆硬性镜仍在使用，但纤维镜可解决更多的工业难题，它在检测机器内部时可免除拆卸，大大提高了工作效率，降低了检测成本，并可应用于机器的例行保养中。

工业内窥镜是人眼延伸的工具，可以对产品进行内部远距离目视检查（Remote Visual Inspection，RVI），目前已广泛应用于航空、航天、能源、电力、兵器工业、汽车制造、建筑等领域。

在产品质量检查过程中，当有人眼无法观察到的缺陷时，可以通过内窥镜的插入，实现对缺陷的观察和判断（如用内窥镜来检查飞机发动机叶片，飞机发动机油路管道中的多余物、焊缝、裂纹、锈蚀等），工业内窥镜一般和光源组合起来使用，组成一个完整的系统。

不管是直杆内窥镜，还是光纤内窥镜都要在目镜端用眼睛观察，由于长时间的观察容易造成眼睛疲劳，往往在光纤镜的目镜位置增加摄像机，把图像显示在监视器上。现在直杆硬性镜和光纤镜仍采用此方法把图像显示在监视器上。但由于它的笨重、体积大、连接繁琐，逐渐被更小的图像传感器，即 CCD 所取代。CCD 是在 1970 年由贝尔实验室研制出来的，可完成图像的传输、模拟信号的处理及信号存储等功能。CCD 技术开拓了视频内窥镜的新领域，使得工业检测中的小直径、高清晰度图像成为可能。CCD 由电缆线来传送图像，可生成比纤维镜更明亮、清晰度更高的图像。由于 CCD 芯片尺寸很小，因此可放置在小直径镜头的后端，从而可以穿越很小的孔径。它像一台微型电视摄像机一样，将图像显示在监视器上，并且可以记录下来。CCD 可以将高放大倍数的图像显示在监视器上，因此，可供多人同时观察检测结果，视频图像可使检测者看到清晰的缺陷部位并作出快速而准确的判断；同时，CCD 技术简化了长距离检测，也使图像的计算机处理成为可能。

二、内窥镜的分类

内窥镜可以分为刚性直杆内窥镜、柔性光纤内窥镜和视频图像内窥镜三类。

刚性直杆内窥镜由一组透镜来传送图像，成像质量好，价格较便宜，但长度有限，不能弯曲。柔性光纤内窥镜可以在一定弯曲角度的情况下使用，相对直杆内窥镜长度要长得多（最长可做到 6 m），但由于受到物镜与目镜间连接的光导纤维束数量和光纤传输速率的限制，从目镜处接 CCD 摄像头后，监视器上的图像清晰度一般，因此光纤镜更适合目视观察；而且光导纤维在弯曲角度过大时易折断，从而在目镜上形成黑点。视频内窥镜是将微小的 CCD 摄像头直接置于探头后端，将光学信号转换为电信号，用电缆线传送图像，通过视频控制器在屏幕上显示或将图像存在计算机里，因此，成像质量较高，但受 CCD 摄像头尺寸的限制；目前，内窥镜的直径最小可达 5 mm，其电缆线长度最长可作到 40 m。普通的视频内窥镜可以通过遥控视觉检查对所检测的物件进行定位，并确定其大小和尺寸，但要获取精确的数据十分困难。

三、刚性直杆内窥镜的结构及原理

刚性直杆内窥镜结构及原理如图 3—1 所示。它是利用一组自聚焦的棒型透镜来传送图像，利用光导纤维实现光源的传送，在自聚焦棒型透镜的两端增加一个物镜和一个目镜，从而形成一个直杆内窥镜，可通过目镜直接观察，外层为不锈钢管。

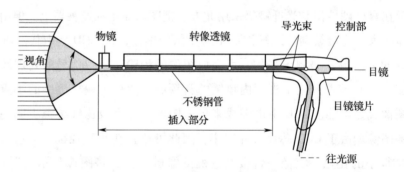

图 3—1　刚性直杆内窥镜的结构及原理示意图

刚性内窥镜系统一般都是由照明装置（光源）和内窥镜（刚性杆）构成，另外还可以配置测量器具、内窥镜接口、显示器及记录装置（照相机、视频摄像装置等）。

刚性内窥镜所用外部光源与柔性内窥镜相同。

刚性直杆内窥镜成像清晰。在目镜上可以获得高质量的图像，可以手动对焦，测视镜头可以实现 360°旋转。

刚性直杆内窥镜用于检测观察者与待检测区之间有直通道的场合。直接对正插入深度较浅的观察位置，可以在目镜上直接观察，也可以在目镜处接上摄像头使图像显示在监视器上进行观察。可用于检测狭窄直径的孔洞、直管道内表面、不需要拐弯的铸模件小孔、液压装置及喷嘴内部、飞机发动机叶片、枪管、炮管等。

学习单元 2　内窥镜的使用方法

学习目标

➤ 能够掌握内窥镜的使用方法。

知识要求

　　内窥镜检测技术的应用范围十分广泛。视频内窥镜系统不仅能够提供清晰的高分辨力图像，而且操作方便，适用于质量控制、常规维护及目视检验等领域。特别在航空航天工业、电力工业上，视频内窥镜有着极其广阔的用武之地。视频内窥镜最适于检验焊接、封装，检查孔隙、阻塞和磨损，寻查零件的松动或振动等。

　　在航空航天部门，可用于检查飞机发动机的涡轮叶片、燃烧室，飞机起落架、飞机内复合结构二次焊接的完整性、飞机结构中的异物，监视固体火箭燃料的加工操作，检查宇宙飞船内部部件等。

　　在汽车、船舶工业，可用于发动机、变速箱、燃料管、喷嘴等的检测。

　　在动力部门可用于检查热交换器管道及其辅助设备管道内表面腐蚀与结垢、管道的凹坑和焊接缺陷，检测汽轮发电机或水轮发电机的电枢及转子、汽轮机转子、蒸汽和燃气涡轮的裂纹及腐蚀等。

　　在核工业部门可采用光纤内窥镜进行检测，因光纤比较抗辐射，不大可能随时间的增长转成褐色或变脆。

　　在管道、下水道、核动力领域等涉及有害条件或检查人员无法接近的部位，可以靠挂在自动操纵装置上的摄像机将图形传至监视器上。在某些情况下，可采用柔性视频内窥镜。

第 2 节　地 下 管 道 检 测

 学习单元 1　听漏棒的使用方法

 学习目标

> 能够使用听漏棒检测泄漏。

 知识要求

一、听漏法

听漏法使用最久，是确定漏水部位的有效方法。听漏的依据是管道因漏水产生震动响声。

听漏法可分接触听漏、钻洞打钎听漏和地面听漏三个方式。

1. 接触听漏就是利用明装管段、消火栓、阀门、水表节点等可以直接接触到的管体或配件进行听漏；有时在较长的管道上预埋一些传声性能良好的金属棒，一端接触管道，另一端引至路面以便听漏。

2. 钻洞打钎听漏就是先用探管仪确定管位，然后用钻洞打钎的方法使听漏设备直接接触到管体。

3. 地面听漏也是一种常见的听漏方法，听漏仪器不接触管壁，只是放在地面上探听。这就要求听漏者准确了解管位，具备丰富的听漏经验。

最常用的，也是最简单的听漏工具是听漏棒、听漏盘和钢钎。近年来，我国也研制了数种类型的电子检漏仪器。

二、听漏棒的使用

听漏棒由空心木管、空心木盒及铜片组成，结构如图 3—2 所示，它携带方便，传声的失真性小。使用方法是在无噪声干扰的时候，如深夜，沿着泄漏的管道在地面每隔 1~2 m，用听漏棒探听一次，遇到泄漏声响后停止行进，找出音响最大处，即是泄漏位置。

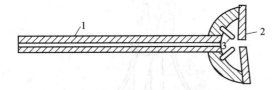

图 3—2 听漏棒结构示意图

1—空心木棒 2—空心木盒 3—铜片

 学习单元 2 听漏盘的使用方法

 学习目标

➤ 能够使用听漏盘检测泄漏。

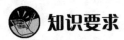 知识要求

听漏盘由音响铜皮、铅饼、下盘、上盘、连接螺栓、软管及听塞组成，非常像医生用的听诊器，结构如图 3—3 所示，它的传声性能好，音响比听漏棒要大。

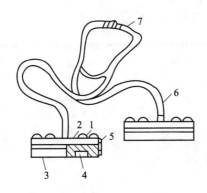

图 3—3 听漏盘结构示意图

1—音响铜皮 2—上盘 3—下盘 4—铅饼 5—连接螺栓 6—软管 7—听塞

　　听漏盘使用方法是把听漏盘放在泄漏管道的地面上，移动听漏盘进行听漏，当听到的声音为最大处，即是泄漏发生的部位，如图3—4所示。

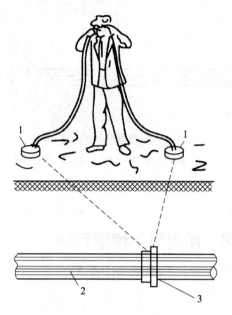

图3—4　听漏盘检测泄漏示意图

1—听漏盘　2—给水管　3—漏水接口

【思考题】

1. 简述内窥镜的工作原理。

2. 能够掌握内窥镜的使用方法。

3. 能够使用听漏棒检测泄漏。

4. 能够使用听漏盘检测泄漏。

第 2 部分

带温带压堵漏工技师

第4章

带温带压堵漏工技师泄漏部位勘测

第1节 状态跟踪

 学习单元1 设备密封失效机理

 学习目标

➤ 通过本单元学习，能够根据设备运行现状预测泄漏的发生，提出相应预防和纠正措施。

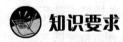 **知识要求**

一、螺纹连接口泄漏

1. 问题表现

管道通入介质后，螺纹连接口发生滴、漏现象。

2．原因分析

（1）螺纹连接口的螺纹未拧紧，连接不牢固。

（2）螺纹连接处填料未填好、脱落、老化或填料选用不合适。

（3）管口有裂纹或管件有砂眼。

（4）管道支架间距过大，或受外力作用，使螺纹接头处受力过大，造成螺纹头断裂。

（5）螺纹加工进刀过快，有断扣现象。

3．纠正方法及预防措施

（1）纠正方法

以上问题的存在都会造成螺纹接头漏水，在找出漏水的真正原因后，才可对症进行处理。一般情况下，先用管钳拧紧螺纹；如还漏水应从活接头处拆下，检查螺纹及管件，如管件损坏应予以更换，然后重新更换填料，用管钳拧紧。

（2）预防措施

1）在进行管螺纹安装时，选用的管钳及链条钳规格要合适，用大规格的管钳拧紧小口径的管件，会因施力过大使管件损坏；用小规格的管钳拧紧大口径的管件，会因施力不够而拧不紧，发生螺纹连接口漏水。另外还需考虑阀门及配件的位置和方向，不允许因拧过头而用倒扣的方法进行找正。

螺纹连接紧固时应根据管螺纹安装的规格选用合适的管钳，连接紧固。

2）螺纹连接处填料要缠紧，缠均匀，不得脱落，过期失效、老化的填料不得使用；另外填料的选用要符合输送介质的要求，以达到连接紧密的目的。

3）要认真把好材料及管件的质量关；认真检查管道及接头有无裂纹、砂眼、断扣、缺扣等缺陷；安装完毕，严格按规范要求进行强度试验和严密性试验，对接头处进行仔细认真检查，及时消除隐患。

4）管道支架、吊架的间距要符合设计规定和规范的要求；埋地管道管周围的覆土要用手夯，分层夯实，防止局部外力撞击；另外，架空管道不得附加外力如悬挂重物、脚踩等，以免局部受力过大，造成螺纹头断裂。

5）螺纹加工应严格遵守操作规程和标准要求，螺纹管道要在托架上装正、夹紧，进刀不得过快，随时用润滑油冷却润滑，防止偏扣、断扣及乱扣等现象的发生。

二、法兰泄漏

1．问题表现

管道通入介质后，法兰连接处发生滴、漏现象。

2．原因分析

（1）两法兰面不平行，无法上紧，从而造成接口处渗漏。

（2）垫片的材质不符合管内介质要求，造成渗漏。

（3）法兰垫片厚度不均匀，或使用斜垫片、双垫片，造成渗漏。

（4）螺栓紧固不紧或螺栓紧固未按对称十字交叉顺序进行，密封不严，造成渗漏。

（5）法兰焊口存在质量缺陷，造成焊口渗漏。

3．泄漏形式

根据发生泄漏的形式，法兰泄漏机理可归纳为三类。

（1）界面泄漏机理

这是一种被密封介质通过垫片与法兰面之间的间隙产生的泄漏形式。密封垫片压紧力不足、法兰结合面上的粗糙度不恰当、管道热变形、机械振动等都会引起密封垫片与法兰面之间密合不严而发生泄漏。另外，法兰连接后，螺栓变形、伸长，密封垫片长期使用后塑性变形、回弹力下降，密封垫片材料老化、龟裂、变质等，也会造成垫片与法兰面之间密合不严而发生泄漏，如图 4—1 所示。

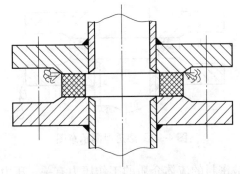

图 4—1　界面泄漏示意图

因此，把这种由于金属面和密封垫片交界面不能很好地吻合而发生的泄漏称为"界面泄漏"。无论是哪种形式的密封垫片，还是哪种材料制成的密封垫片，都可能出现界面泄漏。

在法兰连接部位所发生的泄漏事故，绝大多数是界面泄漏，这种泄漏事故要占全部法兰泄漏事故的80%～95%，有时甚至是全部。

（2）渗透泄漏机理

这是一种被密封介质通过垫片内部的微小间隙而产生的泄漏形式。植物纤维（棉、麻、丝）、动物纤维（羊毛、兔毛等）、矿物纤维（石棉、石墨、玻璃、陶瓷等）和化学纤维（尼龙、聚四氟乙烯等各种塑料纤维）等都是制造密封垫片的常用原材料，还有皮革、纸板也常被用作密封垫片材料。这些垫片的基础材料的组织成分比较疏松、致密性差，纤维与纤维之间有无数的微小缝隙，很容易被流体介质浸透，特别是在流体介质的压力作用下，被密封介质会通过纤维间的微小缝隙渗透到低压一侧来，如图4—2所示。因此，把这种由于垫片材料的纤维和纤维之间有一定的缝隙，流体介质在一定条件下能够通过这些缝隙而产生的泄漏现象称为"渗透泄漏"。

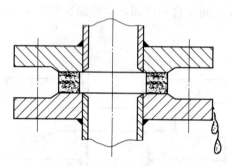

图4—2　渗透泄漏示意图

渗透泄漏一般与被密封的流体介质的工作压力有关，压力越高，泄漏流量也会随之增大。另外渗透泄漏还与被密封的流体介质的物理性质有关，黏性小的介质易发生渗透泄漏，而黏性大的介质则不易发生渗透泄漏。渗透泄漏一般占法兰密封泄漏事故的8%～12%。进入20世纪90年代，随着材料科学迅猛发展，新型密封材料不断涌现，这些新型密封材料的致密性非常好，以它们为主要基料制作的密封垫片发生渗透泄漏的现象日趋减少。随着材料科学技术的进一步发展，总有一天密封垫片的渗透泄漏事故会得到彻底解决。

（3）破坏泄漏机理

破坏泄漏从本质上说也是一种界面泄漏，但引起界面泄漏的原因，人为的因素则占有很大的比例。密封垫片在安装过程中，易发生装偏的现象，从而使局部的密封比压不足或预紧力过大，超过了密封垫片的设计限度，而使密封垫片失去回弹能力。另外，法兰的连接螺栓松紧不一，两法兰中心线偏移，在把紧法兰的过程中都可能发生上述现象，如图 4—3 所示。因此，把这种由于安装质量欠佳使密封垫片压缩过度或密封比压不足而发生的泄漏称为"破坏泄漏"。这种泄漏很大程度上取决于人的因素。为了避免发生破坏泄漏，应当加强对施工质量的管理。一般来说，低压系统采用宽面法兰较窄面法兰易于同心和对正，如图 4—4 所示，泄漏现象较少。另外，凸凹法兰密封结构比平面法兰密封结构好。在已有的设备、管道法兰上采取一些行之有效的方法，也能明显地提高安装质量。如在平面法兰安装过程中，应用定位不干黏结剂就能有效地防止垫片偏移，减轻作业人员的劳动强度。破坏泄漏事故一般占全部泄漏事故的 1% ~5%。

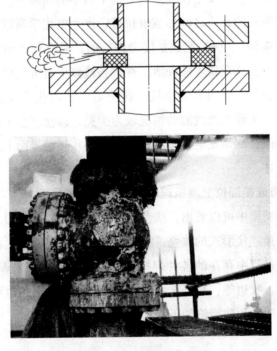

图 4—3　破坏泄漏示意图

　　界面泄漏和破坏泄漏的泄漏量都会随着时间的推移而明显加大，而渗透泄漏的泄漏量与时间的关系不十分明显。无论是哪一种泄漏，一旦发现就应当立刻采取措施。首先可以用扳手检查一下连接螺栓是否松动，然后均匀拧紧直到泄漏消失。若拧紧螺栓后泄漏不见消除，就应当考虑采用"带压密封技术"中的某种方法加以解决。采用"带压密封技术"消除泄漏宜早不宜晚，待到泄漏明显增大后再处理，就会给带压密封作业带来不便，无形中增大了施工难度。

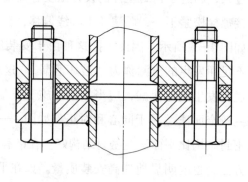

图4—4 宽面法兰结构示意图

造成法兰密封面泄漏的原因，除了上述三种外，还有介质腐蚀因素的影响，这种腐蚀属于间隙腐蚀，主要发生在法兰结合面上微小的间隙处，在此处介质中的氧供应不足，它与间隙外的介质之间形成电位差，产生电化学腐蚀，这种电化学腐蚀称为"浓淡电化学腐蚀"。腐蚀泄漏是缓慢进行的，只有发展到形成腐蚀麻点连成一通道后，被密封的流体介质才能外泄。在现场检修中时常发现在法兰密封面上有许多斑点，有的甚至已形成明显的小坑，这便是"浓淡化学腐蚀"的产物，但并没有发生泄漏现象。出现腐蚀泄漏的情况较为少见，即便产生了泄漏，它的形式也与界面泄漏十分相似，都是发生在法兰密封面与垫片接触界面上，形式类似于界面泄漏，这里不做详述。

4. 法兰与管道连接部位泄漏机理

从法兰的结构类型中可以看出，法兰与管道及设备的连接形式多为焊接或螺纹连接。对于选用焊接连接形式的法兰，在连接焊缝上也可能发生泄漏，引起焊缝泄漏的原因是在焊接过程中存在的各种焊接缺陷，这些缺陷有未焊透、夹渣、气孔、裂纹、过热、过烧、咬边等；对于选用螺纹连接形式的法兰，也可能在螺纹处发生界面泄漏。纠正方法及预防措施如下：

（1）纠正方法

针对法兰渗漏部位，检查出渗漏的真正原因，采取对症处理措施。如属两法兰面不平行造成渗漏，可将法兰割下，重新找正焊接；如属垫片不符合要求，应更换垫片；如属螺栓紧固不符合要求，可将螺栓松开，重新按对称十字交叉顺序进行紧固；如属法兰焊口漏水，可采用补焊方法修补。

（2）预防措施

1）向管端上法兰时，应采用法兰尺，将法兰尺的一端紧贴管皮，另一端紧贴法兰面，如图4—5所示。然后定位焊三点，再用法兰尺从两个垂直方向进行检查，法兰尺与法兰密封面之间的间隙不得超过 1.2 mm。

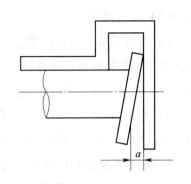

图 4—5　法兰端面和管子中心线不垂直用法兰尺检查示意图

2）法兰垫片的选用应符合设计规定和规范的要求。一般蒸汽管道选用石棉橡胶垫，使用前应在润滑油中浸泡，并涂以铅油或铅粉，以增加严密性；给水管道选用橡胶垫；热水管道选用耐热橡胶垫。

3）法兰垫片安装时，法兰密封面要清理干净，位置要对正，垫片表面不得有沟纹、断裂、厚薄不均等缺陷，允许使用斜垫片或双层垫片。

4）法兰螺栓的紧固要按对称十字交叉顺序进行，分三次将螺栓拧紧，使各螺栓受力均匀。

5）法兰焊口渗漏的预防，除选择正确的焊接规范和施焊方法外，法兰的对口也应符合规范的要求。

三、承插接口泄漏

1. 问题表现

管道通入介质后，承插接口处有泄漏现象。

2. 原因分析

（1）管道承口或插口处有砂眼、裂纹等缺陷，造成渗漏。

（2）管道对口时，接口清理不干净，填料与管壁结合不紧密，造成接口渗漏。

（3）打口不密实，造成接口渗漏。

（4）填料不合格或配合比不准，造成接口渗漏。

（5）水泥接口养护不认真或冬季未采取保温措施，致使接口干裂或受冻，造成接口渗漏。

（6）管墩设置不合适或填土夯实方法不当，使管道撞压受损，造成渗漏。

3. 纠正方法及预防措施

（1）纠正方法

针对管道承插接口渗漏，检查找出渗漏的真正原因，采取对症处理措施。如管道接口本身有砂眼或裂纹，应拆下予以更换；如由于填料与管壁结合不严、填料不密实、填料配合比不准或操作不当，造成接口渗漏，应慢慢剔去原填料，清理干净承插接口，重新捻入合格填料，并再次进行水压试验。

（2）预防措施

1）金属承插管道在使用前应对每根管进行认真检查，用小锤轻轻敲打，用听声音的方法判断管道是否有裂纹。特别对管道的承口及插口部分，更要仔细检查。如有裂纹应予以更换或将有裂纹部分截去。

2）管道对口前应认真清理管口，对涂有沥青的承口及插口用氧—乙炔焰烘烤，用铁丝刷将接口清理干净，以保证填料与管壁的紧密粘着。

3）制作承插接口的操作方法要正确，首先将油麻拧成麻股均匀打入，打实的油麻深度以不超过承口深度的1/3为宜。然后分层塞入填料，分层打实。打好的灰口表面应平整，外观呈现暗色亮光。

4）接口填料应按设计要求进行配制。常用的填料材料质量要求及配比是：填料油麻用丝麻经5%3号或4号石油沥青和95%2号汽油的混合液浸泡晾干而成。因油麻具有良好的防腐能力，且浸水后纤维膨胀，可防止水的浸透。

①纯水泥接口填料，用400号以上硅酸盐水泥加水拌和而成。水泥与水的质量比为9:1。

②石棉水泥接口填料，采用四级石棉绒和400号以上硅酸盐水泥调匀后加水拌和而成。石棉、水泥和水的质量比为27.3:63.6:9.1。

③膨胀水泥接口填料，采用膨胀水泥和干砂调匀后加水拌和而成。膨胀水泥、干砂与水的质量比为4:4:1。

④青铅接口填料为青铅。

5）承插水泥接口打口完成之后，应及时用湿泥抹在接口外面，春秋每天浇水至少两次；夏季要用湿草袋盖在接口上，每天浇水至少四次；冬季要用草袋盖住保温防冻。

6）管道支墩位置设置要合适、牢固。在管道转弯处要设置牢固的挡墩，以防弯头转弯处受介质压力作用而脱开。管道覆盖回填土时要分层予以夯实，但不得直接撞击管道。

四、焊接缺陷及泄漏

1. 问题表现

管道焊缝外形尺寸不符合要求，或者存在咬边、烧穿、焊瘤、弧坑、气孔、夹渣、裂纹、未焊透、未熔合等缺陷，或管道通入介质后焊口泄漏，如图4—6所示。

图 4—6　焊接缺陷及泄漏

2. 原因分析

（1）管道焊缝外形尺寸不符合要求，表现为焊波宽窄不一、焊缝高低不平、焊缝宽度太宽或太窄、焊缝与母材过渡不平滑等，如图 4—7 所示。产生这些缺陷的原因主要是焊接坡口角度不当或对口间隙不均匀、焊接规范选用不当或施焊时操作不当、运条速度及焊条角度掌握不合适等。

（2）咬边是指焊缝边缘母材上被电弧或火焰烧熔出的凹槽，如图 4—8 所示。它的存在，大大降低了焊缝的强度，还会造成应力集中。产生这种缺陷的主要原因是：施焊时选用的焊接电流过大、电弧过长，焊工操作时焊条角度掌握不当、运条动作不熟练等。咬边是立焊、横焊及仰焊的一种常见缺陷。气焊时若火焰能率过大，焊炬倾斜角度不合适，焊炬与运条摆动不当也会产生咬边缺陷。

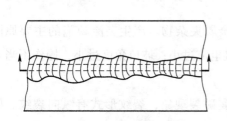

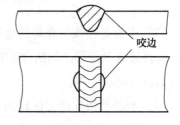

咬边

图 4—7　焊缝外形尺寸缺陷　　　　　图 4—8　咬边

（3）烧穿是指在焊缝底部形成穿孔，造成熔化金属向下流淌的现象。薄壁管道气焊时，如焊工操作不当，极易发生烧穿焊件，造成熔化金属下淌的缺陷。

（4）焊瘤是指熔化金属流淌形成焊缝金属的多余疙瘩，如图 4—9 所示。形成焊瘤的主要原因是：焊接电流过大，对口间隙过大，坡口边缘污物未清理干净等。

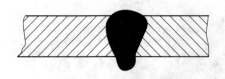

图4—9　焊瘤

（5）弧坑是指焊缝收尾处产生的低于基本金属表现的凹坑。产生这种缺陷的主要原因是：熄弧时间过短，施焊时选用的焊接电流过大等。

（6）气孔是指焊接过程中，熔池金属高温时吸收的气体在冷却过程中未能充分逸出，而在焊缝金属的表面或内部形成的孔穴，分圆形、长条形、链状、蜂窝状等形式，如图4—10所示。

产生气孔的原因主要有：焊工操作不当，焊接电流过大，焊条涂料太薄或受潮，焊件或焊条上粘有油污等。

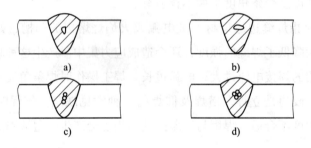

图4—10　气孔形式

a）圆形　b）长条形　c）链状　d）蜂窝状

（7）夹渣是指残留在焊缝金属中的非金属夹杂物。产生夹渣缺陷的主要原因是：焊件边缘及焊层之间清理不彻底；焊接电流过小；坡口角度过小，操作不当未能将熔渣及时拨出等。

（8）裂纹是指在焊接区域内出现的金属破裂现象，裂纹形式有纵向裂纹、横向裂纹和热影响区裂纹，如图4—11所示。产生裂纹的原因主要有：焊接材料化学成分不正确，熔化金属冷却太快，施焊时焊件膨胀和收缩受阻等。

（9）未焊透是指焊接接头根部未完全熔透的现象，如图4—12所示。未焊透缺陷产生的主要原因是：坡口角度或对口间隙过小，钝边过厚，根部难以熔透；焊接电流过小；焊接速度太快，焊缝金属不能充分熔合；焊件散热太快；双面焊时背面清根不彻底，或氧化物、熔渣等阻碍了金属间的充分熔合等。

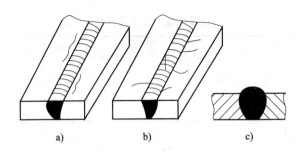

图4—11 裂纹

a）纵向裂纹 b）横向裂纹 c）热影响区裂纹

（10）未熔合是指焊缝中焊道与母材或焊道与焊道之间未能完全熔化结合的部分，如图4—13所示。产生未熔合的原因是：焊接电流过小，施焊操作不当，焊条偏心，母材坡口或前一焊道表面有锈斑或熔渣未清理干净等。

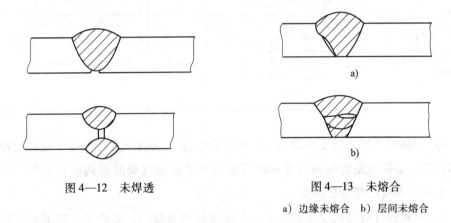

图4—12 未焊透

图4—13 未熔合

a）边缘未熔合 b）层间未熔合

3. 纠正方法及预防措施

（1）纠正方法

1）对外形尺寸不符合要求，如高度不够或过窄的焊缝应予以补焊；对高低不平或过宽的焊缝应给予打磨修整。

2）对于咬边深度大于0.5 mm，连续长度超过25 mm的焊缝应予以补焊。

3）对于烧穿、结瘤的焊缝应视情况给予打磨修补或铲除重焊。

4）对于弧坑、气孔或夹渣均应铲除缺陷，予以补焊。

5）对于焊缝中的裂纹、未焊透或未熔合均应将焊口铲除，重新焊接。

（2）预防措施

1）要防止焊缝外形尺寸偏差过大，除应选用正确的焊接规范和进行正确的施焊操作、掌握好运条速度和焊条角度外，还应根据表4—1的要求，严格控制好坡口角度及对口间隙。

表 4—1　　　　　　　　　　　钢焊件坡口形式及尺寸

坡口名称	钢焊件厚度 T /mm	坡口形式	坡口尺寸			备注
			间隙 c/mm	钝边 p/mm	坡口角度 α/（°）	
I 形坡口	1～3		0～1.5	—	—	单面焊
	3～6		0～2.5			双面焊
V 形坡口	3～9		0～2	0～2	65～75	
	9～26		0～3	0～3	55～65	
X 形坡口	12～60		0～3	0～3	55～65	

2）预防咬边缺陷的主要措施是：根据管壁厚度正确地选择焊接电流，控制好电弧长度；掌握合适的焊条角度和熟练的运条手法。气焊时要调整合适的火焰能率，焊炬与焊丝的摆动要协调。

3）防止焊件烧穿的主要措施是：在施焊较薄管壁时，要选用火焰能率较小的中性焰或较小的焊接电流；对口间隙要符合规范的要求。

4）预防焊瘤的主要措施是：对口间隙要符合规范要求，选用焊接电流要合理；要控制好电弧长度；彻底清理干净坡口及其附近的污物。

5）预防弧坑的主要措施是：焊接收弧时，应使焊条在熔池处短时间停留，或作环形运条，使熔化金属填满熔池；当采用气体保护焊时，可使用焊机上的电流衰减，使焊接电流收弧时逐渐减小，通过添加填充金属而使收弧熔池填满。

6）预防焊缝气孔缺陷的主要措施是：施焊时选用合适的焊接电流和运条速度，采用短弧焊接；焊接中不允许焊接区域受到风吹雨淋；当环境温度在 0℃ 以下时，须采取焊口预热措施；焊条质量要符合要求，使用前应进行烘干；施焊前应清除焊口表面的油污、水分及锈斑等。

7）防止焊缝夹渣的主要措施是：施焊前要认真清理焊口表面的油污，彻底清理前一焊道的熔渣；选用合适的焊接电流，使熔池达到一定温度，防止焊缝金属冷却过快，以促使浮渣充分浮出；熟练操作，正确运条，促进熔渣和铁液良好分离；气焊时采用中性焰，操作中用焊丝将熔渣及时拨出熔池。

8）防止焊口裂纹的措施是：采用碱性焊条或焊剂，以降低焊缝金属中的含氢量；选择合理的焊接规范和线能量，如焊前预热、焊后缓冷等，改善焊缝及热影响区的组织状态；施焊前要烘干焊条，认真清理焊口及焊材表面的油污。

9）防止未焊透缺陷产生的措施是：认真按照规范要求控制接头坡口尺寸，彻底清理焊根，选择合适的焊接电流和施焊速度。

10）防止未熔合缺陷产生的措施是：施焊时要注意焊条或焊炬的角度，运条摆动要适当；选用稍大的焊接电流或火焰能率，焊接速度不宜过快；仔细清理坡口及前一焊道上的熔渣或脏物。

五、阀门填料函处泄漏

1. 问题表现

管道通入介质后，填料函处发生介质泄漏现象。

2. 原因分析

（1）压盖压得不紧。

（2）填料老化，造成填料与阀杆不能紧密接触。

（3）装填料的方法不对或填料未填满。

3. 纠正方法及预防措施

（1）纠正方法

首先压紧填料压盖，如泄漏还在继续，可考虑增加填料；如泄漏现象还不能消除，则应用更换填料的办法予以处理。

（2）预防措施

1）向阀门填料函压装填料的方法要正确，对于小型阀门只需将绳状填料按顺时针方向绕阀杆装满，然后拧紧填料压盖即可；对于大型阀门填料应采用方形或圆形断面，压入前先将填料切成填料圈，然后分层压入，各层填料圈的接头应相互错开180°，如图4—14所示。压紧填料时，应同时转动阀杆，一方面检查阀杆转动是否灵活，另一方面检查填料紧贴阀杆的程度。

2）对填料要认真检查，防止使用老化、失去弹性的填料。

3）如阀杆有锈蚀现象，应清理干净。

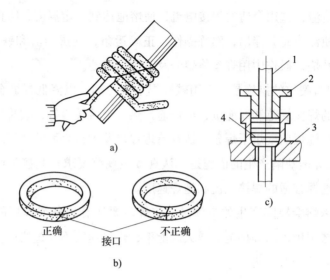

图4—14 填料圈的制备及填料排列法

a）填料圈制备 b）切口形状 c）填装

1—阀杆 2—压盖 3—阀体 4—填料

六、套筒补偿器泄漏

1. 问题表现

套筒补偿器在系统投运后有渗漏现象发生。

2. 原因分析

（1）投运后补偿器中心线与管道中心线不一致。

（2）填料填放方法不当。

3. 纠正方法及预防措施

（1）套筒补偿器安装时，应严格按管道中心线安装，不得偏斜；为防止补偿器运行时发生偏离管道中心线的现象，应在靠近补偿器两侧的管道上安装导向支座。

（2）套筒补偿器填料的填放方法要正确：填绕的石棉绳应涂敷石墨粉，并逐圈压入、压紧，要使各圈接口相互错开；填料的厚度应不小于补偿器外壳与插管之间的间隙。

七、埋地给水管道泄漏

1. 问题表现

管道通水后，地面或墙脚局部返潮、积水，甚至从地面孔缝处向外冒水，严重影响使用。

2. 原因分析

（1）管道隐蔽前的水压试验或检查不认真，未能及时发现管道及管件上的裂纹、砂眼及接口处的渗漏。

（2）寒冷季节管道水压试验后，未及时将管内水泄净，造成管道或管件冻裂漏水。

（3）管道支墩设置不合适，使管道受力不均，致使丝头断裂，尤其在变径处使用补心及丝头过长时更易发生。

（4）管道回填夯实方法不当，管接口处受过大外力撞击，造成丝头断裂漏水。

3. 纠正方法及预防措施

（1）纠正方法

分析判定管道漏水位置，挖开地面进行处理，并认真进行管道水压试验。

（2）预防措施

1）管道隐蔽前须按设计要求认真进行水压试验，并仔细检查管道、管件及接口处是否漏水。

2）寒冷季节管道水压试验后，应及时将管内积水排放干净，以免冻裂管道或管件。

3）管道支墩间距要符合规范或设计要求；丝头加工不得过长，一般外露 2～3 扣为合适；变径处不得使用管补心，应使用变径管箍。

4）管道周围要用手夯分层夯实，以免机械夯撞击管道，损坏管件和接口。

八、冲刷泄漏机理

冲刷引起的泄漏主要是由于高速流体在改变方向时，对管壁产生较大的冲刷力所致。在冲刷力的作用下，管壁金属不断被流体介质带走，壁厚逐渐变薄，这种过程就像滴水穿石一样，最终造成管道穿孔而发生泄漏。冲刷引起的泄漏常见于输送蒸汽的管道弯头处，如图 4—15 所示。因为流体介质在弯头处要改变流动方向，同时对于冲压成型和冷煨、热煨成型的弯头，弯曲半径最大一侧还存在着加工减薄量，所以泄漏常在此处发生。冲刷造成的泄漏如不及时处理，随着时间的推移，孔洞部位会迅速扩大。因此，对这类泄漏应及早采取措施，彻底根除。

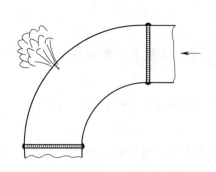

图 4—15　弯头冲刷泄漏示意图

九、泄漏量估算

泄漏量的计算是为了有效地确定单位时间内，流体通过某一通道所外泄的数量。泄漏量的计算有两方面的意义，其一是确定流体输送或储存系统上的泄漏损失；其二是计算"带压密封技术"所创造的经济效益。

泄漏量的计算与通常的流量计算是相同的。

1. 流量的测定

流量的测定常用流量计来完成。流量计按其结构原理可分为以下几种：

（1）容积式流量计

被测流体不断充满一定容积的测量室，并使活塞、转鼓或齿轮等转动，再由计算机构累计流体充满测量室的次数，即可得出流体体积的总流量。化验室常用的湿式气体流量计就属于这种类型，它常用来测量低压气体的小流量。

（2）速度式流量计

利用被测液体流过管道时的速度，使流量计的翼形叶轮转动，液体流动的速度越大，叶轮转速越高；速度越小，转速越低。叶轮的转速和流量有恒定的关系，只要测得叶轮的转速就能测得流量。常用的水表、涡轮流量计就属于这种类型。

（3）差压式流量计

在流体流动的管道内装有一个特制的设备（节流装置），流体流过时，在它的前后产生差压，差压的大小和流量有一定的关系，测量出差压即可测出流量。差压式流量计又可分为定差压式和节流式流量计。生产上常用的转子流量计属于定差压式流量计，节流装置与差压计或差压变送器组成的流量计则属于节流式流量计。

（4）电磁流量计

在流体流动的管道内装有一对电极，管道置于磁场中，能导电的液体在管道内流过时，切割磁场的磁力线产生感应电动势，这个电动势通过电极引出，流量大、电动势高，流量小、电动势低，测出电动势就能测出这种导电液体的流量。

此外还有利用超声波、激光、同位素等方法制成的流量计等。进入 20 世纪 90 年代，计算机的大规模应用给流体流量的精确计算提供了更加有利的条件，计算机与各种流量测量方法结合，其准确性和精度将得到极大的提高。

一些用于确定流体流量的方法及装置同样可以用来确定泄漏流量，但情况将更为复杂。因为泄漏是发生在隔离物体上的传质现象，只要存在泄漏则必然在隔离物体上存在着泄漏通道，而泄漏通道自身是千差万别的，有孔洞、裂纹、不规则的泄漏通道、渗漏通道等。泄漏量的大小不仅与泄漏缺陷的几何形状有关，还与泄漏介质本身的物理化学性质有关，如与温度、压力、黏度、腐蚀性、挥发性等参数有关，特别是多数泄漏流量还会随着时间的推移而逐渐增大。所以，对每一处泄漏点进行精确的定量分析测定是一个十分困难的问题。

2. 计算公式

根据流体力学的有关定律可知，同样大小的泄漏孔洞，泄漏介质的压力越高，则单位时间内的泄漏流量也越大，因此泄漏量的大小取决于隔离物体间的压力差，可用下式表示：

$$Q = C(p_1 - p_2)$$

式中　Q——泄漏量；

　　　C——泄漏校正系数，与泄漏孔洞、流体泄漏状态有关；

　　　p_1——泄漏介质压力，Pa；

　　　p_2——大气压力，Pa。

比较规范的泄漏孔洞的泄漏量可用下式进行粗算：

$$Q = 0.1252Cd^2 \sqrt{(p_1 - p_2)/\rho}$$

$$G = 0.1252Cd^2 \sqrt{(p_1 - p_2)/\rho}$$

式中　Q——泄漏的体积流量，m^3/h；

　　　G——泄漏的质量流量，kg/h；

　　　C——泄漏校正系数；

　　　d——泄漏缺陷孔径，m；

　　　ρ——泄漏状态下流体的密度，kg/m^3。

当已知某一静压储液槽有一孔洞，如图4—16所示，液面高度为 h 时，其泄漏流量与槽内液面高度及孔的截面积有如下关系式：

$$Q = C_0 S_0 \sqrt{2gh}$$

式中　　Q——泄漏的体积流量，m^3/h；

C_0——校正系数，一般为 $0.61 \sim 0.63$；

S_0——泄漏孔洞的截面积，m^2；

h——槽内液面高度，m；

g——重力加速度，$9.8\ \text{m/s}^2$。

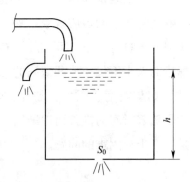

图4—16　静压孔洞泄漏流量示意图

用公式法计算泄漏流量是相当困难的，因为有些参数难以确定，只能是一种粗算。当然也可以利用图解法来计算泄漏流量，即通过试验的方法做出各种介质、各种温度及压力、不同规格泄漏孔洞的泄漏曲线图，以供查阅。如图4—17所示是水及蒸汽泄漏曲线图。

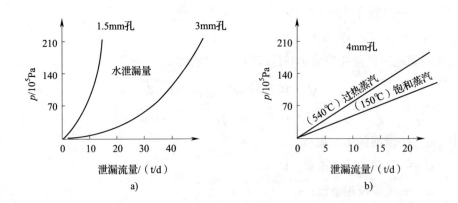

图4—17　图解法计算泄漏流量示意图

对渗漏泄漏，可通过计算每分钟内滴下的液滴量来计算出泄漏流量。对小流量气体泄漏，可收集其单位时间内的泄漏量，再计算泄漏流量。对大流量泄漏，则可以通过系统设置的流量计泄漏前后的数值变化，估算出泄漏量。知道泄漏缺陷几何尺寸的，也可通过图解法求出泄漏量。

 ## 学习单元 2　设备泄漏综合评价方法

 ## 学习目标

➤ 通过本单元学习，能够对泄漏设备及介质进行综合评价。

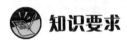 ## 知识要求

一、泄漏设备人为因素评价

1. 麻痹疏忽

生产企业为了降低成本、追求高额利润，人们急功近利，往往存有侥幸心理，忽视安全，如缩小安全系数、减免安全保护设施，各种"麻痹大意、疏忽"等造成的失误层出不穷；有时对急于投入生产的新技术认识有限，尚未完全掌握伴随而来的副作用，也会造成泄漏事故。

2. 管理不善

管理和技术好比是人的大脑和手脚，缺一不可。管理的科学化甚至比技术更为重要，就像大脑比手脚更重要一样。生产现场的跑、冒、滴、漏正是管理落后的标志，各种泄漏事故往往都能从管理上找到漏洞。

3. 违章操作

违反安全规定，不按程序操作是造成泄漏最重要的原因。由于操作人员工作不认真、想当然、技术不熟练、误操作造成泄漏事故的例子屡见不鲜。引起泄漏的错误操作通常有：操作不平稳，压力和温度调节忽高忽低；气孔、油孔堵塞，未及时清理；不按时添加润滑剂，导致设备磨损；不按时巡回检查、发现和处理问题，如溢流冒罐等；误关阀门和忘记操作等。

二、泄漏设备材料失效因素评价

设备材料的失效是产生泄漏最主要的直接原因。因此研究材料失效机理，是防止泄漏的有效手段。据统计，腐蚀、裂纹、磨损等是导致材料失效、造成泄漏的主要原因；此外，地震等自然灾害以及人为破坏也会引起破坏性泄漏。

1. 材料本身质量问题

如钢管焊缝有气孔、夹渣或未焊透，铸铁管有裂纹、砂眼，水泥管被碰裂等。

2. 材料破坏而发生的泄漏

如输送腐蚀性强的流体，一般钢管在较短时间内就会被腐蚀穿孔；输送高速的粉料，钢管会被磨蚀损坏；还有材料因疲劳、老化、应力集中等造成强度下降等。

3. 因外力破坏导致泄漏

野蛮施工的大型机动设备的碾压、铲挖等人为破坏；地震、滑坡、洪水、泥石流等造成管道断裂，车辆碰撞造成管道破裂，施工造成破坏。

4. 因内压上升造成破坏引起泄漏

如水管因严寒冻裂，误操作（管道系统中多台泵同时投入运行，或关闭阀门过急）引发水击造成管道破裂。

三、泄漏设备密封失效因素评价

密封是预防泄漏的元件，也是容易出现泄漏的薄弱环节。

密封失效的原因主要是密封的设计不合理、制造质量差、安装不正确等，如设计人员不熟悉材料和密封装置的性能，产品不能满足工况条件造成超压破裂，密封结构形式不能满足要求，密封件老化、腐蚀、磨损等。

所谓的"无泄漏"泵也不是绝对不会发生泄漏。某油田输油泵投产时只用了磁力泵，没有动密封，由于轴承损坏，窜轴磨坏玻璃钢隔离套，导致泄漏、着火事故。

四、泄漏设备介质危险因素评价

当设备泄漏事故发生后，首先要做的是对设备及泄漏介质进行综合评价，根据设备介质泄漏量的多少，确定泄漏现场的初始隔离距离和防护距离。具体操作方法见表4—2。

表4—2　　　　　常见危险介质泄漏事故现场隔离与疏散距离

UN No/化学品名称	少量泄漏			大量泄漏		
	紧急隔离/m	白天疏散/km	夜间疏散/km	紧急隔离/m	白天疏散/km	夜间疏散/km
1005/氨（液氨）	30	0.2	0.2	60	0.5	1.1
1008/三氟化硼（压缩）	30	0.2	0.6	215	1.6	5.1

第2节　工　艺　编　制

 学习单元1　带压密封施工方案编制

 学习目标

➤ 通过本单元学习，能够编制带压密封施工方案。

 知识要求

带压密封工程施工方案由施工单位编制，生产单位提供相应的现场情况、泄漏介质工艺参数及与泄漏介质有关的应急救援预案等。

施工方案是指导施工具体行动的纲领。它是依据工程概况，结合人力、材料、机具等条件，合理安排总的施工顺序，选择最佳的施工方法及组织技术措施，并进行施工方案的技术经济比较，确定最佳方案。

带压密封工程施工方案可按下列格式编制。

带 压 密 封 施 工 方 案

名　　称：_____

工程编号：_____

图纸编号：_____

生产单位：　　　　　　　　施工单位：

批　　准：　　　　　　　　批　　准：

审　　核：　　　　　　　　审　　核：

　　　　　　　　　　　　　编　　制：

编制单位：（　　　）经理部

编制时间：20××年×月××日

目　　录

一、编制说明

本施工方案是根据×××××单位下达的安全检修任务书及泄漏部位勘测情况编制，采用夹具—注剂法进行带压密封技术作业。

二、编制依据

1. ××××下发的《安全检修任务书》。

2. HG/T 20201—2007《带压密封技术规范》。

3. GB/T 26467—2011《承压设备带压密封技术规范》。

4. GB/T 26468—2011《承压设备带压密封夹具设计规范》。

5．HG 20660—2000《压力容器中化学介质毒性危害和爆炸危险程度分类》。

6．TSG R0004—2009《固定式压力容器安全技术监察规程》。

7．TSG D0001—2009《压力管道安全技术监察规程——工业管道》。

三、工程概况

1．计划工期：2011 年 12 月 1 日至 2011 年 12 月 25 日。

2．施工内容：安全措施、现场勘测、金属丝选择、注剂工具准备、现场操作及交工验收。

四、现场勘测

1．现场泄漏介质勘测数据填入表 4—3 中。

表 4—3　　　　　　　　　　泄漏介质勘测记录

泄漏介质 化学参数	名称		危险性类别		
	腐蚀性质		毒性危险程度	爆炸危险 程度	
泄漏介质 物理参数	最低工作温度 /℃		最高工作温度 /℃		作业环境温度 /℃
	最低工作压力 /MPa		最高工作压力 /MPa		

勘测人员姓名：　　　　　　　　　　　　　　　　　　　　　年　　　月　　　日

说明：

（1）泄漏介质性质、温度、压力应以现场实际运行的数据为准进行记录。当对勘测结果有怀疑时，应在现场重新进行测量或取样复检。

（2）泄漏介质毒性危害和爆炸危险程度分类，按 HG 20660—2000《压力容器中化学介质毒性危害和爆炸危险程度分类》执行。

2．法兰垫片泄漏部位勘测数据填入表 4—4 中。测量内容如图 4—18 所示。

表 4—4　　　　　　　　　法兰密封面泄漏部位勘测记录

项目	ϕ_1	ϕ_2	e	C_1	C_2	C	h	螺栓	泄漏缺陷简图
测量值						$C_{min} =$	$h_{min} =$	规格 M 数量 $n =$	长×宽 （或当量孔径）

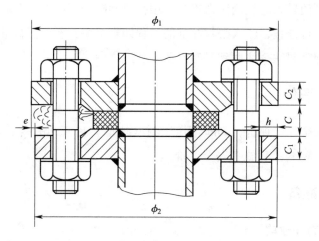

图 4—18　法兰密封面部位泄漏的勘测

五、金属丝捆扎法

1. 金属丝捆扎法适用范围

当两法兰的连接间隙小于 4 mm，并且整个法兰外圆的间隙量比较均匀，泄漏介质压力低于 2.5 MPa，泄漏量不是很大时，也可以不采用特制夹具，而是采用另一种简便易行的办法，即用直径等于或略小于泄漏法兰间隙的铜丝组合成新的密封空腔，然后通过螺栓专用注剂接头或法兰上新开设的注剂孔把密封注剂注射到新形成的密封空腔内，达到止住泄漏的目的。

2. 捻缝

可把准备好的铜丝沿泄漏法兰间隙放好，每放入一段，用冲子、铁锤或用装在小风镐上的扁冲头把铜丝嵌入到法兰间隙中去，同时将法兰的外边缘用上述工具冲出塑性变形，如图 4—19 所示。这种内凹的局部塑性变形就使得铜丝固定在法兰间隙内，冲击凹点的间隔及数量视法兰的外径而定，一般间隔可控制在 40～80 mm，这时铜丝就不会被泄漏的压力介质或带压密封作业时注剂产生的推力所挤出。铜丝全部放入，捻缝结束后，即可连接高压注剂枪进行带压密封作业。注入密封注剂的起点，应选在泄漏点的相反方向、无泄漏介质影响的部位，最后一枪应选在泄漏点

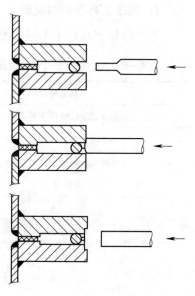

图 4—19　捻缝过程示意图

附近。这样做可使较大的注剂压力集中作用在泄漏缺陷部位上，有利于强行止住泄漏介质。泄漏一旦停止，注入密封注剂的过程即告结束，不可强行继续注入，以免把铜丝挤出或把密封注剂注射到泄漏设备或管道之中。

六、安全评价

对施工的安全作出评价，判断带压密封（堵漏）施工可否保证人员和设备安全，填写《带压密封工程施工安全评价》。

七、施工准备

1. 带压密封作业前

带压密封作业前，生产单位对我方施工人员进行如下的安全教育已经落实：

（1）泄漏介质压力、温度及危险特性。

（2）泄漏设备的生产工艺特点。

（3）泄漏点周围环境存在的危险源情况。

（4）施工现场的安全通道、安全注意事项和必备的安全防护措施及相关安全管理制度。

2. 施工方案交底

施工人员进入现场前由我方施工单位技术负责人向施工人员交底，确保施工人员完全理解施工方案及安全措施。

3. 施工工具及密封材料

弯头带压密封施工工具及密封材料见表4—5。

表4—5　　　　　　　　　　带压密封施工工具及密封材料

工具名称	单位	数量
手动自动复位液压注射工具	套	1
气动连续加料液压注射工具	套	1
电动连续加料液压注射工具	套	1
注剂阀	个	10
换向接头	个	5
螺栓接头	个	20
紧带器	件	2
C形卡具	套	4
气钻	套	2

续表

工具名称	单位	数量
充电钻	套	1
加长钻头 $\phi 3.5 \sim 4$ mm × （150 ~ 250）mm	件	5
捻缝工具	套	2
普通扳手	套	2
防爆扳手	套	1
普通锤	个	1
铜制锤	个	1
铜丝	米	20
旋具	套	1
管道修复器和卡箍	件	按实际需要
密封注剂	江达 14 号	10 kg
密封注剂	江达 8 号	10 kg（备用）

4. 安全防护用品

（1）高处作业安全与防护

凡高出坠落基准面 2 m（含）以上，有可能发生坠落的作业，属高处作业。除遵守 GB/T 3608—2008《高处作业分级》规定外，还应遵守以下规定：

1）进入现场佩戴好个人劳动保护用品，并配备必要的专用工具。

2）作业前禁止饮酒。

3）搭建带有安全护栏的防滑操作平台，并应设有作业人员能迅速撤离的通道。

4）不准上下抛掷工具及其他物品。

5）患有高血压、心脏病、癫痫病及恐高症的人员，严禁从事高处带压密封作业。

6）在专设带有防护栏的作业平台上从事带压密封操作时，不宜系安全带。

（2）有毒有害介质泄漏带压密封作业的安全与防护

对于在有毒有害物质环境作业，应依据泄漏物质的毒性程度佩戴导管式防毒面具或过滤式防毒面具，其质量应符合 GBZ1—2010《工业企业设计卫生标准》和 GB 2890—2009《呼吸防护　自吸过滤式防毒面具》的规定。当泄漏介质是高度以上危害介质时，应由生产单位根据现场情况提供专用的安全防护用品。

（3）易燃易爆介质泄漏带压密封作业的安全与防护

1）严格禁止明火，防止静电的产生、电击和放电。

2）采用通风换气，降低可燃物的浓度，使之处于爆炸范围之下。

3）采用惰性气体保护法，冲淡可燃气体的浓度，使之保持在爆炸范围之下。

4）采用防爆工具，如风镐、风钻、铜旋具、铜锤等。

5）如必须在易燃易爆介质系统设备上钻孔时，应采用气动钻，并用惰性气体将泄漏介质吹向无人一侧。在钻孔过程中为防止产生火花、静电及高温，应采取以下措施：

①冷却降温法。钻孔过程中，将冷却液不断地浇在钻孔表面上，降低温度，使之不产生火花。

②隔绝空气法。在注剂阀或卡兰通道内填满密封剂，钻头周围被密封剂所包围，始终不与空气接触，起到保护作用。

③惰性气体保护法。用一个可以通入惰性气体的注剂阀，钻头通过注剂阀与设备和介质接触，惰性气体可起到保护作用。

6）作业人员应穿防静电服和防静电鞋。防静电服应符合 GB 12014—2009《防静电服》，防静电鞋应符合 GB 4385—1995《防静电鞋、导电鞋技术要求》的规定。

7）不穿带钉的鞋和不在易燃易爆场合脱换衣服。

（4）高噪声泄漏环境带压密封作业的安全与防护

按照 GB 12348—2008《工业企业厂界噪声排放标准》的规定，当密封作业环境的噪声超过 80 dB 时，作业人员应佩戴符合标准的耳塞、耳罩和防噪声头盔。

（5）强腐蚀介质泄漏带压密封作业的安全与防护

1）戴防护眼镜或装防护挡板。

2）佩戴耐酸碱手套，其质量应符合 AQ 6102—2007《耐酸（碱）手套》的规定。

3）穿用耐酸碱鞋，其质量应符合 GB 12018—1989《耐酸碱皮鞋》的规定。

4）穿用防酸服，其质量应符合 GB/T 12012—1989《防酸工作服》的规定。

（6）高温泄漏介质带压密封作业的安全与防护

1）佩戴耐高温的安全帽或头盔。

2）戴耐温手套，其质量应符合国家相关质量标准。

3）穿用高温防护鞋，其质量应符合 LD 32《耐高温鞋》的规定。

4）穿阻燃工作服，其质量应符合 GB 8965.2—2009《防护服装 阻燃防护第 1 部分：阻燃服》的规定。

八、施工工艺

1. 适用范围

（1）适用消除法兰间隙小于 5 mm，圆形或非圆形法兰密封垫片泄漏。

（2）金属丝围堵密封通过螺孔注剂时，适用压力为 2 MPa 以下；当压力超过 2 MPa 时，应由法兰外缘钻孔、攻螺纹，接入注剂阀注剂密封，如图 4—20 和 4—21 所示。

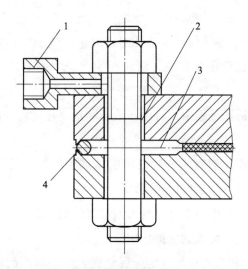

图 4—20　金属丝围堵螺孔注剂示意

1—螺孔注剂接头　2—注剂通道　3—密封腔　4—金属丝

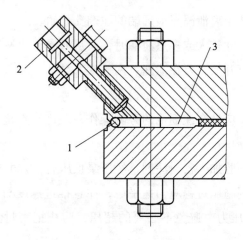

图 4—21　金属丝围堵法兰钻孔注剂示意

1—金属丝　2—注剂阀　3—密封腔

2. 施工操作

（1）螺孔注剂接头设置，在泄漏点两侧相邻螺栓处应安装螺孔注剂接头，其余螺栓可间隔设置。

（2）安装螺孔注剂接头时，首先用 G 形卡卡紧拆卸螺母的螺栓旁，卸下螺母后装入螺孔注剂接头，再紧固螺母，装配过程不得同时拆卸两个及以上螺栓螺母。

（3）法兰钻孔注剂时，在法兰外缘适当位置钻孔，攻螺纹，接装注剂阀，通过注剂阀用 $\phi 4$ mm 钻头钻至法兰间隙的剩余厚度。钻孔应符合下列规定：

1）钻孔位置不得在法兰螺栓中心线之内，更不能损伤法兰螺栓。

2）在易燃易爆介质系统设备上钻孔时，应采用气动钻，并用惰性气体将泄漏介质吹向无人一侧。在钻孔过程中为防止产生火花、静电及高温，应采取以下措施：

①冷却降温法。钻孔过程中，将冷却液不断地浇在钻孔表面上，降低温度，使之不产生火花。

②隔绝空气法。在注剂阀或卡兰通道内填满密封剂，钻头周围被密封剂所包围，始终不与空气接触，起到保护作用。

③惰性气体保护法。用一个可以通入惰性气体的注剂阀，钻头通过注剂阀与设备和介质接触，惰性气体可起到保护作用。

3）将与法兰间隙相当直径尺寸的金属丝嵌入法兰周圈间隙，用配有圆形凿子的微型风镐铲捻法兰外缘内边角，敛缝阻挡金属丝。

（4）注剂操作

1）单点泄漏应从距离泄漏点最远端的注剂孔开始。

2）当泄漏缺陷尺寸较大或多点泄漏时，应从泄漏点两侧开始注入密封注剂。

3）从第二注入点开始，要在泄漏点两侧交叉注入，最终直对主泄漏点，直至消除泄漏。

4）注剂操作人员应站在注剂枪的旁侧操作，装卸注剂枪和向料剂腔填加密封注剂时必须先关闭注剂阀。

5）注剂枪的料剂腔加入密封注剂，经压泵顶压后，方可打开注剂阀注入。

6）注入密封注剂施压过程应匀速平稳，注意推进速度与密封注剂固化时间协调。要严格控制注剂压力，避免不必要的超压，防止把密封注剂注入泄漏系统中去。

7）完成顺序注入后要进行补注压紧，防止产生应力松弛，确保密封效果长期稳定。

九、施工人力计划

施工人力计划见表4—6。

表4—6   施工人力计划

序号	工种	人数	天数	合计工日
1	领队	1	1	1
2	安全员	1	1	1
3	特种作业员	2	1	1

十、健康安全环境管理措施

1. 风险分析

泄漏的危险介质及对泄漏部位的施工操作，可能对作业单位带来风险，应当进行科学的分析和判断，并采取成熟和可靠的安全措施。

（1）泄漏介质可分为普通介质和危险介质。危险介质有：

1）高温、高压泄漏介质，作业人员可能有被烫伤和击伤的风险。

2）有毒泄漏介质，作业人员可能有中毒的风险。

3）腐蚀和烧灼泄漏介质，作业人员可能有被灼伤、化学烧伤的风险。

4）易燃、易爆泄漏介质，作业现场可能有发生火灾、爆炸的风险。

对于这些危险介质，施工人员在进行现场勘测及带压密封前，应根据实际泄漏介质的具体情况，制订切合实际的施工方法和安全措施，才能进入泄漏现场进行施工。

（2）带压密封技术的安全性问题

1）注入的密封注剂压力是否会把螺栓拉断、管壁压瘪？

根据专家对带压密封现场法兰螺栓的试验结果显示，在正常操作的情况下，螺栓是安全的。为安全起见，对最高注射压力作出了限制，这些已在相应的操作规程中得到体现。

2）管壁是否会被压瘪，甚至压断的问题？

通过对大量管道的计算显示，在正常的情况下，使管道压瘪的临界压力都很高，不会对管道造成危险。

3）带压密封施工应在不动火的状态下操作，安全性高。

4）密封注剂应无毒、无腐蚀，不会与泄漏介质起化学反应，可靠性强。

5）设计制造的夹具应是科学的，长期的现场实践证明是安全和适用的。

6）带压密封施工从开始到结束的每个环节，都采取了非常具体的措施，有详细的安全操作规程，保证带压密封施工的安全。

7）施工操作人员根据国家有关规定必须经严格的专业技术培训，持证上岗操作。

8）施工操作人员必须穿戴好工作服和相应的专用防护用品，才能进入施工现场。

9）泄漏和施工现场应设置明显的警示标记，划出限制无关人员出入的操作区间。

10）对泄漏部位的泄漏介质、温度、压力、孔洞大小、外部尺寸和缺陷等情况必须勘测清楚，认真记录。这也是制定切实可行的施工方法和安全措施、突发事件应急处理方法的唯一重要依据。只有在做好充分准备后，才能开始施工作业。

11）夹具密封法的作业顺序是：现场勘测数据→夹具设计制造→夹具安装→从夹具上的注射阀注入密封剂→消除泄漏。每个过程都有明确的安全操作规程。注入密封剂安全操作法保证了密封剂不被注入泄漏系统中，也保证了新密封结构的安全。

2. 人员管理

（1）按照国家的相关规定，施工人员必须经带压密封专业技术培训，理论和实际操作考核合格，取得技术培训合格证书后，才能上岗进行带压密封作业。施工人员应随身携带带压密封特种作业施工证。

进入厂区后，按照甲方安全管理规程，先接受安全监督的安全教育，熟悉厂区环境，再进行相关的施工准备，一切听从厂方的安排。有问题时项目负责人应及时与安全监督联系沟通。

施工人员进入厂区后，不得随意走动，服从厂方的管理规定；进行施工时，如无必要不得擅自离开施工区域。

3. 劳动防护

（1）安全防护范围——防烫、防烧灼、防火防爆、防静电、防毒、防坠落、防噪声、防碰伤、防割伤、防触电等。

施工操作人员必须了解现场泄漏介质的参数，如温度、压力等，熟知国家相应的法规和标准，懂得安全防护和急救措施。

（2）要求进入厂区后必须按规定正确穿戴使用全套劳保用品，进入限制空间时必须穿着防滑雨鞋。

4. 安全措施

为了保证带压密封施工工程的顺利实施，必须坚决贯彻"安全第一、预防为主"的安全管理方针。为了保证劳动者在生产劳动过程中的安全、健康，确保国家财产免受损失，特制定以下安全措施。

（1）严格执行特种作业审批程序。

（2）带压密封施工单位，根据带压密封的特点，制定各种条件下带压密封安全操作规程和防护要求、应急措施等，并监督现场带压密封施工操作人员的贯彻执行情况。

（3）带压密封的专用工具和施工工具必须满足耐温耐压和国家规定的其他安全要求，不允许在现场使用不合格的产品。

（4）带压密封的防护用品必须是符合国家安全规定的合格产品。

（5）为了保证带压密封过程中的安全，有下列情况之一者不能进行带压密封，或者需采取其他补救措施后才能进行带压密封：

1）管道及设备器壁等主要受压元器件，因裂纹泄漏又没有有效防止裂纹扩大措施时，不能进行带压密封。否则会因为堵漏掩盖了裂纹的继续扩大而发生严重的破坏性事故。

2）透镜垫法兰泄漏时，不能用通常的在法兰副间隙中设计夹具注入密封剂的办法消除泄漏。否则会使法兰的密封由线密封变成面密封，极大地增加了螺栓力，以致破坏了原来的密封结构，这是非常危险的。

3）对于管道腐蚀、冲刷减薄状况（厚薄和面积大小）不清楚的泄漏点，如果管壁很薄，且面积较大，设计的夹具不能有效覆盖减薄部位，轻者堵漏不容易成功，这边堵好那边漏，重者会使泄漏加重、甚至会出现断裂的事故。

4）极度剧毒介质泄漏时，例如光气等泄漏，不能带压密封。这主要考虑的是安全防护问题。

5）强氧化剂的泄漏，例如浓硝酸、温度很高的纯氧等泄漏，需特别慎重考虑是否进行带压密封。因为它们与周围的化合物，包括某些密封剂会起剧烈的化学反应。

（6）带压密封前，施工操作人员根据现场泄漏的具体情况，制定切合实际的安全操作规程和防护措施，严格按安全操作法施工。

（7）带压密封施工操作人员要严格执行带压密封相关的国家劳动安全技术标准，遵守施工所在单位（公司、厂矿）的纪律和规定。每次作业都必须取得所在单位的同意后，才能进行施工。

（8）防爆等级特别高和泄漏特别严重的带压密封现场，要有专人监控，制定严密详细的防范措施，现场应有必要的消防器材、急救车辆和人员。

（9）安全用电措施

1）所有电气设备必须有良好的接地，且性能良好。

2）所有电气设备操作人员必须有一定的专业基础，了解用电基本常识。

3）施工需用电时，应会同业主单位有关负责人联系用电事宜，确认电源所在位置、电压合适再进行施工。

（10）进入限制空间的措施

1）必须办理作业许可证后，方能施工。

2）必须有专人监护。

3）必须先进行有毒有害气体的测定，确认无危险后，作业人员才能进入限制空间。

4）作业人员与地面人员应根据事先规定的通信联络方式进行联系，并且需专人负责。

5）作业人员使用的工具、材料应系好安全绳索或者放在专用的工具袋进行运送，不得上下投掷。

6）进出限制空间的作业人员不准携带任何笨重物体，任何物体必须经安全通道传送或用提升绳索运送。

7）在限制空间里必须观察好地形，谨慎慢行。

（11）防止中暑措施

1）施工前检查施工人员精神状态，患病或精神萎靡者不可施工。

2）按照现场情况降低劳动强度。

3）给现场人员提供足够的饮用水。

（12）通用安全管理要求

1）开好班前（后）会，布置、核查当天即将开工的作业项目和内容；检查和审批当天即将开工的危险作业申请项目的安全防范措施准备状况；布置当天现场管理的重点内容。

2）应随时清理现场，每天收工时必须清理干净现场，施工结束时必须做到工完、料净、场地清。

3）禁止任何人携带打火机及其他类似火源进入施工现场，手机必须关机。

4）所有人员必须严格遵守施工现场禁止吸烟的相关规定。严禁在施工现场打闹、休闲、娱乐。

5）任何人不准在施工现场的安全通道上搁置任何物品。施工现场的所有物品和设备摆放必须整齐，并听从管理人员的指挥进行移动和搬迁。

5. 环保措施

为了保护我们赖以生存的自然环境，制定以下环保措施，每位施工人员在施工过程中都应该认真遵守。

1）污物、废弃品，边角料放置进入专用垃圾箱，保持作业现场的清洁。

2）施工剩余边角料进行归类，能再利用的进行回收，不能利用的放置在现场专用垃圾箱内。

6. 应急预案

（1）泄漏点着火时的应急措施

1）立即停止带压密封作业。

2）根据不同的着火介质采用不同的灭火方法。

①用水灭火。

②用饱和蒸汽灭火。

③用二氧化碳灭火器灭火。

④用泡沫灭火器灭火。

⑤用干粉灭火器灭火。

3）必要时及时报火警。

4）分析着火原因，采取有效措施后，才能继续带压密封。

（2）带压密封现场施工操作人员中毒的应急措施

1）立即停止带压密封作业。

2）迅速把中毒人员撤离现场至空气流通、清新的地方。

3）必要时把中毒人员送附近医院急救治疗。

4）全面检查操作人员防护用品，采取有效防范措施后才能继续带压密封。

（3）带压密封现场施工操作人员受伤时的应急措施

人员受伤包括机械损伤、烧伤、烫伤、化学药品灼伤、高空坠落损伤等。

1）立即停止带压密封作业。

2）根据不同的损伤性质和程度，采取不同的应急措施和方法。

3）迅速把受伤者撤离现场进行急救和包扎，必要时迅速送往附近医院急救。

4）对化学药品灼伤者，应根据化学药品性质，对受伤部位用清水冲洗或用其他化学溶液冲洗，并根据情况迅速送附近医院急救处理。

5）分析损伤原因，在采取了防止再次受伤的措施、保证安全的情况下，才能继续带压密封作业。

（4）触电应急处理

1）发现有人触电时应迅速使触电者脱离电源，并报告业主单位相关安全监督部门。

2）如果电源的控制箱或插头离触电地点很远，可用绝缘良好的工具把电线斩断，或用干燥的木棒、木条等将电源线拨离触电者。

3）如果现场无任何绝缘物，而触电者的衣服是干燥的，则可用包有干燥毛巾或衣服的一只手去拉触电者的衣服，使其拨离电源。

4）如果触电者的伤害不严重，神志清醒，可让其就地休息一段时间，不要走动，做仔细检查，必要时再送医院。

5）如果触电者伤害情况严重，无呼吸，应在通知厂方医护人员的同时，采取人工呼吸抢救，现场无法救治的立即送往附近医院。

（5）中暑应急处理（夏季施工时）

1）高温环境下出现大汗、口渴、无力、头昏、眼花、耳聋、恶心、心悸、注意力不集中、四肢发麻等情况的施工人员应立即停止作业，到阴凉通风的地方休息，同时补充水分（淡盐水）。

2）出现剧烈的头疼、头昏、恶心、呕吐、耳鸣、眼花、烦躁不安、意识障碍，甚至发生抽搐昏迷的施工人员，立即停止作业。将中暑者移动至阴凉处或空调室中，并给予物理降温。使中暑人员安静仰卧，头部垫高，松解衣领扇风，头部冷敷，用酒精擦身，少量多次地给予冷的盐开水或清凉饮料。

3）人员出现昏迷或经救治无明显改善者立即就近送往医院。

【案例】某厂乙烯车间V-304法兰泄漏带压密封施工方案现场施工部分如下：

一、泄漏单位

某厂乙烯车间V-304液面计连接法兰，垂直安装。

二、泄漏介质参数

泄漏介质参数见表4—7。

表4—7　　　　　　　　　　　V-304泄漏介质参数

名称	压力/MPa	温度/℃	最高容许浓度/（mg/m³）	爆炸危险度	闪点/℃	自燃点/℃	爆炸极限/%（体积）	
							下限	上限
混合芳烃	3.4	-134	100	4.9	气态	455	2.0	28.5

三、现场测绘

1. 泄漏法兰的外圆直径。上法兰周长 $L=425$ mm；下法兰周长 $L=425$ mm。

2. 泄漏法兰的连接间隙。共测四个点：$b_1'=6.9$ mm；$b_2'=6.6$ mm；$b_3'=6.0$ mm；$b_4'=6.8$ mm。

3. 泄漏法兰副的错口量 e。$e=0.4$ mm。

4. 泄漏法兰外边缘到其连接螺栓的最小距离 k。$k=9$ mm。

5. 泄漏法兰副的宽度 b。$b=44$ mm。

6. 泄漏法兰连接间隙的深度 k_1。$k_1=28$ mm。

7. 泄漏法兰连接螺栓的个数和规格。$4\times$M16。

四、夹具设计

超低温物质泄漏的夹具设计必须选择耐低温类不锈钢材料来制作夹具，并且在夹具的设计中要增强夹具的封闭性能，因此选择1Cr18Ni9Ti作为夹具的制作材料，并增设O形圈密封槽结构。夹具设计如图4—22所示。

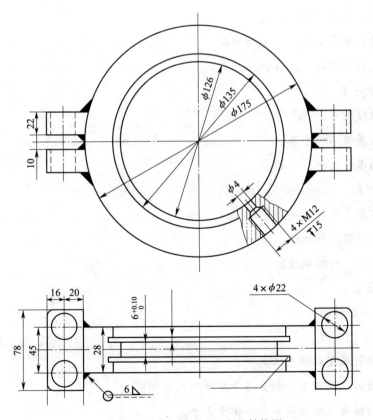

图4—22　超低温法兰夹具结构图

五、安全保护用品

1. 安全帽

（1）戴面罩安全帽。

（2）高温铝箔防护头盔。

2. 防护眼镜

（1）防雾防护眼镜。

（2）封闭式防护眼镜。

3. 防噪声耳罩

（1）耳机式防噪声耳罩。

（2）防噪声帽。

4. 防毒面具

（1）防毒口罩。

（2）长管隔离式防毒面具。

5. 安全防护服

（1）特制防高温皮制衣服。

（2）特制防高温衣服（石棉制品）。

（3）铝箔高温防护服（低温可用）。

6. 防护手套

（1）橡胶防水手套。

（2）防高温石棉手套。

（3）高温铝箔防护手套。

7. 防护鞋

（1）防热、防挤压安全皮鞋。

（2）高温铝箔防护鞋。

（3）耐油、耐酸碱胶靴。

8. 安全带

高处作业时使用。

六、作业用工器具

1. 自动液压复位注剂工具一套。

2. 注剂阀。通用型，数量与夹具注剂孔数相同。

3. 多向接头及加长接头各不少于2个。

4. 夹具连接螺栓2只，规格≥M16；M12丝堵，数量与夹具注剂孔数相同。

5. 注剂阀专用棘轮扳手 1 只。

6. 小风镐，扁形、圆形冲子各 1 把（防爆型）。

7. 梅花扳手 2 把（防爆型）。

8. 活扳手（防爆型）2 把。

9. 旋具（防爆型）1 只。

10. 钢丝钳、手锤（防爆型）各 1 只。

11. 管钳 1 把。

七、密封注剂选择

根据泄漏介质丙烯参数，选用 8# 密封注剂，3# 密封注剂备用。

八、现场作业

首先在夹具开槽处安装铝丝，上好注剂阀，佩戴好劳动保护用品。接一根压缩空气管，用于吹开泄漏介质；一根加热蒸汽管，用于加热高压注剂枪、高压输油管、快装接头及密封注剂，保证密封注剂顺利注射。一人用风管吹开泄漏介质，一人安装夹具。连接高压注剂枪，在加热蒸汽的配合下进行注剂作业，直到泄漏停止。

九、说明

超低温泄漏介质，由于其温度特别低，泄漏后会迅速冻结周围的物体。因为是第一次处理这样的介质，前两次堵漏均告失败，第三次堵漏时总结了失败的教训，采取以上做法，终于获得成功，避免了该装置一次重大停产事故的发生。大修时将堵漏装置拆除。

 学习单元 2　带压密封事故应急预案编制

 学习目标

➤ 通过本单元学习，能够根据泄漏部位及周边危险源编制事故应急预案。

 知识要求

一、应急救援预案定义

事故应急救援是指泄漏介质由于各种原因造成或可能造成众多人员伤亡及其他

较大社会危害时，为及时控制危险源，抢救受害人员，指导群众防护和组织撤离，清除危害后果而组织的救援活动。

二、应急预案的编制

应急预案编制过程中，应注重全体人员的参与和培训，使所有与事故有关人员均掌握危险源的危险性、应急处置方案和技能。此外，编制应急预案时应充分收集和参阅已有的应急救援预案，以最大可能减少工作量和避免预案的重复和交叉，并确保与其他相关应急救援预案（地方政府预案、上级主管单位以及相关部门的预案）协调一致。此阶段的主要工作包括：确定预案的文件结构体系；了解组织其他管理文件，保持预案文件与其兼容；编写预案文件；预案审核发布。

1. 总则

（1）编制目的。简述应急预案编制的目的、作用等。

（2）编制依据。简述应急预案编制所依据的法律法规、规章，以及有关行业管理规定、技术规范和标准等。

（3）适用范围说明。应急预案适用的区域范围，以及事故的类型、级别。

（4）应急预案体系。说明本单位应急预案体系的构成情况。

（5）应急工作原则。说明本单位应急工作的原则，内容应简明扼要、明确具体。

2. 企业基本情况

主要包括单位的地址、经济性质、从业人数、隶属关系、主要产品、产量等内容，周边区域的单位、社区、重要基础设施、道路等情况。危险化学品运输单位运输车辆情况及主要的运输产品、运量、运地、行车路线等内容。

3. 危险目标及其危险特性和对周边的影响

主要阐述本单位存在的危险源及其危险特性和对周边的影响。

4. 危险化学品事故应急救援组织机构、组成人员及职责划分

事故发生时，能否对事故做出迅速的反应，直接取决于应急救援系统的组成是否合理。所以，预案中必须对应急救援系统精心组织，分清责任，落实到人。应急救援系统主要由应急救援领导机构和应急救援专业队伍组成。

应急救援领导机构负责企业应急救援指挥工作，小组成员应包括具备完成某项任务的能力、职责、权力及资源的厂内安全、生产、设备、保卫、医疗、环境等部门负责人，还应包括具备或可以获取有关设备、生产装置、储运系统、应急救援专业知识的技术人员。小组成员直接领导各下属应急救援专业队，并向总指挥负责，由总指挥统一协调部署各专业队的职能和工作。

应急救援专业队是事故发生后，接到命令即能火速赶往事故现场，执行应急救援行动中特定任务的专业队伍。按任务可划分为：

（1）通信队。确保各专业队与总调度室和领导小组之间通信畅通，通过通信指挥各专业队执行应急救援行动。

（2）治安队。维持治安，按事故的发展态势有计划地疏散人员，控制事故区域人员、车辆的进出。

（3）消防队。对火灾、泄漏事故，利用专业装备完成灭火、带压密封等任务，并对其他具有泄漏、火灾、爆炸等潜在危险的危险点进行监控和保护，有效实施应急救援、处理措施，防止事故扩大、造成二次事故。

（4）抢险抢修队。该队成员要对事故现场、地形、设备、工艺很熟悉，在具有防护措施的前提下，必要时深入事故发生中心区域，关闭系统，抢修设备，防止事故扩大，降低事故损失，抑制危害范围的扩大。

（5）医疗救护队。对受害人员实施医疗救护、转移等活动。

（6）运输队。负责急救行动和人员、装备、物资的运输保障。

（7）防化队。在有毒物质泄漏或火灾中产生有毒烟气的事故中，侦察、核实、控制事故区域的边界和范围，并掌握其变化情况；与医疗救护队相互配合，混合编组，在事故中心区域分片履行救护任务。

（8）监测站。迅速检测所送样品，确定毒物种类，包括有毒物的分解产物、有毒杂质等，为中毒人员的急救、事故现场的应急处理方案以及染毒的水、食物和土壤的处理提供依据。

（9）物资供应站。为急救行动提供物质保证，其中包括应急抢险装备、救援防护装备、监测分析装备和指挥通信装备等。

由于在应急救援中各专业队的任务量不同，且事故类型不同，各专业队任务量所占比重也不同，所以专业队人员的配备应根据各自企业的危险源特征，合理分配各专业队的力量。应该把主要力量放在人员的救护和事故的应急处理上。

5. 预防与预警

（1）危险源监控。明确本单位对危险源监控的方式、方法，以及采取的预防措施。

（2）预警行动。明确事故预警的条件、方式、方法和信息的发布程序。

（3）信息报告与处置。按照有关规定，明确事故及未遂伤亡事故信息报告与处置办法。

1）信息报告与通知。明确 24 h 有效的内部、外部通信联络手段，明确运输危险化学品的驾驶员、押运员报警及与本单位、生产厂家、托运方联系的方式、方法、事故信息接收和通报程序。

2）信息上报。明确事故和紧急情况发生后向上级主管部门和地方人民政府报告事故信息的流程、内容和时限。

3）信息传递。明确事故和紧急情况发生后向有关部门或单位通报事故信息的方法和程序。

6. 应急响应

（1）响应分级。依据危险化学品事故的类别、危害程度的级别和单位控制事态的能力，将事故分为不同的等级。按照分级负责的原则，明确应急响应级别。

（2）响应程序。根据事故的大小和发展态势，明确应急指挥、应急行动、资源调配、应急避险、扩大应急等响应程序。

（3）应急结束。明确应急终止的条件。事故现场得以控制，环境符合有关标准，导致次生、衍生事故隐患消除后，经事故现场应急指挥机构批准后，现场应急结束。应急结束后，应明确：

1）事故情况上报事项。

2）需向事故调查处理小组移交的相关事项。

3）事故应急救援工作总结报告。

7. 各种危险化学品事故应急救援专项预案（程序）及现场处置预案（作业指导书）的编制

专项预案是针对本单位可能发生的危险化学品事故（火灾、爆炸、中毒等）制定各个专项预案，这些专项预案根据可能发生的事故类别及现场情况，明确事故报警、各项应急措施启动、应急救护人员的引导、事故扩大及同企业应急预案的衔接的程序。专项预案在综合应急预案的基础上充分考虑了特定事故的特点，具有较强的针对性，但要做好各种协调工作，避免在应急过程中出现混乱。

8. 警戒与人员疏散

（1）人员紧急疏散、撤离。依据对可能发生危险化学品事故的类别、场所、设施及周围情况的分析结果，确定以下内容：

1）事故现场人员清点，撤离的方式、方法。

2）非事故现场人员紧急疏散的方式、方法。

3）抢救人员在撤离前、撤离后的报告。

4）周边区域的单位、社区人员疏散的方式、方法。

（2）危险区的隔离。依据可能发生的危险化学品事故类别、危害程度级别，确定以下内容：

1）危险区的设定。

2）事故现场隔离区的划定方式、方法。

3）事故现场隔离方法。

4）事故现场周边区域的道路隔离或交通疏导办法。

9. 制度与物质装备保障

（1）有关规定与制度

1）责任制。

2）值班制度。

3）培训制度。

4）危险化学品运输单位检查运输车辆实际运行制度（包括行驶时间、路线、停车地点等内容）。

5）应急救援装备、物资、药品等检查、维护制度（包括危险化学品运输车辆的安全、消防装备及人员防护装备检查、维护）。

6）安全运输卡制度（安全运输卡包括运输的危险化学品性质、危害性、应急措施、注意事项及本单位、生产厂家、托运方应急联系电话等内容）。

7）演练制度。

（2）物质装备保障

1）通信与信息保障。明确与应急工作相关联的单位或人员的通信联系方式和方法，并提供备用方案。建立信息通信系统及维护方案，确保应急期间信息通畅。

2）应急队伍保障。明确各类应急响应的人力资源，包括专业应急队伍、兼职应急队伍的组织与保障方案。

3）应急物资装备保障。明确应急救援需要使用的应急物资和装备的类型、数量、性能、存放位置、管理责任人及其联系方式等内容。

4）经费保障。明确应急专项经费来源、使用范围、数量和监督管理措施，保障应急状态时生产经营单位应急经费的及时到位。

5）其他保障。根据本单位应急工作需求而确定的其他相关保障措施（如交通运输保障、治安保障、技术保障、医疗保障、后勤保障等）。

10. 应急培训与演练

（1）培训。明确对本单位人员开展的应急培训计划、方式和要求。如果预案涉及社区和居民，要做好宣传教育和告知等工作。

（2）演练。明确应急演练的规模、方式、频次、范围、内容、组织、评估、总结等内容。

11. 维护和更新

明确应急预案维护和更新的基本要求，定期进行评审，实现可持续改进。

12. 附件

（1）组织机构名单。

（2）值班联系电话。

（3）组织应急救援有关人员联系电话。

（4）危险化学品生产单位应急咨询服务电话。

（5）外部救援单位联系电话。

（6）政府有关部门联系电话。

（7）本单位平面布置图。

（8）消防设施配置图。

（9）周边区域道路交通示意图和疏散路线、交通管制示意图。

（10）周边区域的单位、社区、重要基础设施分布图及有关联系方式，供水、供电单位的联系方式。

三、带压密封技术的研究内容

1. 科学研究

泄漏介质的物性研究、泄漏部位残余强度和刚度研究、带压密封机理研究、润滑理论研究、带压密封方法研究、带压密封材料研制和测试、带压密封专用工具强度计算和结构设计、带压密封夹具强度计算、带压密封安全科学研究、泄漏事故现场的应急洗消研究、泄漏事故的医学救援系统研究、气象信息扩散评价系统研究等。

2. 技术研究

泄漏现场和部位的勘测、带压密封施工方案编写、带压密封专用工具制造、带压密封夹具设计和制作、带压密封现场操作技术、带压密封安全技术研究、带压密封材料生产和选用、带压密封专用防护用品选用、泄漏事故消防技术与装备研究等。

3. 法规研究

1993年中国石油化工总公司颁布了我国第一部带压密封技术的行业法规——《带压密封技术暂行规定》，该规定由总则、注入密封注剂专用工具、密封注剂、专用夹具、安全操作、安全及防护、带压密封管理及附则共八章组成。根据 TSG R 0004—2009《固定式压力容器安全技术监察规程》第122条，"压力容器内部有压力时，不得进行任何修理。对于特殊的生产工艺过程，需要带压紧固螺栓时，或出现紧急泄漏需要进行带压密封时，使用单位必须按设计规定选定有效的操作要求和防护措施，作业人员应经专业培训并持证操作，并经使用单位技术负责人批准。在实际操作时，使用单位安全部门应派人进行现场监督。"该条内容实际上给带压密封作业提供了法律上的依据。该条同样可作为带压密封技术的法律依据。

我国最新颁布的 TSG R6003—2006《压力容器压力管道带压密封作业人员考核大纲》简介。

（1）制定考核大纲的目的。为了加强带压密封操作管理，规范压力容器、压力管道带压密封作业人员的考核，根据《特种设备作业人员监督管理办法》《特种设备作业人员考核规则》及有关规定，制定本大纲。

（2）带压密封技术是在压力容器压力管道发生流体介质外泄事故的情况下，迅速在泄漏缺陷部位建立起新的密封结构的维修技术。该项技术于20世纪80年代初开始引进和研究，经石油、化工、冶金、电力等系统多年现场应用，积累了比较丰富的实践经验。为使这项技术更好地为企业安全生产服务，规范压力容器压力管道带压密封作业人员的考核，制定该大纲，于2006年4月19日由国家质检总局颁布，自2006年7月1日起施行。

4. 标准研究

（1）国家行业标准

目前国内首部国家行业标准 HGT 20201—2007《带压密封技术规范》已完成了征求意见稿。该规范由总则、术语和符号、安全防护及管理、密封注剂、注剂工器具、泄漏部位现场勘测、夹具设计、现场施工操作共八章，附录A（规范性附录）、附录B带压密封施工验收记录、附录C密封注剂的试验方法、附录D泄漏点的勘测工具、附录E带压密封施工工具一览表及条文说明组成。

（2）国家标准

1）GB/T 26556—2011《承压设备带压密封技术规范》。带压密封技术是消除流程工业生产装置的设备、法兰、管段、阀门泄漏的检维修技术。该技术适应泄漏介质的压力、温度和化学性质范围很宽，目前在石油、化工、冶金、医药、核电、热电等行业已广泛应用。在不影响生产正常运行的情况下对泄漏部位进行带压密封，夹具和原泄漏设备器壁均为承压部件，夹具受力多变动态过程的复杂性和泄漏介质的多样性，使带压密封技术成为必须由多学科、多门类技术结合起来才能实现有效消除泄漏的综合技术。

为提高带压密封的安全性和有效性，编制该标准。

该标准规范了带压密封安全管理、施工前准备、作业过程控制、安全防护和竣工验收。

该标准适用于泄漏系统工作压力为 -0.1 ~ 35 MPa（表压）、温度为 -180 ~ 800℃的注剂法和紧固法带压密封施工。该规范由范围、规范性引用文件、术语和定义、安全技术管理、施工前的准备、带压密封施工、施工过程安全与防护、带压密封施工竣工验收、附录 A（资料性附录）带压密封技术施工方案、附录 B（资料性附录）带压密封施工安全评估、附录 C（资料性附录）带压密封施工验收记录及编制说明组成。

2）GB/T 26468—2011《承压设备带压密封夹具设计规范》。带压密封技术是消除流程工业生产装置的设备、法兰、管段、阀门泄漏的检维修技术。该技术适应泄漏介质的压力、温度和化学性质范围很宽，目前在石油、化工、冶金、医药、核电、热电等行业已广泛应用。为规范带压密封技术在生产中的应用，提高带压密封夹具设计水平、安全性、可靠性和密封性，完善带压密封技术管理，特编制该标准。

该标准规定的夹具设计内容，包括尺寸确定、材料选择、结构设计、刚度和厚度计算。

鉴于目前的科研水平，并通过国内外科技查新等项工作，对带压密封专用夹具刚度和厚度计算，目前尚无令人信服的研究成果，虽然已进行了夹具受内压作用后的应力值和分布状态的测试与分析，但尚不能建立完全适用的夹具刚度和厚度的计算公式。只能根据相近似的受力状态和 TSG R0004—2009《固定式压力容器安全技术监察规程》中的相应规定，引用现有标准 GB 150—2011《压力容器》的相关计算公式，并对公式中的个别参数，根据带压密封技术应用实际经验进行修正。

该标准规定了带压密封夹具（以下简称夹具）设计参数、准则、结构类型、材料选择、计算、密封结构、注剂孔结构和夹具制作。

该标准适用于承压设备泄漏状态下带压密封夹具的设计和制作。常压设备泄漏状态下带压密封夹具的设计和制作，可参照该规范执行。

该规范由范围、规范性引用文件、术语和定义、符号、夹具设计参数勘测、夹具设计准则、夹具结构设计、材料选择、夹具计算、夹具密封结构设计、注剂孔结构、夹具制作、附录 A（资料性附录）变异夹具结构、附录 B（资料性附录）夹具增强密封结构及编制说明组成。

3）GB/T 26556—2011《承压设备带压密封剂技术条件》。带压密封技术是消除流程工业生产装置的设备、法兰、管段、阀门泄漏的检维修技术。该技术适应泄漏介质的压力、温度和化学性质范围很宽，目前在石油、化工、冶金、医药、核电、热电等行业已广泛应用，为生产装置安全、稳定、长周期运行发挥了重大作用，产生了巨大的经济效益和社会效益。在带压密封建立的新密封结构中，密封注剂与泄漏介质接触，因此，密封注剂的性能是决定密封成败的关键。

为保证带压密封剂的质量，提高带压密封作业成功率，编制该标准。

该标准规定了带压密封剂的要求、检验规则、测试方法、标志、包装、运输、储存、选用原则和注剂操作时的使用方法。

该标准适用于各种带压密封作业用密封注剂。

该规范由范围、规范性引用文件、术语和定义、要求、检验抽样及检测规则、测试方法、标志、包装、运输、储存、密封注剂选用原则、密封注剂的使用方法、附录 A（规范性附录）密封注剂初始注射压力的测定及编制说明组成。

四、事故应急处置预案编制

下面以液氨泄漏事故应急处置预案编制为实例进行介绍。

1. 概述

液氨，又称为无水氨，是一种无色液体。氨作为一种重要的化工原料，应用广泛。为运输及储存便利，通常将气态的氨气通过加压或冷却得到液态氨。氨易溶于水，溶于水后形成氢氧化铵的碱性溶液。氨在 20℃ 水中的溶解度为 34%。

液氨在工业上应用广泛，而且具有腐蚀性，且容易挥发，所以其化学事故发生率相当高。为了促进对液氨危害和处置措施的了解，以下介绍液氨的理化特性、中毒处置、泄漏处置和燃烧爆炸处置四个方面的基础知识。

2. 氨的理化性质

分子式：NH_3

相对分子质量：17.04

CAS 编号：7664 – 41 – 7

熔点（℃）：– 77.7

沸点（℃）：– 33.4

蒸气压力：882 kPa（20℃）

气氨相对密度（空气 =1）：0.59

液氨相对密度（水 = 1）：0.7067（25℃）

自燃点：651.11℃

爆炸极限：16%～25%

1%水溶液 pH 值：11.7

3. 中毒处置

（1）毒性及中毒机理

液氨人类经口 TD_{50}：0.15 mL/kg

液氨人类吸入 LC_{50}：1 390 mg/m³

氨进入人体后会阻碍三羧酸循环，降低细胞色素氧化酶的作用；致使脑氨增加，可产生神经毒作用。高浓度氨可引起组织溶解坏死作用。

（2）接触途径及中毒症状

1）吸入。吸入是接触的主要途径。氨的刺激性是可靠的有害浓度报警信号。但由于嗅觉疲劳，长期接触后对低浓度的氨会难以察觉。

①轻度吸入氨中毒的表现有鼻炎、咽炎、气管炎、支气管炎，患者有咽灼痛、咳嗽、咳痰或咯血、胸闷和胸骨后疼痛等。

②急性吸入氨中毒的发生多由意外事故如管道破裂、阀门爆裂等造成。急性氨中毒主要表现为呼吸道黏膜刺激和灼伤，其症状根据氨的浓度、吸入时间以及个人感受性等不同而轻重不同。

③严重吸入中毒可出现喉头水肿、声门狭窄以及呼吸道黏膜脱落，可造成气管阻塞，引起窒息。吸入高浓度氨可直接影响肺毛细血管通透性而引起肺水肿。

2）皮肤和眼睛接触。低浓度的氨对眼和潮湿的皮肤能迅速产生刺激作用。潮湿的皮肤或眼睛接触高浓度的氨气能引起严重的化学烧伤。

皮肤接触可引起严重疼痛和烧伤，并能发生咖啡样着色。被腐蚀部位呈胶状并发软，可发生深度组织破坏。

高浓度氨蒸气对眼睛有强刺激性，可引起疼痛和烧伤，导致明显的炎症并可能发生水肿、上皮组织破坏、角膜混浊和虹膜发炎。轻度病例一般会缓解，严重病例可能会长期持续，并发生持续性水肿、疤痕、永久性混浊、眼睛膨出、白内障、眼睑和眼球粘连及失明等并发症。多次或持续接触氨会导致结膜炎。

（3）急救措施

1）清除污染。如果患者只是单纯接触氨气，并且没有皮肤和眼的刺激症状，则不需要清除污染。假如接触的是液氨，并且衣服已被污染，应将衣服脱下并放入双层塑料袋内。

如果眼睛接触了液氨或眼睛有刺激感，应用大量清水或生理盐水冲洗 20 min 以上。如在冲洗时发生眼睑疼挛，应慢慢滴入 1～2 滴 0.4% 奥布卡因，继续充分冲洗。如患者戴有隐形眼镜，又容易取下并且不会损伤眼睛的话，应取下隐形眼镜。

应对接触的皮肤和头发用大量清水冲洗 15 min 以上。冲洗皮肤和头发时要注意保护眼睛。

2）病人复苏。应立即将患者转移出污染区，对病人进行复苏三步法（气道、呼吸、循环）：

气道：保证气道不被舌头或异物阻塞。

呼吸：检查病人是否呼吸，如无呼吸可用袖珍面罩等提供通气。

循环：检查脉搏，如没有脉搏应施行心肺复苏。

3）初步治疗。氨中毒无特效解毒药，应采用支持治疗。

如果接触浓度≥500 ppm，并出现眼刺激、肺水肿的症状，则推荐采取以下措施：先喷 5 次地塞米松（用定量吸入器），然后每 5 min 喷两次，直至到达医院急诊室为止。

如果接触浓度≥1 500 ppm，应建立静脉通路，并静脉注射 1.0 g 甲基泼尼松龙（methylprednisolone）或等量类固醇。

（注意：在临床对照研究中，皮质类固醇的作用尚未证实。）

对氨吸入者，应给湿化空气或氧气。如有缺氧症状，应给湿化氧气。

如果呼吸窘迫，应考虑进行气管插管。当病人的情况不能进行气管插管时，如条件许可，应施行环甲状软骨切开术。对有支气管痉挛的病人，可给支气管扩张剂喷雾，如叔丁喘宁。

如皮肤接触氨，会引起化学烧伤，可按热烧伤处理：适当补液，给止痛剂，维持体温，用消毒垫或清洁床单覆盖伤面。如果皮肤接触高压液氨，要注意防止冻伤。

4. 泄漏处置

（1）少量泄漏

撤出区域内所有人员。防止吸入蒸气，防止接触液体或气体。处置人员应使用呼吸器。禁止进入氨气可能汇集的局限空间，并加强通风。只能在保证安全的情况下带压密封。泄漏的容器应转移到安全地带，并且仅在确保安全的情况下才能打开阀门泄压。可用砂土、蛭石等惰性吸收材料收集和吸附泄漏物。收集的泄漏物应放在贴有相应标签的密闭容器中，以便废弃处理。

（2）大量泄漏

疏散场所内所有未防护人员，并向上风向转移。泄漏处置人员应穿全身防护服，戴呼吸设备。消除附近火源。

向当地政府及当地环保部门、公安交警部门报警，报警内容应包括：事故单位；事故发生的时间、地点，化学品名称和泄漏量、危险程度；有无人员伤亡以及报警人姓名、电话。

禁止接触或跨越泄漏的液氨。增强通风。场所内禁止吸烟和明火。在保证安全的情况下，要翻转泄漏的容器以避免液氨漏出。要喷雾状水，以抑制蒸气或改变蒸气云的流向，但禁止用水直接冲击泄漏的液氨或泄漏源。防止泄漏物进入水体、下水道、地下室或密闭性空间。禁止进入氨气可能汇集的受限空间。清洗以后，在储存和再使用前要将所有的保护性服装和设备洗消。

5. 燃烧爆炸处置

（1）燃烧爆炸特性

常温下氨是一种可燃气体，但较难点燃。其爆炸极限为 16% ~ 25%，最易引燃浓度为 17%，产生最大爆炸压力时的浓度为 22.5%。

（2）火灾处理措施

在储存及运输使用过程中，如发生火灾应采取以下措施：

1）报警。迅速向当地消防部门、政府报警。报警内容应包括：事故单位；事故发生的时间、地点，化学品名称、危险程度；有无人员伤亡以及报警人姓名、电话。

2）隔离、疏散、转移遇险人员到安全区域，建立 500 m 警戒区，并在通往事故现场的主要干道上实行交通管制，除消防及应急处理人员外，其他人员禁止进入警戒区，并迅速撤离无关人员。

3）消防人员进入火场前，应穿着防化服，佩戴正压式呼吸器。氨气易穿透衣物，且易溶于水，消防人员要注意对人体排汗量大的部位，如生殖器、腋下、肛门等部位的防护。

4）小火灾时用干粉或二氧化碳灭火器，大火灾时用水幕、雾状水或常规泡沫。

5）储罐发生火灾时，尽可能远距离灭火或使用遥控水枪、水炮扑救。

6）切勿直接对泄漏口或安全阀门喷水，防止产生冻结。

7）安全阀发出声响或变色时应尽快撤离，切勿在储罐两端停留。

【思考题】

1. 简述法兰界面泄漏机理。

2. 能够使用公式计算法确定泄漏流量。

3. 能够对泄漏设备及介质进行综合评价。

4. 能够编制带压密封施工方案。

5. 能够根据泄漏部位及周边危险源编制事故应急预案。

第5章
带压密封技术综合应用与创新

第1节 夹具设计

 学习单元 1　夹具刚度计算方法

 学习目标

➤ 通过本单元学习，能够进行夹具受力分析和刚度计算。

 知识要求

一、夹具刚度条件建立

通过二十多年的研究和应用，国家行业标准组认为目前国内外关于带压密封夹具设计理论存在着巨大的误区。

1. 国内研究的误区

目前国内带压密封夹具理论计算公式主要依据 TSG R0004—2009《固定式压力容器安全监察规程》（简称"容规"）重点问题说明第 1 款的规定："带压密封专用固定夹具，可以选用 GB 150—2011《压力容器》所规定的壁厚计算公式，完成夹具厚度的设计。公式中的压力值，还必须考虑在向密封空腔注入密封注剂的过程中，密封注剂在空腔内流动、填满、压实所产生的挤压力特殊规律予以修正。"提供的理论计算公式如下：

$$S = \frac{pD}{2[\sigma]\varphi - p} \qquad (5—1)$$

2. 国外研究的误区

国外权威公司提供给我国的带压密封夹具厚度理论计算公式是：

$$\delta = \frac{p_1 r}{[\sigma]E - 0.6p_1} + c \qquad (5—2)$$

3. 辨析

上述两公式实质上是一个公式的两种表达方式，采用的是内压容器无力矩薄膜理论的分析方法，首先求出轴向应力、周向应力和径向应力，排列出三个主应力的分布，采用第 I 强度理论推导出夹具强度设计公式，是一个静定力系公式。必须指出的是，在应用这一公式进行带压密封夹具的强度计算时，必须同时满足无力矩理论的四个条件：

（1）带压密封夹具应具有连续曲面。而实际上夹具为不连续曲面，因为夹具至少分成两半，才能实现安装。

（2）带压密封夹具上的外载荷应当是连续的。这就要求夹具所受载荷必须是牛顿流体力，无集中力作用。而实际上夹具所受载荷为非牛顿流体力，存在着应力集中。

（3）带压密封夹具边界的固定形式应当是自由支承的。而夹具的实际固定形式是有限位的，不能保持无力矩状态。

（4）带压密封夹具的边界力应当在夹具曲面的切平面内，要求在边界上无横剪力和弯矩。此条同样不能满足。

另外，压力容器失效形式主要有韧性断裂、脆性断裂、疲劳、蠕变、腐蚀等，而带压密封夹具的失效主要是位移过大而丧失密封性能。因此，采用上述夹具理论公式计算出来的夹具壁厚与实际壁厚误差甚大。如采用上述两公式计算出的某夹具的理论壁厚是 3.53 mm，但实际上夹具壁厚必须达到 12.5 mm 以上，才能保证带压密封作业的成功。上述两公式无法解答存在这一问题的原因。

4. 夹具刚度条件建立

密封注剂在夹具封闭空腔内的流动绝不是牛顿流体，而是非牛顿流体。

241

这是对密封注剂流动的全新认识。通过对国内外各种密封注剂注射性能的分析，将它们分为两大类：一类是非牛顿型假塑性类密封注剂；另一类是非牛顿型宾汉类密封注剂。在这两种非牛顿流体的作用下，夹具内的应力分布是非均匀的，必须选择有力矩理论进行分析，如图5—1所示。同时认为夹具的破坏形式主要是丧失刚度。因此提出用弯曲梁理论来进行夹具刚度理论研究。

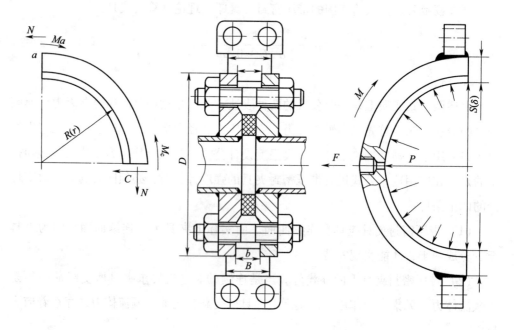

图5—1　夹具受非均布载体模型示意图

首先将夹具看成是一组弯曲梁。带压密封作业时分别受到封闭空腔平均压力 P 和弯矩 M 的作用，危险截面分别为 a 点和 c 点，其弯矩分别为：

$$M_a = \frac{FR}{2}\left(1 - \frac{2}{\pi}\right) = 0.181PDRb$$

$$M_c = \frac{FR}{\pi} = \frac{PDRb}{\pi} = 0.318PDRb$$

最大弯矩出现在 c 点。夹具的抗弯截面模量 W_z 为（此处已将夹具截面简化为一矩形，b 的尺寸关系忽略，偏于安全）：

$$W_z = \frac{BS^2}{6}$$

根据弯曲梁建立的刚度条件是：

$$\sigma = \frac{M_c}{W_z} \leq [\sigma] \quad 解得：$$

$$S = 0.977D \sqrt{\frac{Pb}{B[\sigma]}} \tag{5—3}$$

式中　S——夹具刚度计算壁厚，mm；

D——泄漏法兰的外径，mm；

P——夹具设计压力，MPa；

b——法兰副连接间隙，mm；

B——夹具宽度，mm；

M——弯矩，N·mm；

$[\sigma]$——泄漏介质温度下夹具材料的许用应力，MPa。

根据本项目研究结果，夹具设计压力应为：7.0 MPa（封闭空腔平均压力试验值）＋泄漏介质压力。

公式（5—3）中引入了弯矩的概念。夹具的刚度理论计算厚度 S 与泄漏法兰外径 D、设计压力 P 及泄漏法兰副连接间隙 b 成正比，与夹具的宽度 B 及材料许用应力 $[\sigma]$ 成反比。

反观公式（5—1）和（5—2）中，夹具的理论计算厚度 S 只与泄漏法兰外径 D 及设计压力 P 成正比，与夹具材料的许用应力 $[\sigma]$ 成反比，而与泄漏法兰副连接间隙 b 及夹具的宽度 B 无关，显然与实际相差甚远，是错误的。

二、夹具刚度条件与强度条件对比

现对带压密封夹具厚度按圆筒压力容器无力矩薄膜理论和弯曲梁变形理论计算厚度公式进行对比，由此论证选择正确计算公式的理论基础，纠正谬误。

1. 计算对象选择 GB/T 9115.1—2000 PN4.0 MPa 凸面对焊钢制管法兰。

2. 凸面对焊钢制管法兰结构如图 5—2 所示。

3. 取工厂中压饱和蒸汽，其操作压力为 2.3 MPa，温度为 220℃，夹具材料：选择 Q235—C 钢板，$[\sigma]$ ＝103 MPa。

4. 由图 5—2 可知，法兰副的连接间隙为 $2f$ ＋ 垫片厚度，查 GB/T 9115.1—2000 知连接间隙为 $b = 7$ mm，则夹具的宽度可取 $B = 37$ mm，夹具的设计压力 $P = 7.3$ MPa。

无力矩薄膜理论与弯曲梁变形理论计算结果见表 5—1。

其他国标法兰形式计算结果相同，略。由此可见，用圆筒压力容器无力矩薄膜理论计算的夹具厚度与实际厚度相差极大，无意义，可见其理论基础有问题。

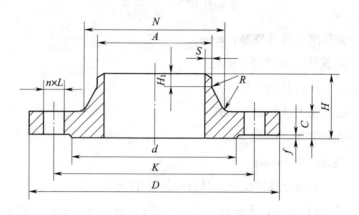

图 5—2　凸面对焊钢制管法兰结构图

表 5—1　　　　无力矩薄膜理论和弯曲梁变形理论计算厚度对比

公称通径 DN	法兰外径 D	法兰厚度 C	薄膜理论公式 $S = \dfrac{PD}{2 \, [\sigma] \, \varphi - P}$	弯曲梁变形理论公式 $S = 0.977D \sqrt{\dfrac{bP}{B \, [\sigma]}}$	实际制作夹具厚度
10	90	14	3.3	10.18	14
15	95		3.48	10.73	14
20	105	16	3.85	11.86	14
25	115		4.22	12.99	14
32	140	18	5.14	15.82	16
40	150		5.50	16.95	18
50	165	20	6.05	18.65	20
65	185	22	6.79	20.90	22
80	200	24	7.34	22.6	24
100	235		8.34	26.55	26
125	270	26	9.91	30.51	30
150	300	28	11.0	33.9	32
200	375	34	13.76	42.37	40
250	450	38	16.51	50.85	50
300	515	42	18.90	58.19	55
350	580	46	21.28	65.54	60
400	660	50	24.22	74.58	65

三、重要结论

夹具的计算厚度与设计压力 P、泄漏法兰外径 D 及泄漏法兰副连接间隙 b 成正比，与夹具的宽度 B 及材料许用应力 $[\sigma]$ 成反比。

 学习单元 2　各种材料的膨胀系数

 学习目标

➤ 通过本单元学习，能够根据介质温度计算夹具膨胀量。

 知识要求

一、金属材料的膨胀

任何金属材料都具有受热源的影响后产生膨胀的特性，不同的金属材料在相同温度、相同尺寸条件下膨胀量不同。同一种金属材料的温度高低不同，最终膨胀量也不同。因此，凡金属构件之间有组合尺寸限制要求的，在设计与加工过程中，均应对热影响和材料膨胀特性予以重视。

二、夹具膨胀

1. 热膨胀系数

不同的金属材料具有不同的热膨胀系数，受不同温度的影响，其膨胀量也不同。夹具常用金属材料线膨胀系数，见表 5—2。

表 5—2　　　　　　　　夹具材料平均线膨胀系数

钢类	在下列温度（℃）与20℃之间的平均线膨胀系数 α，$10^{-6}/℃$													
碳素钢、锰钢、锰钼钢、低铬钼钢	10.76	11.12	11.53	11.88	12.25	12.56	12.90	13.24	13.58	13.93	14.22	14.42	14.62	—	—

续表

钢类	在下列温度（℃）与20℃之间的平均线膨胀系数 α, 10^{-6}/℃														
中铬钼钢（Cr5Mo ~ Cr9Mo）	10.16	10.52	10.91	11.15	11.39	11.66	11.90	12.15	12.38	12.63	12.86	13.05	13.18	—	—
奥氏体钢（~Cr19Ni14）	16.28	16.54	16.84	17.06	17.25	17.42	17.61	17.79	17.99	18.19	18.34	18.58	18.71	18.87	18.97
Cr13 ~ Cr17	9.29	9.59	9.94	10.20	10.45	10.67	10.96	11.19	11.41	11.61	11.81	11.97	12.11	—	—
Cr25Ni20	—	—	15.84	15.98	16.05	16.06	16.07	16.11	16.13	16.17	16.33	16.56	16.66	16.91	17.14

2. 夹具膨胀量 Δ

夹具径向热膨胀量按下式进行计算：

$$\Delta = \alpha T D \tag{5—4}$$

式中　α——金属材料线膨胀系数，10^{-6}/℃；

　　　T——泄漏介质温度，℃；

　　　D——材料长度或直径，mm。

3. 夹具设计膨胀量的重要性

线膨胀量对夹具与法兰之间最终间隙尺寸的影响是不容忽视的。在各种系统温度下，线膨胀量都是存在的。随温度的升降，夹具的直径增大或缩小，其影响远大于因测量不准或制造误差所引起的后果，甚至超过注剂压力的影响。因此，设计夹具时，在经测量确定的夹具内径尺寸的基础上，一定将系统温度使夹具金属材料产生的热膨胀量包括进去，相应减少内径尺寸。

 学习单元3　夹具和紧固件材料的选择

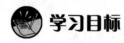 **学习目标**

➤ 通过本单元学习，能够选择夹具和紧固件的材质。

知识要求

一、夹具材料选择

注剂式带压密封技术所适用的温度区间为 $-190 \sim 800℃$，压力从真空至 30 MPa，在这样大的一个温度区间及压力变化范围内，对夹具的材料选择必须满足材料力学性能的要求。

1. 夹具材料的力学性能

夹具材料的力学性能是指其抵抗变形和断裂的能力，包括强度、塑性、韧性和硬度。

（1）强度

夹具材料的强度指标有屈服强度、抗拉强度、疲劳极限和金属材料在高温时的持久强度、蠕变极限。

1）屈服强度。屈服强度是指材料在拉伸试验过程中出现屈服现象时的应力值。如果有些材料的屈服现象不明显或无屈服现象，则以塑性量达到试样基准长度的 0.2% 时的应力为准，以 $\sigma_{0.2}$ 表示，定义为材料的屈服强度。不同温度下材料的屈服强度值不同。一般提到的材料屈服强度是指常温（一般为 20℃）下通过试验得出的数值，用符号 σ_s 表示，单位为 MPa。

2）抗拉强度。抗拉强度是指材料在拉伸试验中，从开始加载到发生断裂时所能达到的最大名义应力值，用符号 σ_b 表示，单位同上。

3）疲劳强度。对低碳钢和低合金钢，疲劳强度是指在常温下，经一千万次的循环次数而不发生破坏的最大应力。

4）持久强度。持久强度是指金属材料在高温条件下长期使用的强度指标。由于材料的持久强度试验要一直做到试样断裂，因此，它可以反映金属材料在高温下长期使用至断裂时的强度和塑性性能。它是以在给定的温度下，经过一定时间而断裂时所能承受的最大应力来表示。

5）蠕变极限。蠕变极限是指金属材料在某一温度条件下抵抗蠕变变形的能力。

（2）塑性

塑性是指金属材料在外力作用下产生塑性变形的能力。代表塑性的指标的是延伸率和断面收缩率。

（3）韧性

韧性是指金属材料抵抗冲击载荷的能力。

（4）硬度

硬度是指材料抵抗硬物对其表面侵入的一种能力。

2. 夹具材料选择

夹具材料的选择主要取决于泄漏介质的温度和腐蚀性能。

（1）温度为 −25～450℃ 的泄漏介质。可以选择碳素钢，如 Q235、10、20、20G 等。

在不同温度下对金属材料进行静力拉伸试验，可以发现，随着温度的升高，材料的力学性能也相应发生变化。总的来说，随着温度的升高，金属材料的强度降低，而塑性增加。因此夹具设计时，必须取泄漏介质温度下的材料许用应力值为设计参数。

（2）温度为 450～600℃ 的泄漏介质。可以选择高温钢，如 18MnMo、12Cr2Mo、15CrMo 等。

材料在高温下工作，除蠕变现象外，还可能发生石墨析出、珠光体球化、奥氏体钢碳化物析出和再结晶晶粒变粗、材料变脆等组织变化，导致材料的力学性能降低。此外，高温下材料与氧易化合，生成疏松氧化物使抗氧化能力下降，材料腐蚀速率加快，应力腐蚀更为突出。上述几种高温用钢往往其合金元素含量较高，因而导热系数降低，热膨胀系数增高，可焊性降低等。设计温度高于450℃的夹具，除应选用材料持久强度作为强度计算依据外，还应考虑高温下防止氧化和腐蚀的性能以及长期组织稳定的性能，故应选用耐热钢。

（3）温度高于 600℃ 的泄漏介质。可以选择 18−8 不锈钢，如 0Cr18Ni9Ti 等。

（4）温度为 −60～−25℃ 的泄漏介质。可以选择低温钢，如 16MnDR 等。

（5）温度低于 −25℃，夹具设计的突出问题是低温下的脆性破裂。材料冲击试验中，冲击值与温度、缺口形状、取向、材料的化学成分、热处理状态、冷加工程度、焊接热影响区、板厚以及试验方法等有关，在其他情况相同，改变温度时，发现试验温度降低到某一范围，冲击韧度值急剧降低；而温度低于这一范围的下限时，材料呈现脆性。这个温度称为材料的脆性转变温度，表示材料由塑性变为脆性的临界温度。故对于低于 −25℃ 的泄漏介质应当选择低温钢。

（6）温度低于 −60℃ 的泄漏介质。应选择 18−8 不锈钢，如 0Cr18Ni9Ti 等。存在一定腐蚀性的介质也应当选择此类材料。

目前夹具通常采用 Q235 或 20G，高温选用 0Cr18Ni9，低温可用 0Cr18Ni9，见表 5—3。

表 5—3　　　　　　　　　　　夹具材料的许用应力取值表

Q235—C 钢板 GB/T 700—2006《碳素结构钢》		20R 钢板 GB 713—2008《锅炉和压力容器用钢板》		0Cr18Ni9Ti 合金钢板 GB/T 3280—2007《不锈钢冷轧钢板和钢带》	
$T/℃$	$[\sigma]$ /MPa	$T/℃$	$[\sigma]$ /MPa	$T/℃$	$[\sigma]$ /MPa
≤20	125	≤20	128	≤20	137
20	125	20	128	20	137
100	125	100	115	100	114
150	119	150	110	150	103
200	110	200	103	200	96
250	101	250	92	250	90
300	92	300	84	300	85
350	83	350	77	350	82
400	77	400	71	400	80
		425	68	425	79
		450	61	450	78
		475	41	475	77
				500	76
				525	75
				550	74
				575	58
				600	44
				625	33
				650	25
				675	18
				700	13

二、紧固件计算与选择

1. 夹具连接螺栓计算

夹具在 P_1 和 P_L 作用下产生的载荷是由连接螺栓承受的轴向静载荷 $F = C_K CPD$，

为保证夹具在载荷作用下的紧密性，轴向载荷应为：

$$F_\Sigma = (K_0 + K_C) F = C_K CPD$$

按机械设计手册，K_0 为预紧系数，K_C 为刚度系数。取 $K_0 = 1.2$，$K_C = 0.3$，则 $C_K = 1.5$。

每个螺栓的拉应力：

$$\sigma = \frac{1.3 F_\Sigma}{A} = \frac{1.3 C_K CPD}{n \frac{\pi}{4} d_1^2} \leqslant [\sigma]$$

整理得：

$$d_1 \geqslant 1.29 \sqrt{\frac{C_K CPD}{n[\sigma]}} \tag{5—5}$$

式中　d_1——计算最小螺纹直径，根据按 d_1 查取螺栓标准直径，mm；

C_K——预紧和刚度系数，$C_K = 1.5$；

C——夹具封闭空腔宽度，mm；

P——夹具设计压力，MPa；

D——夹具计算直径，盒式夹具为管道或筒体外径 +2 倍注剂厚度，mm；

n——连接螺栓数量；

$[\sigma]$——泄漏介质温度下夹具材料的许用应力，MPa。

2. 紧固件技术要求

（1）商品紧固件

商品紧固件的螺纹、性能等级、公差、表面缺陷、验收和包装等技术要求按相应紧固件国家标准的规定。

（2）专用紧固件

1）专用紧固件用原材料应有生产厂的材料合格证书。

2）专用紧固件应按批在热处理后取样检验，并应保证产品的力学性能不低于取样状态下的性能。

3）公称压力 $PN \geqslant 10.0$ MPa 的管法兰用全螺纹螺柱应逐根按 JB/T 4730—2005《承压设备无损检测》进行磁粉探伤，并应符合 Ⅱ 级锻件的要求。

（3）表面处理

碳钢和合金钢制造的紧固件应进行氧化处理。不锈钢紧固件不进行表面处理。

3. 紧固件选用

紧固件适用的压力及温度见表 5—4 和表 5—5。

表 5—4　　商品紧固件适用的压力、温度范围（GB/T 9125—2010
《管用法兰连接用紧固件》）

螺栓、螺柱的形式（标准号）	产品等级	规格	性能等级（商品紧固件）	公称压力 PN /MPa（bar）	工作温度/℃
六角头螺栓（GB/T 5782 粗牙）（GB/T 5785 细牙）	A 级、B 级	M10～M33 M36×3～M56×4	5.6、8.8	≤2.0（20）	>-20～250
			A2-50		-196～600
			A2-70		-196～600
			A4-70		-196～600
双头螺柱（GB/T 901 商品紧固件）	B 级	M10～M33 M36×3～M56×4	8.8	≤5.0（50）	>-20～250
			A2-50		-196～600
			A2-70		-196～600
			A4-70		-196～600

表 5—5　　专用紧固件适用的压力、温度范围（GB/T 9125—2010
《管用法兰连接用紧固件》）

螺柱的形式（标准号）	产品等级	规格	材料牌号	公称压力 PN /MPa（bar）	工作温度/℃
双头螺柱（GB/T 9125—2010）	B 级	M10～M33 M36×3～M90×4	35CrMoA	≤11.0（110）	-100～500
			25Cr2MoVA		>-20～550
			0Cr19Ni9		-196～600
			0Cr17Ni12M02		-196～600
全螺纹螺柱（GB/T 9125—2010）	—	M10～M33 M36×3～M90×4	35CrMoA	≤42.0（420）	-100～500
			25Cr2MoVA		>-20～550
			0Cr19Ni9		-196～600
			0Cr17Ni12Mo2		-196～600

 学习单元4　机械零部件的制图知识

 学习目标

➢ 通过本单元学习，能够根据泄漏情况设计非常规异形夹具。

知识要求

在某些非标设备及阀门上，可以见到一些非圆形法兰连接形式。当这些非圆形法兰发生泄漏时，同样应当设计制作出相应的夹具进行带压密封作业。这类夹具称为异形夹具。

一、方形夹具

一些非标准设备及阀门有时采用正方形或长方形法兰。对于这类法兰出现的泄漏，当连接法兰间隙较小时，可以采用"铜丝敛缝围堵法"进行带压密封作业；间隙较大时，应采用"凸形夹具法"。设计这类夹具时，首先应当测绘出泄漏法兰的长度和宽度，以便确定夹具的基本尺寸 B、A，如图5—3所示，同时要注意留出手锯断口的宽度，断口的位置视泄漏法兰的情况而定。安装夹具时，最好使注剂孔正对着泄漏点，注剂的起始点可选在泄漏点的相反方向的注剂孔上，即先从无泄漏介质喷出的地方开始注射密封注剂，逐渐向泄漏点靠近，最后一枪在泄漏点处结束，这样可以保证在泄漏缺陷附近维持较高的密封比压。

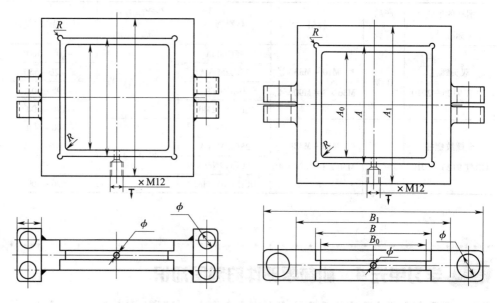

图5—3 方形夹具结构示意图

二、椭圆及长圆形法兰夹具

一些阀门上的压盖法兰也有设计成椭圆形或长圆形，发生泄漏时同样可以采用方形法兰泄漏的处理思路，当两法兰的连接间隙较大时，应设计成凸形法兰夹具结构形式；当连接间隙较小时，可以采用直接敛缝围堵法或铜丝敛缝围堵法进行带压密封作业。

三、法兰夹具立体图绘制

运用电脑绘制法兰夹具立体图，如图 5—4 所示。

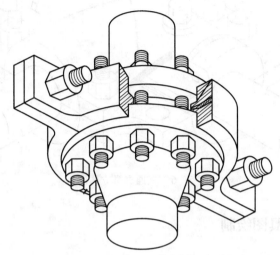

图 5—4　法兰夹具立体图

四、直管夹具立体图绘制

运用电脑绘制直管夹具立体图，如图 5—5 所示。

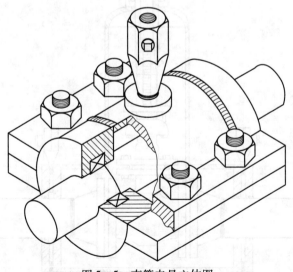

图 5—5　直管夹具立体图

五、三通夹具立体图绘制

运用电脑绘制三通夹具立体图，如图 5—6 所示。

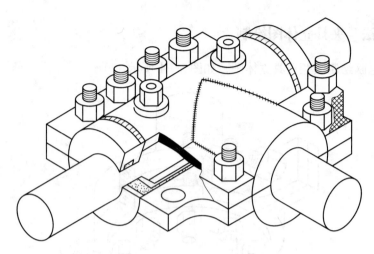

图5—6　三通夹具立体图

六、阀门夹具图绘制

运用电脑绘制阀门夹具图，如图5—7所示。

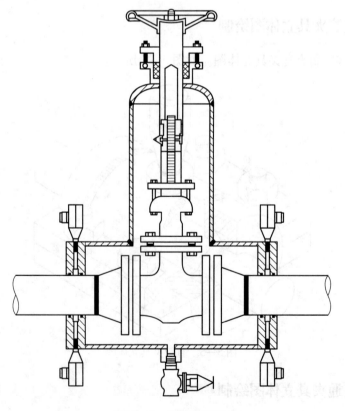

图5—7　阀门夹具图

第2节 高危环境带压密封

 学习单元1 高温、高压介质泄漏的带压密封

 **学习目标**

➢ 通过本单元学习，能够消除高温、高压介质的泄漏。

 **知识要求**

一、带压密封作业的危险性分类方法

1. 根据泄漏介质温度分类：超高温（≥500℃）、高温（299～499℃）、中温（100～299℃）和低温（≤-5℃）。

2. 根据泄漏介质压力分类：超高压（≥20 MPa）、高压（6.4～20 MPa）、中压（2.0～6.4 MPa）和低压（≤2.0 MPa）。

二、法兰高温、高压介质的带压密封

1. 采用铲严式密封增强法兰夹具

从带压密封的实践中体会到，夹具与泄漏部位外表面的接触间隙，对于带压密封作业来说是十分重要的。在泄漏介质压力较低的情况下，即使夹具与泄漏部位的接触间隙较大，也能达到较好的带压密封效果；而对于高温、高压介质的场合，即使接触间隙较小，也较难达到良好的带压密封效果。泄漏介质压力越高，接触间隙也就要求越小。而对于一个泄漏法兰来说，它之所以出现泄漏，存在着很复杂的因素，对带压密封作业来说，影响最大的是法兰的安装质量。如两法兰的连接间隙均匀程度差，则凸形夹具的小凸台的两个侧面就无法实现完全封闭作用；再如法兰错口，则凸形夹具的精度尺寸 D 也就无法实现完全封闭功能。因此，对于泄漏介质压力大于 4.0 MPa 的法兰部位泄漏，特别是泄漏介质压力大于 10 MPa 的法兰部位泄漏，单纯依靠凸形夹具的小凸台的两个侧面及夹具的公称直径 D 的精度来保证间隙，有时很难达到目的。因此，对于高压介质的泄漏，必须有效地提高夹具与泄漏部位接触间隙的精度。

如图 5—8 所示是在凸形夹具基础上演变出的又一种夹具，它的基本结构与凸形夹具一样，但其密封功能的实现则有很大的差异。这种夹具安装在泄漏法兰上之后，需要借助风动工具，将泄漏法兰的两边缘铲出一定的塑性变形，使其与夹具的小凸台的两个侧面形成紧密接触，夹具的密封性能得到明显的提高，如图 5—9 所示。这种夹具可以不考虑热膨胀的影响，是一种比较理想的夹具结构形式。

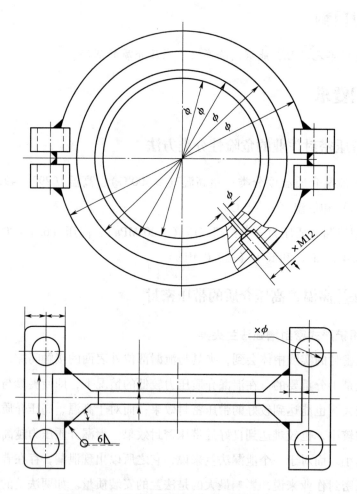

图 5—8　铲严式密封增强法兰夹具结构示意图

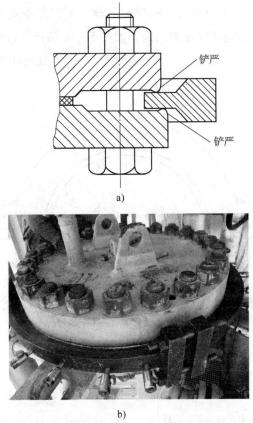

a)

b)

图 5—9　铲严式密封增强法兰夹具安装示意图

铲严整个法兰外边缘后，即可按步骤注射密封注剂。这种夹具可有效地弥补泄漏法兰的错口及连接间隙不均匀等安装缺陷，即使在注射密封注剂过程中，夹具出现有限的向外位移，也不会影响整个夹具的密封性能。一般来说，夹具出现位置移动，说明局部注剂压力过大或整个密封空腔已注满密封注剂，泄漏一旦停止，应立刻终止注射过程。对于高温、高压流体介质在法兰处发生的泄漏，应当采用这种夹具结构形式，以保证带压密封作业的可靠性和成功率。需要指出的是，对于易燃、易爆的泄漏介质采用风动工具作业时，应按有关安全规程小心从事。这种夹具可用于法兰高温、高压介质泄漏后的带压密封作业。

2. 采用金属条密封增强法兰夹具

如图 5—10 所示是金属条圈密封增强标准法兰夹具结构图，这种夹具是在夹具上增设了两道软金属条密封结构，密封槽宽 5 mm，深 5 mm，并车出一个 2 mm 的 45°倒角，用于储存软金属在安装时的压缩变形量。软金属密封条根据泄漏介质的参数，可分别选择铅、铝、铜，尺寸为 5 mm × 6 mm。现场作业时，首先将软金属密封条固定在夹具的两条密封槽内，其所形成的密封环尺寸应小于夹具的公称尺寸

257

2 mm 以上，这样在紧固夹具的连接螺栓时，软金属密封条就会起到良好的密封效果，变形的多余软金属则储存在倒角内，如图 5—11 所示。这种金属条密封增强型法兰夹具可以弥补 1 ~ 3 mm 的法兰径向间隙。这种夹具可用于法兰高温、高压介质泄漏后的带压密封作业。

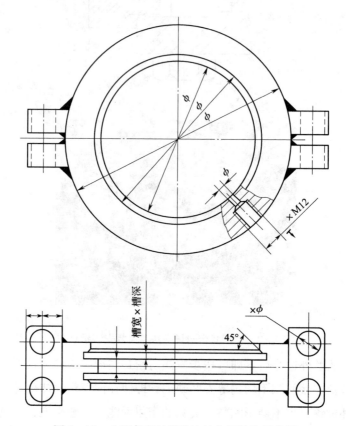

图 5—10　金属条密封增强法兰夹具结构示意图

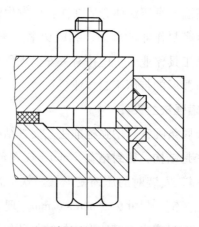

图 5—11　金属条密封增强法兰夹具安装示意图

三、直管高温、高压介质带压密封

当泄漏管道存在一定的圆度误差，或管道外表面存在凹坑等**缺陷**，或泄漏介质压力很高时，必须有效地提高夹具的密封性能。如图 5—12 所示为 O 形圈密封增强直管方形夹具结构图，这种密封增强型夹具可以弥补 0.5 mm 以下的径向间隙。这种夹具可用于直管高温、高压介质泄漏后的带压密封作业。

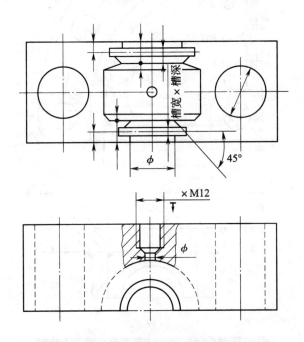

图 5—12　O 形圈密封增强直管方形夹具示意图

四、弯头高温、高压介质带压密封

图 5—13 所示为金属条密封增强焊制弯头夹具结构图。这种夹具可用于弯头高温、高压介质泄漏后的带压密封作业。

五、三通高温、高压介质带压密封

图 5—14 所示为金属条密封增强三通夹具结构图，这种夹具可以弥补 2 mm 左右的径向间隙。随着三通公称尺寸的增大，其夹具的几何尺寸及连接螺栓的规格数量也会相应增加。这种夹具可用于三通高温、高压介质泄漏后的带压密封作业。

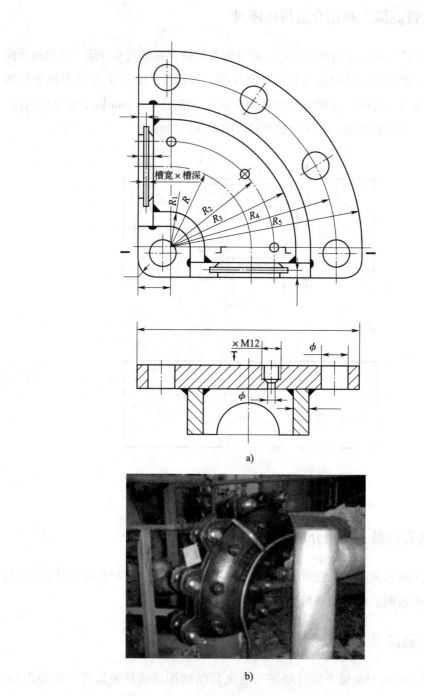

a)

b)

图5—13　金属条密封增强焊制弯头夹具加工图

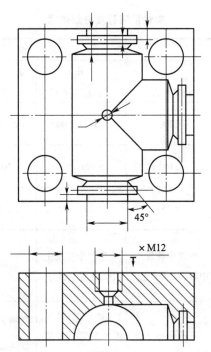

图 5—14　金属条密封增强整体加工式三通夹具示意图

 学习单元 2　高度危害介质泄漏的带压密封

 学习目标

➤ 通过本单元学习，能够解决毒性高度危害、燃爆性高度危险、腐蚀性高度强烈的介质泄漏。

 知识要求

一、危险性分类

根据国家行业标准 HG/T 20201—2007《带压密封技术规范》，带压密封工程作业的危险性分类方法如下：

根据 GB 5044—1985《职业性接触毒物危害程度分级》，分为极度危害、高度危害、中度危害和轻度危害四级，见表5—6。

表 5—6　　　　　　　　　　　　毒性危害程度分级依据

指　标		Ⅰ（极度危害）	Ⅱ（高度危害）	Ⅲ（中度危害）	Ⅳ（轻度危害）
急性毒性	吸入 LC_{50}，mg/m^3	≤200	>200～2 000	>2 000～20 000	>20 000
	经皮 LD_{50}，mg/kg	≤100	>100～500	>500～2 500	>2 500
	经口 LD_{50}，mg/kg	≤25	>25～500	>500～5 000	>5 000
急性中毒发病状况		生产中易发生中毒，后果严重	生产中可发生中毒，愈后良好	偶可发生中毒	迄今未见急性中毒，但有急性影响
慢性中毒患病状况		患病率高（≥5%）	患病率较高（<5%）或症状发生率高（≥20%）	偶有中毒病例发生或症状发生率较高（≥10%）	无慢性中毒而有慢性影响
慢性中毒后果		脱离接触后，继续进展或不能治愈	脱离接触后，可基本治愈	脱离接触后，可恢复，不致严重后果	脱离接触后，自行恢复，无不良后果
致癌性		人体致癌物	可疑人体致癌物	实验动物致癌物	无致癌性
最高容许浓度，mg/m^3		≤0.1	>0.1～1.0	>1.0～10	>10

　　常见毒性程度为极度危害的化学介质见表 5—7。该表数据取自 HG 20660—2000《压力容器中化学介质毒性危害和爆炸危险程度分类》。

表 5—7　　　　　　　　　常见的毒性程度为极度危害的化学介质

序号	名　称	序号	名　称
1	乙拌磷（敌死通）	7	五硼烷（戊硼烷）
2	乙撑亚胺（乙烯胺）	8	内吸磷（1059）
3	二甲基亚硝胺	9	四乙基铅
4	二硼烷（乙硼烷）	10	甲拌磷（3911）
5	八甲基焦磷酰胺（八甲磷）	11	甲基对硫磷（甲基1605）
6	三乙基氯化锡	12	对硫磷（1605）

序号	名　　称	序号	名　　称
13	光气（碳酰氯）	17	硫芥（芥子气）
14	异氰酸甲酯	18	氰化氢（氢氰酸）
15	汞（水银）	19	氯甲醚
16	苯并（α）芘	20	羰基镍

解决毒性高度危害、燃爆性高度危险、腐蚀性高度强烈的介质泄漏的首要环节是安全作业问题，即要做好作业人员的防护用品佩带。个人防护用品是指为防止一种或多种有害因素对自身的直接危害所穿用或佩戴的器具的总称。

二、呼吸器官防护用品

毒性高度危害、燃爆性高度危险、腐蚀性高度强烈的介质泄漏的带压密封作业，必须选用可靠的呼吸器官保护用具。

1. 过滤式呼吸器

可滤除人体吸入空气中的有害气体、工业粉尘，使之符合国家有关标准。它的使用条件是：作业环境空气中含氧量不低于 18%，空气中尘、毒浓度不能超过规定的参数值；环境温度为 $-30 \sim 45℃$；一般不能在罐、槽等狭小、密闭容器中使用。过滤式呼吸器分为防尘、防毒两大类。

（1）防尘呼吸器。有自吸式和送风式两种。

（2）防毒呼吸器。一般由面罩、滤毒罐、导气管、可调拉带等部件构成。

2. 隔绝式呼吸器

这类呼吸器的功能是使戴用者呼吸系统与劳动环境隔离，由呼吸器自身供气或从清洁环境中引入纯净空气维持人体正常呼吸。适用于缺氧、严重污染等有生命危险的工作场所戴用。隔绝式呼吸器有三种形式。

（1）氧气呼吸器

定量给人体补充氧气，流量一般为 $1 \sim 1.5 \text{ L/min}$，同时周而复始地将呼出的二氧化碳脱除。使用时间根据呼吸器的储氧量确定。

（2）空气呼吸器

压缩空气经减压后供人体吸入，呼出气经面罩呼吸阀排到空气中。

（3）化学氧呼吸器

生氧罐内装有含氧化学物质，能在适宜的条件下反应放出氧气，供人呼吸。

3. 长管呼吸器

有送风式和自吸式两类。它是通过机械动力或人的肺力从清洁环境中引入空气供人呼吸，也可以用高压瓶空气作为气源经软管送入面罩供人呼吸。

4. 作业防护服装

作业防护服分特殊作业防护服和一般作业防护服。进行毒性高度危害、燃爆性高度危险、腐蚀性高度强烈的介质泄漏作业，一般都要穿特殊防护服。

（1）防尘服

防尘服主要在粉尘污染的劳动场所中穿用，可防止各类粉尘接触危害皮肤。

（2）防毒服

防毒服用于酸、碱、矿植物油类、化学物质等作业人员的防护，分密闭型和透气型两类。前者用抗浸透性材料如涂刷特殊橡胶、树脂的织物或橡胶、塑料膜等制作，一般在污染危害较严重的场所中穿用；后者用透气性材料如特殊处理的纤维织物等制作，一般在轻、中度污染场所中穿用。

学习单元3 复杂泄漏部位的带压密封

学习目标

➤ 通过本单元学习，能够完成复杂泄漏部位的带压密封作业。

技能要求

一、孔板法兰泄漏的带压密封

1. 夹具设计

（1）夹具材料选择

夹具材料的选择依据是泄漏介质的温度、压力和腐蚀性。

Q235：$-5 \sim 400 ℃$，压力小于 10.0 MPa。

20 钢：$-20 \sim 500 ℃$，压力小于 10.0 MPa。

16Mn：$-50 \sim 500 ℃$，压力小于 10.0 MPa。

12Cr2Mo：$600 ℃$，压力小于 10.0 MPa。

1Cr18Ni9Ti：$-196 \sim 700 ℃$，压力小于 30.0 MPa。

（2）夹具结构选择

常用孔板法兰夹具如图 5—15～图 5—21 所示。用户应根据加工能力及材料情况选择相应的夹具。

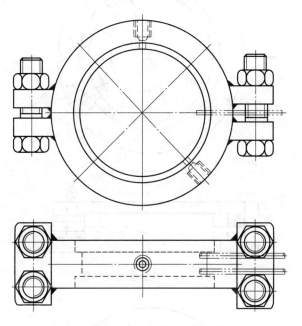

图 5—15　孔板法兰夹具装配图

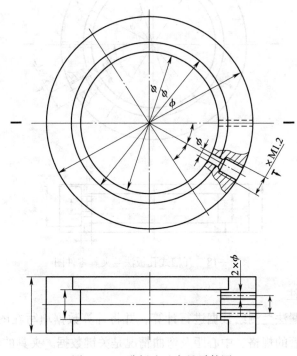

图 5—16　孔板法兰夹具零件图

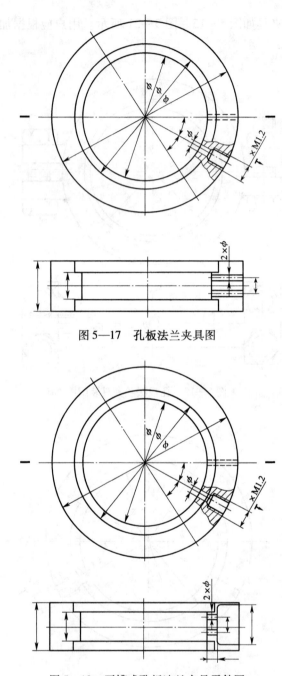

图 5—17　孔板法兰夹具图

图 5—18　开槽式孔板法兰夹具零件图

（3）尺寸标注

用户根据泄漏法兰测绘数据进行计算，并将计算数据填写在图纸的相应位置，其中孔板两引出管的规格、中心距及弯曲情况是关键数据。夹具的注剂孔数应与泄漏法兰的连接螺栓数相同。

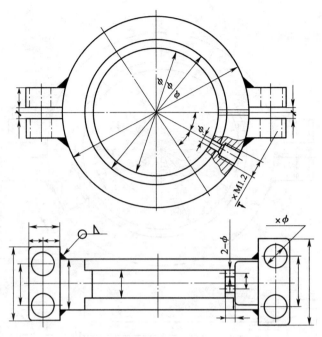

图 5—19　开槽式孔板法兰夹具图

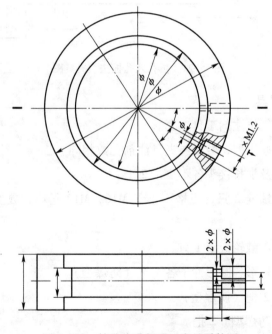

图 5—20　扩孔式孔板法兰夹具零件图

2. 安全防护用品

安全帽、防护眼镜、防噪声耳罩、防毒面具、安全防护服、防护手套、防护鞋、安全带等。

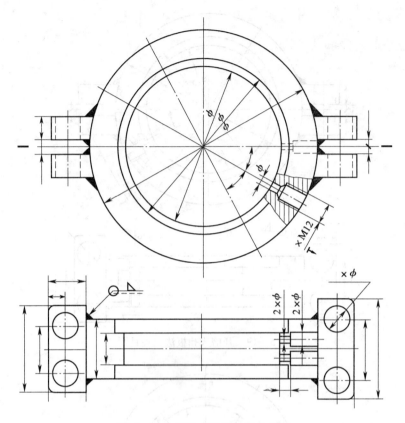

图 5—21　扩孔式孔板法兰夹具图

3．作业用工器具

（1）自动液压复位注剂工具 1 套。

（2）注剂阀。通用型，数量与夹具注剂孔数相同。

（3）多向接头及加长接头各不少于 2 个。

（4）夹具连接螺栓 2 只，规格不小于 M16；M12 丝堵，数量与夹具注剂孔数相同。

（5）注剂阀专用棘轮扳手 1 只。

（6）小风镐，扁形、圆形冲子各 1 把（防爆型）。

（7）梅花扳手 2 把（防爆型）。

（8）活扳手（防爆型）2 把。

（9）旋具（防爆型）1 只。

（10）钢丝钳、手锤（防爆型）各 1 只。

（11）管钳 1 把。

4．现场作业

（1）详细检验夹具制作尺寸及精度，特别是两引出管的有关尺寸，并进行试装和修整，直到合适为止。

（2）在夹具的所有注剂孔上安装注剂阀，并使其处于全开的位置。当注剂阀口到周围障碍物的直线距离小于高压注剂枪的长度时，应在注剂阀与夹具之间加装角度接头，改变注剂枪的连接方向。

（3）操作人员在堵漏密封作业时，应站在上风头。若泄漏压力及流量很大，则可用胶管接上压缩空气，把泄漏介质吹向一边，或者把夹具接上长杆，使操作人员少接触或不接触介质。

（4）安装夹具时，首先拧紧设有引出管一侧的夹具连接螺栓，然后再拧紧另一侧的连接螺栓。采用防爆工具作业，避免激烈撞击，绝对防止出现火花。

（5）拧紧夹具连接螺栓，法兰夹具各处间隙应在 0.5 mm 以下，否则要采取相应的措施缩小这个间隙。

（6）确认夹具安装合格后，在引出管附近的注剂阀上连接高压注剂枪，装上密封注剂后，再用高压胶管把注剂枪与手动油泵连接起来，进行注剂作业，这样可以弥补此处的间隙。然后再从泄漏点最远的注剂阀开始进行注剂作业，依次进行。当接近泄漏点时，泄漏流量会逐渐变小直到被消除，暂停注射密封注剂操作，记录此时的注射压力。过 10 ~ 30 min，注射的密封注剂在泄漏介质温度的作用下固化，这时在靠近泄漏点处连接注剂枪，注射密封注剂，其注射压力应比前面记录的注射压力高 2 ~ 5 MPa，目的在于使密封空腔内能够保持足够的密封比压。关闭注剂阀，手动油泵卸压，拆下注剂枪，换上丝堵，带压密封作业结束。

（7）注剂式带压密封作业要平稳进行，并合理地控制操作压力，以保证密封注剂有足够的工作密封比压，同时又要防止把密封注剂注射到泄漏系统中去。

实际操作压力由安装在手动油泵出口处的压力表指针显示出来。当操作者掀动手压油泵的压杆时，注剂枪的活塞杆向前移动，密封注剂开始被挤压，压力表指示压力上升。当压力升高到一定数值时，密封注剂开始流动，即被挤出，压力表指示压力呈波浪状变化，指针来回摆动。手动油泵的压杆向下时，指针压力上升；压杆向上时，指针压力下降，这个压力的平均值就是注射密封注剂操作的最低压力。当指针出现只上升不下降时，表明注剂枪内密封注剂已注射完。随着密封注剂流动距离的增加，操作压力升高，直到密封注剂充满整个密封空腔。操作压力的值要控制在适当的范围内，过大容易引起密封注剂外溢，也会使泄漏部位局部表面承受很大的附加应力。

（8）选用热固化密封注剂时，必须注意泄漏介质的温度和环境温度，并参照密封注剂使用说明书确定是否需要采用加热措施，一般来说：

1）当泄漏介质温度高于40℃，环境温度为常温时，可不必采取加热措施，按正常条件进行带压密封作业。

2）当泄漏介质温度高于40℃，环境温度很低，注射压力大于20 MPa时，则应对注剂枪前部的剂料腔进行加热，增强密封注剂的流动性和填充性。

3）当泄漏介质温度低于40℃，环境温度在常温以下时，除可考虑选用非热固化密封注剂外，也可采用热固化密封注剂。若选用热固化密封注剂，则必须采取外部加热的措施，否则带压密封作业很难顺利完成。

4）加热的方式可以用蒸汽、热风、电热等，最方便的加热方式是用蒸汽。

5）加热的时间视加热源的温度而定。采取边加热边注射的方式最佳。密封注剂注射前的预热温度不应超过80℃，时间不得超过30 min；而对已经注射到夹具密封空腔内的密封注剂加热应在30 min以上，以保证其固化完全。

6）为了防止密封注剂被注射到泄漏系统内，要按密封空腔的大小估算密封注剂的用量。

带压密封作业完成后，拆下注剂枪，拧上丝堵，清理现场，并退出注剂枪内的剩余密封注剂，使带压密封所用工具处于完好备用状态。

（9）清理作业现场，交工验收。

二、大型设备法兰泄漏局部夹具带压密封操作

1. 泄漏部位

某厂高冲车间1#反应釜封头法兰，垂直安装。

2. 泄漏介质参数

泄漏介质参数勘测结果见表5—8。

表5—8　　　　　　　　1#反应釜封头法兰泄漏介质参数

名称	压力 /MPa	温度 /℃	最高容许浓度 /（mg/m³）	爆炸 危险度	闪点 /℃	自燃点 /℃	爆炸极限/%（体积）	
							下限	上限
苯乙烯	0.4	123	40	4.5	32	490	1.1	6.1

3．现场勘测

（1）泄漏法兰的外圆直径：上法兰周长 $L = 6\,221$ mm；下法兰周长 $L = 6\,223$ mm。

（2）泄漏法兰的连接间隙（共测 4 个点）$b_1' = 20.5$ mm；$b_2' = 20.6$ mm；$b_3' = 20.4$ mm；$b_4' = 20.8$ mm。

（3）泄漏法兰副的错口量 e：$e = 2$ mm。

（4）泄漏法兰外边缘到其连接螺栓的最小距离 k：$k = 14$ mm。

（5）泄漏法兰副的宽度 b：$b = 62$ mm。

（6）泄漏法兰连接间隙的深度 k_1：$k_1 = 48$ mm。

（7）泄漏法兰连接螺栓的个数和规格：$48 \times M24$。

4．夹具设计

泄漏区域周长约为 30 mm，决定采用局部夹具进行处理。局部夹具设计的关键是夹具的定位问题和夹具两端的密封结构。选择的方案是利用法兰的连接螺栓作为定位支点。夹具设计如图 5—22 所示，支承结构如图 5—23 和 5—24 所示，夹具端部密封部件如图 5—25 所示。

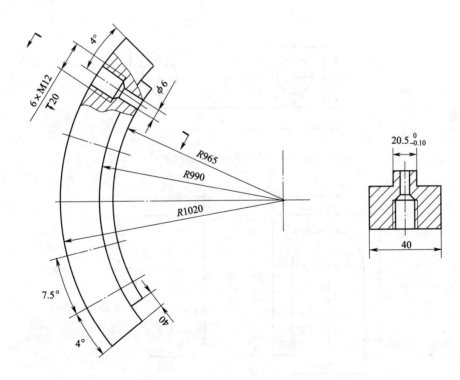

图 5—22　设备法兰局部夹具结构图

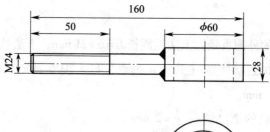

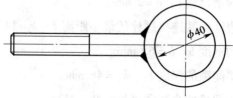

图 5—23　支承部件结构图

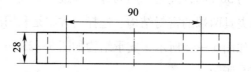

图 5—24　支承板部件结构图

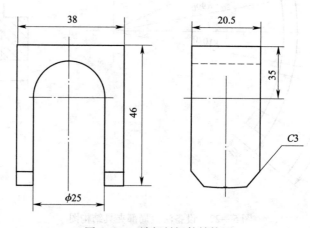

图 5—25　端部封闭件结构图

5.　安全保护用品（略）

6.　作业用工器具（略）

7.　密封注剂选择

根据泄漏介质参数，选用 2# 密封注剂。

8.　现场作业

首先试安装夹具，并作必要的修整；安装夹具两端密封部件；安装夹具；安装夹具定位结构，拧紧定位螺杆，使夹具靠位；确认合适后，连接高压注剂枪，进行注剂作业。先在夹具两端注射密封注剂，并固化一段时间，使其失去流动性，这样夹具的两个端面就封闭好了；然后再注射其他注剂孔；最后消除泄漏。

9.　说明

局部夹具具有现场作业时间短、节省施工费用的特点，但夹具设计难度相应要大一些。夹具的支承和两端的密封问题是设计时要解决的关键问题。此例设计的支承和两端部密封还是比较合理的，实践证明密封效果很好，彻底消除了泄漏。

三、仪表分汽组多点泄漏带压密封操作

1.　泄漏部位

某厂仪表蒸汽分汽组系统。

2.　泄漏介质参数

泄漏介质参数勘测结果见表 5—9。

表 5—9　　　　　　　仪表蒸汽分汽组泄漏介质参数

名称	压力 /MPa	温度 /℃	最高容许浓度 /（mg/m³）	爆炸危险度	闪点 /℃	自燃点 /℃	爆炸极限/%（体积）	
							下限	上限
蒸汽	1.3	220	—	—	—	—	—	—

3.　现场勘测

泄漏点的位置在分汽组上，共存在 5 个泄漏点，如图 5—26 所示。泄漏全部发生在各部位的螺纹连接处。主管直径 $D = 28$ mm，两分管直径 $D = 20$ mm，两侧出口为方形。

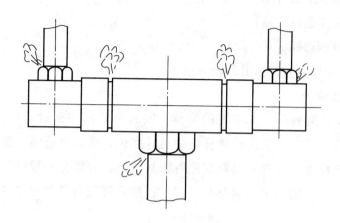

图5—26　分汽组泄漏点示意图

4．夹具设计

由于这是一个特殊的泄漏部位，又是多点同时泄漏，因此设计了一个整体夹具，该夹具共有三个密封空腔，结构如图5—27所示。

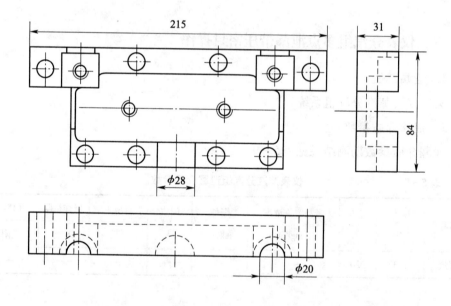

图5—27　组合夹具结构图

5．安全保护用品（略）

6．作业用工器具（略）

7．密封注剂选择

根据泄漏蒸汽参数，选用2#密封注剂。

8. 现场作业

夹具的三个密封空腔是独立的，首先处理泄漏量最大的一个，依次进行直到泄漏全部消除为止。堵漏操作避免了一次系统停产事故的发生。

9. 说明

此泄漏点从温度和压力上看并不难，难的是夹具设计。

四、复杂泄漏部位的带压密封实例

复杂泄漏部位的带压密封实例如图 5—28 ~ 图 5—37 所示。

图 5—28　设备三通泄漏组合夹具

图 5—29　腐蚀管道泄漏组合夹具

图 5—30　设计有定位功能的法兰组合夹具

图 5—31　设计有特殊定位功能的设备三通组合夹具

图 5—32　管道三通组合夹具

图 5—33 具有防破裂功能管道组合夹具

图 5—34 平面泄漏带压密封组合夹具

图 5—35 管道法兰组合夹具

图 5—36　设计有定位功能的阀门组合夹具

图 5—37　管道三通组合夹具

 学习单元 4　处置突发复杂设备泄漏

 学习目标

➤ 通过本单元学习，能够解决大规模设备泄漏问题，处置突发复杂设备泄漏事故。

技能要求

一、泄漏事故简介

2004 年 6 月 26 日早晨 5 时 50 分左右，某公司一辆装载 23.7 t 液化丙烯的槽车在吉林市合肥路公铁立交桥下发生了一起恶性交通事故。由于公铁立交桥修建于 20 世纪 50 年代，其限制高度为 3.6 m（实测高度为 3.7 m），而槽车最大高度达到 3.7 m，同时横穿立交桥的公路段存在着一定的坡度，当槽车违章强行驶入立交桥时，罐体上部的安全阀与桥的横梁形成剪切，DN100 安全阀从法兰连接处上部接管连同连接螺栓一起被切断，汽车熄火，其装载的丙烯在 DN100 阀的断口处以 2 500 kg/h 的速度呈喷射状外泄，如图 5—38 所示。

图 5—38　丙烯槽车泄漏事故现场

1. 报警

6 月 26 日 6 时 01 分，吉林市消防支队 119 指挥中心到群众报警，龙潭区合肥路公铁立交桥处有一辆大吨位槽车发生泄漏事故，非常危险。

提示：准确的危险化学品事故报警内容应当包括如下内容：

（1）发生事故的单位、时间、地点。

（2）事故的简要经过、伤亡人数。

（3）事故原因，化学品名称和数量，事故性质的初步判断。

（4）事故抢救处理的情况和采取的措施。

（5）需要有关部门和单位协助抢救和处理的有关事宜。

（6）事故的报告单位、报告时间、报告人和联系电话。

2. 接警

立即调责任区消防中队和特勤一中队赶赴现场。报告吉林市公安局指挥中心，通知铁路部门停止火车运行，通知市安全生产监督管理局和市化学灾害事故救助办公室迅速组织有关人员参与救援。

6时05分，责任区消防中队5台消防车到达现场；6时12分，特勤一中队抢险救援消防车进入现场。

二、启动《吉林市化学灾害事故应急处置预案》

成立现场救援指挥部，设立侦察组、警戒组、救援组、疏散组、供水组、保障组和事故调查组。随后通知巡警、交警、急救中心、环保等社会应急救援力量赶赴现场参与救援。

1. 现场侦察

现场询情：立即控制和询问驾驶员和车主，得知车内装的物料是丙烯，共23.7 t。

当日气象条件：晴，西南风2～3级，气温17～29℃。

采用三部可燃气体检测仪对事故现场半径2 km范围内泄漏的丙烯气体浓度进行跟踪检测。结果是：泄漏中心区浓度极高，检测仪失灵；下风方向15～30 m内，丙烯浓度达到爆炸上限，50 m左右达到爆炸下限。由于泄漏的丙烯气比空气密度大，已经沿地面迅速扩散，并在凹地处形成沉积，在大范围内形成爆炸性混合物，情况万分危急。

2. 现场警戒

划出重危区、轻危区、安全区。封闭交通，实施警戒。

3. 禁绝火源

通知周围工厂、学校、居民停止用火用电，通知电业部门于8时24分至13时01分切断半径5 km的10 kV高压供电线路。禁绝现场一切火源、电源、静电源、机械撞击火花，进入现场的抢险人员禁止穿化纤类服装和带铁钉鞋，全部关闭手机、BP机和其他一切非防爆通信设备。

4. 交通管制

通知铁路部门。铁路部门于 6 时 30 分至 11 时 32 分关闭了事故现场的铁路线。

5. 紧急疏散

通知派出所、社区、工厂、学校，对泄漏槽车半径 2 km 范围内的 3 万多人进行疏散。

6. 喷雾稀释

在泄漏槽车的东、西两侧分别设置 5 支和 3 支喷雾水枪进行喷雾稀释，喷雾范围为 110 ~ 150 m^3，如图 5—39 所示。

图 5—39　水雾封闭泄漏丙烯气体

7. 着装防护

（1）重危区

采取一级防护，着内置式重型防化服、防静电内衣，戴防静电手套、正压式空气呼吸器。

（2）轻危区

采取二级防护，着封闭式防化服、防静电内衣，戴防静电手套、正压式空气呼吸器。

（3）安全区

采取三级防护，着战斗服，戴口罩，如图 5—40 所示。

图5—40 着装防护

三、丙烯的特性及救护

1. 丙烯的特性

丙烯为无色有烃类气味的气体，主要用于制丙烯腈、环氧丙烷、丙酮等。其特性见表5—10。

表5—10 丙烯特性

中文名称	丙烯	英文名称	propylene；propene
国标编号	21018	CAS 号	115—07 – 1
分子式	C_3H_6	结构式	$CH_3CH = CH_2$
危险性类别	第2.1类 易燃气体	化学类别	烯烃
相对分子质量	42.08	溶解性	溶于水、乙醇
熔点/℃	−191.2	沸点/℃	−47.7
相对密度（水＝1）	0.5	相对密度（空气＝1）	1.48
饱和蒸气压力/kPa	602.88（0℃）	燃烧热/（kJ/mol）	2 049
临界温度/℃	91.9	临界压力/MPa	4.62
燃烧性	易燃	闪点/℃	−108
爆炸下限/%	1.10	爆炸上限/%	15.0
引燃温度/℃	455	最小点火能/mJ	0.282

2. 健康危害

丙烯是单纯窒息剂及轻度麻醉剂，侵入途径主要是吸入。低毒性。

急性中毒：人吸入丙烯可引起意识丧失，当浓度为 15% 时，需 30 min；24% 时，需 3 min；35% ~40% 时，需 20 s；40% 以上时，仅需 6 s，并引起呕吐。

慢性影响：长期接触可引起头昏、乏力、全身不适、思维不集中，个别人胃肠道功能发生紊乱。

3. 急救措施

发生皮肤接触、眼睛接触或吸入时，应迅速脱离现场至空气新鲜处，保持呼吸道通畅。如呼吸困难，需输氧。如呼吸停止，应立即进行人工呼吸。接触人员应及时就医。

四、丙烯泄漏应急处置

1. 泄漏部位勘测

（1）泄漏事故槽车全长为 16 m，高 3.7 m，其筒体部位为变径罐，前部罐直径为 2.2 m，后部罐直径为 2.4 m，容积为 57.5 m^3，载重为 24 t。设计最大压力为 2.16 MPa，设计最高温度为 50℃。撞击发生在直径为 2.2 m 的前部罐体上的第一只安全阀，并且安全阀上部已被拦腰切断。

（2）泄漏的安全阀型号为 A411F - 2.5 型内装弹簧全启式安全阀，公称通径为 DN100，外部高度为 130 mm。连接法兰外径为 230 mm，厚度为 15 mm，法兰垫片厚度为 10 mm。法兰由 8 个 M20 的螺栓固定，与铁路桥相碰撞时，6 个螺栓被拦腰剪断，余下 2 个螺栓已严重变形。现场破坏情况如图 5—41 所示。

图 5—41　泄漏法兰

2．初次应急处置

（1）6时53分：派出3人抢险小组用木楔堵漏，由于无法形成楔紧效果，未果。事故后总结发现，从结构上看，内置式安全阀撞断后不可能用木楔法进行封堵。

（2）8时57分：派出抢险小组用外封式堵漏袋堵漏，由于泄漏区域呈不规则状，堵漏袋压力不够，抢险再次受阻。

（3）9时30分：用一床浸湿的棉被覆盖泄漏点，然后在泄漏点上罩一个钢盔，钢盔上加外封式堵漏袋堵漏，泄漏有所减少，但不明显。三次抢险作业都没有达到控制泄漏的目的。

此时检查槽车压力表，显示压力为1.3 MPa，通过液位计的变化，计算出槽车泄漏量为35～40 kg/min。如果丙烯相对水的密度按0.5、液体丙烯变成气体丙烯膨胀倍数按300计算，那么泄漏的气体量为21 000～24 000 L/min。情况万分危急。

3．处置方法确定

此时总指挥部有两种意见：一种意见是建议将泄漏槽车牵出危险区域，移至郊外处置；另一种意见是首先进行抢险处置，堵漏成功后，再牵车到安全地带处置。

抢险专家指出：

（1）丙烯是易燃易爆气体，危险性极大。

（2）泄漏现场周围丙烯气体浓度已经处在爆炸极限范围之内。

（3）引起爆炸的唯一条件是引爆能量。

（4）引爆的能量来源主要是静电火花或机械撞击火花。

（5）分析发现，此事故现场与1998年3月5日西安液化气管理所泄漏爆炸现场相似。

（6）国外案例：1978年7月11日14时30分，西班牙一辆装有23.5 t丙烯的槽车发生泄漏，5 min后引发爆炸，造成215人死亡、67人受伤，爆炸点周围5万 m² 的范围受到严重破坏，相当于半径为125 m的圆形范围。

（7）只要防范到位，禁绝引爆能量，可以封堵成功。

通过分析勘测数据，吉林化工学院的抢险专家提出用夹具捆绑法进行封堵作业。其机理是：借助两组倒链产生的拉力，使捆绑在夹具上的两组钢丝绳形成强大的张力，并通过夹具使其作用在下部的密封橡胶垫上，在夹具与橡胶垫、橡胶垫与槽车罐体外壁面上产生大于泄漏介质压力的密封比压，实现带压密封的目的。

4. 夹具设计

根据槽车泄漏部位勘测尺寸设计夹具。

（1）选择 $\phi325$ mm $\times 20$ mm 钢管，截取长度 200 mm。

（2）在 $\delta = 26$ mm 的 Q235 钢板上切割直径为 $\phi310$ mm 圆板一块。

（3）将圆钢板焊在钢管的一端，然后用水降温。

（4）在车床上加工未焊钢板的一端，并加工出内坡口。

（5）划出夹具的中心线，再对称划出直径为 2 200 mm 的弧线，用气割沿弧线切割。

（6）用角向磨光机磨平切出弧线坡口。

（7）选择 $\phi89$ mm $\times 16$ mm 厚壁钢管，长 400 mm，焊在夹具中心线上，形成支承杆。

（8）选择 $\phi32$ mm $\times 3$ mm 钢管，并沿中线气割切开，取长 150 mm 两段，焊在厚壁钢管支承杆两端，形成防止钢丝绳脱落的导槽。夹具设计如图 5—42 所示。

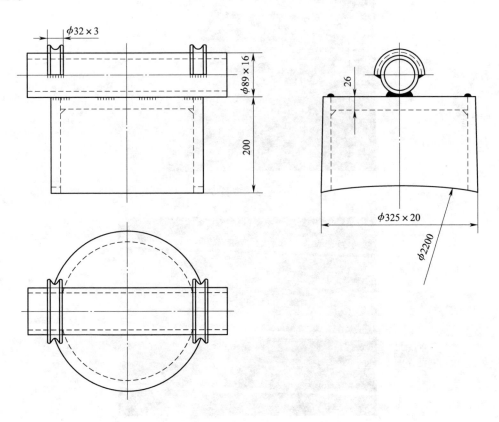

图 5—42　快速抢险堵漏夹具设计图

（9）在厚 4 mm 的绝缘橡胶板上切出内径为 260 mm、外径为 380 mm 的胶垫 4 块。

（10）根据泄漏筒体情况，选择拉力为 3 t 的导链两只，钢丝绳两条（以上器材均为不防爆器材，当时无法找到防爆器材）。

5．带压密封作业

夹具及带压密封器具运抵现场后，立即用消防水枪打湿。4 名进入现场的抢险作业人员穿着一级防护服，并用消防喷雾水枪喷湿全身。在 4 台消防车两支开花水枪的掩护下，带压密封作业人员首先将 4 块胶垫套在泄漏法兰下部，随后开始安装夹具，由于泄漏压力过大，夹具上下左右漂浮不定，两抢险作业人员用脚踏实，然后安装钢丝绳和倒链，并在筒体外部形成环状结构，逐渐拉动倒链加力，夹具在钢丝绳张力作用下趋于稳定，随着作业的进行，泄漏量逐渐减少，最终在 11 时 02 分泄漏被彻底制服，带压密封成功，如图 5—43 至 5—48 所示。

图 5—43　夹具安装

图 5—44　水雾保护

图 5—45　泄漏现场消防指挥

图 5—46　带压密封成功

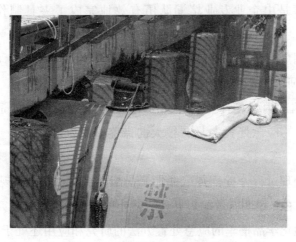

图 5—47　带压密封夹具安装情况

图 5—48　泄漏槽车离开事故现场

11 时 30 分，现场丙烯气体浓度降为爆炸极限以下。11 时 34 分，启动丙烯槽车，安全驶离事故现场。

此次丙烯罐式汽车泄漏事故共出动消防车 41 台，消防官兵 239 名，警察 150 多人，成功疏散市民 3 万余人，消防用水达到 1 200 多吨。带压密封抢险方法被公安部消防局评为国内公共安全突发事故处置最成功的案例。

五、小结

1. 本事故抢险救援成功的因素有三条：一是公安消防部队为抢险作业提供了必备的安全保障条件；二是吉林化工学院抢险救援专家提出了可靠的应急处置方案；三是由企业专业堵漏队伍有效地完成了夹具制作和现场抢险作业。

2. 鉴于我国危险化学品槽车事故发生频繁，社会危害较大，相应的抢险处置技术应当是今后研究工作的重点。

3. 文中介绍的丙烯槽车泄漏事故的应急处置方法，同样适用于铁路槽车发生的类似事故的应急处置，具有很大的借鉴作用，需要进一步研发、总结和推广。

4. 从事故处理过程分析，夹具的设计和制作占用了 2 h，而现场实际应急处置只用了 15 min 左右。说明有效缩短夹具的设计和制作时间有待研究和解决。

5. 关于危险化学品槽车的应急处置方法的研究和应用还处于起步阶段，还有大量科学研究和技术研发工作需要进一步加强。

学习单元 5　高度危险现场带压密封的安全管理

 学习目标

➤ 通过本单元学习，能够解决大规模设备泄漏的安全管理问题。

 知识要求

泄漏事故单位和带压密封工程施工单位必须执行"安全第一，预防为主，综合治理"的安全生产方针。

泄漏事故单位和带压密封工程施工单位必须落实安全防护措施，保证带压密封工程安全顺利地进行。

一、泄漏事故单位的安全管理

1. 泄漏事故单位必须选定具有相应资质的施工单位。

2. 泄漏事故单位应在保证安全的条件下，协助施工单位对泄漏部位进行现场勘测、数据分析，共同确认现场进行带压密封工程作业的决定。

3. 泄漏事故单位应负责填写并签发带压密封工程安全检修任务书，内容的填写应符合下列规定：

(1) 生产单位、装置、设备、位号、泄漏部位等名称填写清晰。

(2) 泄漏介质名称，泄漏介质压力、温度及缺陷情况填写准确。

(3) 采取的安全防护措施应可靠。

(4) 泄漏岗位操作工、值班长、安全员、机械师、工艺师、生产主任应确认所填内容并签字。

(5) 上一级主管生产部门、安全防火部门、生产厂长应审批并签字。

4. 泄漏事故单位应协助施工单位办理带压密封工程作业所涉及的各种特殊作业的票证。

5. 泄漏事故单位负责审批带压密封工程安全检修任务书、施工方案和安全评价报告。

6. 带压密封工程作业前，泄漏事故单位必须对带压密封工程现场施工作业人员进行安全技术交底，内容包括：

（1）泄漏介质压力、温度及危险特性。

（2）泄漏设备的操作参数、工艺生产特点。

（3）泄漏部位周围存在的危险源情况。

（4）安全通道、安全注意事项、救护方法、必须穿戴的劳保护品等。

7．当泄漏介质为高度危害介质时，泄漏事故单位应负责填写带压密封工程施工安全评价报告，并应提供作业现场必备的专用安全防护器材和消防器材。

8．泄漏事故单位应配合施工单位做好带压密封工程作业现场的通风、稀释和照明，配备的通风和照明工具应符合现场安全使用要求。

9．泄漏事故单位在带压密封工程作业前，必须在对用电、动火、高空作业等所有票证进行终审、签字后，方可下达作业指令。

10．泄漏事故单位在带压密封工程施工时，岗位操作工、值班长、安全员、机械师、工艺师、生产主任及上一级安全防火部门的有关人员均应到现场配合施工单位，做好安全和救援工作。

11．当进行高处带压密封作业时，泄漏事故单位应协助施工单位设计、架设安全可靠、带防护围栏的操作平台和安全通道。

12．泄漏事故单位应依据本规范及本单位的安全操作规程，负责监督、检查带压密封工程施工作业的全过程，并及时制止违章操作。

13．当带压密封结构发生泄漏时，泄漏事故单位必须通知原施工单位进行处置，并按作业要求重新办理带压密封工程作业所需的一切手续。

14．带压密封工程作业所涉及的各种签证文件，均应保存到该密封结构彻底拆除后。

二、带压密封施工单位的安全管理

1．从事带压密封工程的施工单位应具备下列条件：

（1）必须取得省级以上相应的施工资质。

（2）至少应有一名具有注册安全工程师执业资格的专职安全技术负责人。

（3）必须具有一名以上取得中级以上专业技术职称的带压密封工程设计人员。

（4）对带压密封工程所用工器具应执行定检制度，保证其处于完好状态。

（5）应配备必要的泄漏检测设备。

（6）带压密封工程作业人员必须经过专业技术培训，且不少于5人取得合格证，并熟知安全操作规范。

2．施工单位必须根据生产单位签发的带压密封工程安全检修任务书的内容规定进入现场，并遵照安全操作规范的规定，对泄漏部位进行现场勘测。

3．施工单位应根据泄漏部位现场勘测的具体情况，制定带压密封工程施工和安全评价报告，报生产单位审批。

4．施工单位根据带压密封工程作业的需要，向生产单位申请、办理、领取各种特殊作业所需的票证。

5．带压密封工程动工前，一切票、证、书必须经过相关部门审批、签字、确认，并接到生产单位下达的作业指令后，方可动工。

6．带压密封工程施工人员必须接受生产单位安排的现场安全技术交底。

7．带压密封工程施工项目技术负责人必须根据施工方案，在作业前对现场作业人员进行技术和安全措施交底，内容包括：

（1）从施工的角度介绍泄漏设备参数、泄漏介质特性。

（2）带压密封夹具设计情况、安装要求。

（3）注剂工器具的安全操作要求。

（4）讲解安全评价报告内容。

（5）逐条讲解安全措施。

不经技术和安全交底的带压密封工程项目不得施工，施工人员有权拒绝施工。

8．带压密封施工单位所使用的带压密封工程施工器具，必须定期通过法定计量检定机构的计量检测，使用前应处于完好状态。

9．带压密封施工单位应根据泄漏介质的温度、压力、毒性、燃爆性、腐蚀性等因素，配备符合国家现行标准规定的安全防护用品。

10．当带压密封施工单位使用生产单位的现场器材时，必须征得生产单位有关人员的同意，并在生产单位有关人员监护下使用。

11．当带压密封施工单位采用惰性气体、压缩空气、蒸汽、水对泄漏部位或注剂枪进行稀释、降温、加热时，必须征得生产单位同意，并在泄漏事故单位有关人员指挥下，架设专用管线。

12．带压密封施工单位在带压密封工程施工过程中发生意外情况时，应及时与生产单位有关部门联系，共同处置。

13．带压密封工程施工结束后，施工单位应负责对作业现场进行清理。

14．当带压密封结构发生泄漏时，施工单位必须重新办理带压密封工程作业所需的一切票证。

15. 带压密封施工单位应妥善保存好带压密封工程作业过程中所办理的各种票证和签证文件。

三、带压密封施工人员的安全防护

1. 带压密封工程施工人员必须依据泄漏现场的实际情况，佩戴防火、防爆、防毒、防静电、防烫、防坠落、防碰伤、防噪声、防低温、防打击、防火、防酸、防碱、防尘等安全防护用品，安全防护用品的质量必须符合国家现行标准的规定。

2. 带压密封工程作业人员头部的防护，应根据泄漏介质、压力、温度佩戴防护帽、安全帽或防护头罩，其质量必须符合 GB 2811—2007《安全帽》的规定。

3. 带压密封工程作业人员眼、面部的防护，应根据泄漏介质化学性质、压力、温度佩戴防护眼镜和防护面罩。防护眼镜和防护面罩必须符合 LD 66—1994《炉窑护目镜和面罩》的规定。

4. 呼吸器官的防护应符合下列规定：

（1）带压密封工程作业人员呼吸器官的防护，应根据泄漏现场粉尘的性质佩戴自吸过滤式防尘口罩、送风过滤式防尘呼吸器，其质量必须分别符合 GB/T 2626—2006《自吸过滤式防尘口罩通用技术条件》和 LD 6—1991《电动送风过滤式防尘呼吸器通用技术条件》的规定。

（2）当带压密封工程作业现场有毒物质超过国家《工业企业设计卫生标准》时，应根据泄漏介质的毒性程度佩戴导管式防毒面具或直接式防毒面具，其技术性能必须符合 GB 2890—2009《过滤式防毒面具通用技术条件》的规定。

5. 当带压密封工程作业现场的噪声超过 GB 12348—2008《工厂企业厂界噪声排放标准》的规定时，作业人员应佩戴耳塞、耳罩或防噪声帽。

6. 手部的防护应符合下列规定：

（1）带压密封工程作业时遭受酸、碱类介质泄漏伤害，作业人员的手部防护，应根据酸、碱的性质佩戴耐酸碱手套，其质量应符合 AQ 6102—2007《耐酸碱手套》的规定。

（2）带压密封工程的作业人员，应根据油类泄漏介质的性质佩戴耐油手套，其质量应符合 AQ 6101—2007《橡胶耐油手套》标准的规定。

（3）带压密封工程的作业人员，应根据泄漏介质温度佩戴耐高温手套，其质量应符合国家有关标准的规定。

7. 耐酸碱手套可用于热水和有毒介质泄漏的带压密封工程作业。

8. 躯干的防护应符合下列规定：

（1）带压密封工程的作业人员，应根据泄漏介质温度穿戴阻燃防护服，其质量应符合 GB 8965.1—2009《防护服装阻燃防护　第 1 部分：阻燃服》的规定。

（2）处置易燃、易爆介质泄漏时，带压密封工程作业人员应穿戴防静电服，其质量应符合 GB 12014—2009《防静电工作服》的规定。

（3）处置酸类介质泄漏时，带压密封工程作业人员应穿戴防酸服，其质量应符合 GB/T 12012—1989《防酸工作服》的规定。

（4）处置油品类介质泄漏时，带压密封工程作业人员应穿戴抗油拒水服，其质量应符合 GB 12799—1991《抗油拒水服安全卫生性能要求》的规定。

（5）在粉尘环境条件下进行带压密封工程作业，施工人员应穿戴防尘服，其质量应符合 GB 17956—2000《防尘服》的规定。

9. 足部的防护应符合下列规定：

（1）当处置易燃、易爆介质泄漏时，带压密封工程作业人员应穿戴防静电鞋，其质量应符合 GB 4385—1995《防静电鞋导电鞋技术要求》的规定。

（2）当处置酸、碱类介质泄漏时，带压密封工程作业人员应穿戴耐酸碱鞋，其质量应符合 GB 12018—1989《耐酸碱皮鞋》的规定。

（3）根据泄漏介质的温度，带压密封工程作业人员应穿戴高温防护鞋，其质量应符合国家有关标准的规定。

（4）当处置油品类介质泄漏时，带压密封工程作业人员应穿戴耐油防护鞋，其质量应符合 GB 16756—1997《耐油防护鞋通用技术条件》的规定。

10. 其他作业防护用品可按 GB/T 11651—2008《个体防护装备选用规范》佩戴安全防护用品。

11. 当作业人员处置易燃介质泄漏时，除应按规范规定穿戴安全防护用品外，所使用的防爆用呆扳手、防爆用錾子、防爆用检查锤等作业器具必须符合现行国家标准的规定，严禁施工时产生静电或火花。

12. 当带压密封工程施工坠落高度在基准面 2 m 及以上时，除应遵守 GB/T 3608—2008《高处作业分级》的规定外，还应遵守带压密封工程施工安全规范的规定。

13. 带压密封工程施工现场应设置明显的警示标志，无关人员不得进入施工地点。

第3节　带压密封技术综合应用

学习单元 1　带压密封工艺设计知识

学习目标

➤ 通过本单元学习，能够对现有带压密封技术、工艺提出改进意见。

知识要求

一、夹具设计综述

注剂式带压密封技术是在特定条件下实施的一项应急修补技术，所处理的各种泄漏部位及接触到的泄漏介质是千差万别的，而夹具设计的优劣直接关系到带压密封作业能否成功以及使用寿命的长短。以上几章介绍了法兰夹具、直管夹具、弯头夹具、三通夹具及填料夹具的常见结构形式和设计要求。但是在实际应用中，可能会遇到更加复杂的情况，有些泄漏部位甚至很难设计出理想的夹具，即使设计出了夹具也难以牢固地安装在泄漏部位上。还有这种情况，往往人们认为根本不可能在动态条件下实现带压密封的泄漏点，经过努力却获得了良好的带压密封效果；而有些常规的泄漏点，如法兰的泄漏，可以说采用注剂式带压密封技术进行堵漏成功率是相当高的，但在现场实际带压密封作业时，却有可能发生带压密封失效的情况，或者当时止住了泄漏，但两三天后又出现了二次泄漏。所以产生这类问题，除了一些客观因素之外，主要还是夹具的设计问题。可以说在正确选用带压密封注剂的前提下，夹具的优化设计问题是注剂式带压密封技术的关键。

二、法兰及连接螺栓的附加应力分析

法兰是应用最广泛的一种密封结构形式，也是注剂式带压密封技术接触最多

的泄漏部位。因此有必要知道它在正常条件下以及在带压密封作业后的受力状况。

在带压密封作业时，由于有密封注剂被注射到新构成的密封空腔内，形成一定的阻止泄漏的密封比压，因此在法兰和法兰连接螺栓上将产生附加应力。如图5—49所示是法兰带压密封受力情况，其受附加应力的作用范围是从原垫片外缘至法兰外缘附近的一个圆环。受力分析时，可将密封注剂对法兰的作用载荷简化为作用在螺栓孔中心上的一个合力，这个力通过法兰最终作用在法兰连接螺栓上，所以这个力对法兰不产生附加弯矩。

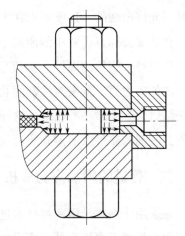

图 5—49　法兰附加应力示意图

在法兰的设计计算时，一般都不考虑钻连接螺栓孔产生的影响，但实际上由于局部效应，将会产生计算外的附加应力。当采用"铜丝敛缝围堵法"和"钢带围堵法"需要在法兰上钻孔时，同样会在法兰上产生附加应力。根据实验测定，在法兰上开设注剂孔所产生的附加应力与法兰的公称直径有关。对于 DN50 法兰，当开设 4 个注剂孔时产生的平均附加应力约为原连接螺栓孔产生的附加应力值的 10%；而对于 DN150 法兰，当开设 12 个注剂孔时，产生的平均附加应力约为原连接螺栓孔产生的附加应力的 1.5%。可见法兰公称直径越大，注剂孔产生的附加应力也越小。当法兰以弹性理论作为设计依据时，试验证明钻注剂孔所产生的附加应力对法兰的强度影响不大，可忽略。

在带压密封作业时，随着注剂过程的进行，新构成的密封空腔逐步被密封注剂所占据，阻止泄漏所需的密封比压也逐步增大，这个力通过法兰作用在法兰连接螺栓上，使其所受应力增大，增加的数值可以通过试验的方法加以确定。

英国弗曼奈特公司曾在由 4 个螺栓构成的法兰上进行了测试，每个螺栓测 3 个点（贴应变片），用应变仪测试，结果是每个螺栓内的应力值均有所增大，在注剂过程结束处的螺栓受力最大，约增大了 24.4%。这说明，在带压密封作业过程中，法兰连接螺栓的应力将有所增大，其最大值出现在注剂过程结束点处的螺栓内，一般情况下增大 25% 左右。应当指出的是，在夹具封闭性能良好的情况下，这一附加应力值将会随着注剂压力的增大而明显增大。其结果有两个，一个是沿着泄漏缺陷将密封注剂挤入到流体输送系统内；另一个是随着注剂压力的不断增大，密封空腔内的密封注剂的密封比压也随之增大，并通过法兰作用在螺栓上，当这个应力大于螺栓材料的强度极限时，螺栓将被拉断。对于带压密封作业来说，这两个结果是绝对不允许出现的。这就要求在泄漏停止时，注剂过程应缓慢结束，最后关闭注剂阀。在处理公称直径较小的泄漏法兰时，应特别注意这一点，带压密封作业前应当详细检查每个螺栓的腐蚀和强度削弱情况，必要时安装法兰专用 G 形卡具，降低螺栓内的应力值。待密封注剂固化后，再拆除 G 形卡具。因为密封注剂的固化过程完结后会产生微小的收缩，这样螺栓内的应力值也会相应有所下降，下降的数值与密封注剂的品种及泄漏介质温度变化有关。

三、管道的附加应力分析

在采用注剂式带压密封技术进行带压密封作业时，夹具受到密封注剂的注射压力作用，相当于内压容器；而此时管道受到密封注剂的外压作用，相当于外压容器。夹具是通过规范进行设计制作的，其强度和刚度是有保证的。而泄漏管道由于存在着各种缺陷，其强度和刚度均一定程度地受到削弱，在密封注剂的强大的外压作用下，有可能产生压缩失稳后果。在夹具设计时应当采取必要的隔离措施，杜绝此类现象的发生。

如图 5—50 所示，在处理异径管部位泄漏时需要注意的是，这种异径管夹具在实际带压密封作业时会产生位移的现象。因为在注射密封注剂时，夹具小管径端面所受的注剂推力要大于夹具大管径端面所受到的推力，这个位移力为：

$$F = \frac{\pi}{4}(D_0^2 - D_i^2)P \qquad\qquad (5\text{—}6)$$

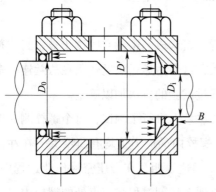
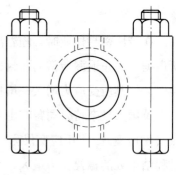

图 5—50　直管夹具附加应力示意图

式中　F——注剂产生的位移推力，N；

D_0——大管直径，mm；

D_i——小管直径，mm；

P——注剂压力，MPa。

由式 5—6 可以看出，位移推力的大小取决于异径管的直径差，这个数值越大则位移推力也越大，造成的后果是夹具移动，带压密封作业失败。因此，采用这种夹具时，必须采取相应的限位措施。可以动火的泄漏部位，可采用电焊将夹具焊死在泄漏管道上；不能动火的泄漏部位，则可采用止退卡子。

应当指出的是，当注剂产生的位移推力 F 受到小管上的止退卡子或其他限位结构阻挡时，F 将作用在小管的泄漏缺陷部位上，当 F 产生的应力大于材料的强度极限或在泄漏缺陷上出现应力集中现象时，在 F 的作用下，会出现将管道在泄漏缺陷部位拉断的事故。因此，对于此类泄漏部位应当格外小心。当泄漏缺陷是裂纹时，属于动态缺陷，存在着应力集中及裂纹扩展迅速等因素，不宜采用注剂式带压密封技术进行作业；当是点状缺陷时，采用注剂式带压密封技术进行作业，在夹具设计时，大管端的夹具尺寸 D_0 应小于实际管段外径 0.5～0.8 mm，小管端夹具尺寸 D_i 应等于或大于实际管段外径 0.3 mm，限位应多在大管段上做文章，并且泄漏一旦停止，则应立刻停止注射密封注剂，保证带压密封作业在绝对安全的情况下进行。

在处理异径三通泄漏时，同样不得将注剂产生的应力作用在小管段上。因为当这个注剂应力作用在已存在缺陷的连接焊缝上时，就有可能将小管段拉脱，产生不可估量的后果。东北某厂在采用注剂式带压密封技术处理异径三通泄漏时，由于夹具设计不当，将全部支承力作用在了小管与大管连接的、存在缺陷的焊缝上，在进行注剂作业时，将小管与大管的连接焊缝拉断，使一条动力蒸汽输送管线停运，并险些造成人员伤亡事故。

学习单元 2　综合带压密封技术的应用

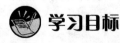

学习目标

➤ 通过本单元学习，能够结合多种带压密封技术的优点解决疑难泄漏问题。

知识要求

两种以上带压密封技术的综合应用，可以完成较复杂泄漏部件的带压密封。

一、楔式紧固工具法

1．泄漏部位
某化工厂压缩机透平油 DN20 入口管与机体螺纹连接处，滴漏。

2．泄漏部位材质
20 钢管，机体为铸造件。

3．泄漏介质参数
泄漏介质参数勘测结果见表 5—11。

表 5—11　　　　　　　压缩机蒸汽泄漏介质参数

名称	压力/MPa	温度/℃	最高容许浓度/（mg/m³）	爆炸危险度	闪点/℃	自燃点/℃	爆炸极限/%（体积）	
							下限	上限
蒸汽	1.2	30	—	—	—	—	—	—

4．密封注剂选择
4#密封注剂。

5．作业用工具器
制作楔式紧固器 1 个，石棉盘根 1 段，连接螺栓 4 个，调胶板、调胶棒、剪刀、组合工具 1 套。

6．安全保护用品（略）

7．操作作业
根据连接管的外径（25 mm）制作楔式紧固器，其结构如图 5—51 和图 5—52 所示。作业前先将泄漏处的油漆除去，修整凹凸不平处，在没有安装盘根的情况下，试装固定斜面部分及紧固止漏部分，这样就确定了紧固器的安装位置。拆下紧固止漏部分，在其槽内涂一层调配好的密封注剂，并将事先浸胶的石棉盘根安装在槽内，用抹布擦去漏油，迅速将止漏块安放在原处，紧固止漏块的连接螺栓，这时由于斜面的作用，盘根将受到环向和轴向的两个作用力的作用，其合力作用于泄漏点上，随着紧固螺栓的拧紧，泄漏停止，如图 5—53 所示。

二、注剂法与引流焊接法综合应用实例

1．泄漏部位
某厂乙烯车间透平汽缸大法兰密封面，水平连接。

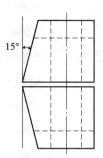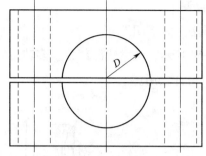

图 5—51　固定斜面部分结构

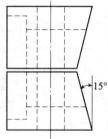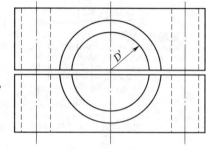

图 5—52　紧固部分结构

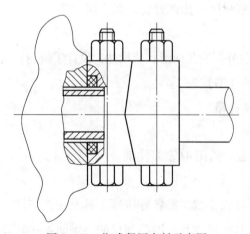

图 5—53　楔式紧固密封示意图

2. 泄漏介质参数

泄漏介质参数勘测结果见表 5—12。

表 5—12　　　　　　　　　压缩机透平汽缸蒸汽泄漏介质参数

名称	压力 /MPa	温度 /℃	最高容许浓度 /（mg/m³）	爆炸 危险度	闪点 /℃	自燃点 /℃	爆炸极限/%（体积）	
							下限	上限
蒸汽	8.0	480	—	—	—	—	—	—

3. 现场勘测

（1）泄漏法兰外部几何形状

如图 5—54 所示，法兰泄漏部分呈多转角的复杂形状。在现场用铝丝进行实地放样，供夹具设计之用。

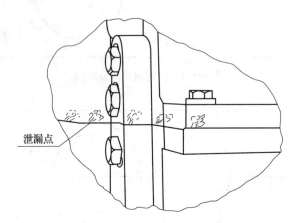

图 5—54 透平汽缸法兰泄漏示意图

（2）泄漏法兰的连接间隙

采用精度密封，密封面涂抹密封胶，无连接间隙。

4. 夹具设计

根据透平泄漏法兰外部的几何形状及尺寸，设计了特殊夹具，如图 5—55 所示。

5. 安全保护用品（略）

6. 作业用工器具（略）

7. 密封注剂选择

根据泄漏蒸汽参数，选用 4# 密封注剂。

8. 现场作业

（1）办好动电、动火手续，准备好研磨工具及注剂工具。

（2）研磨各组夹具，使夹具与泄漏部位的接触间隙达到焊接要求。

（3）将注剂阀设在全开位置，组焊各夹具。这时泄漏介质由注剂孔上的注剂旋塞阀排泄。焊接可起到夹具的定位作用及密封目的。

关闭注剂阀，连接高压注剂枪进行注剂作业，直到泄漏停止，如图 5—56 所示。

9. 说明

采用注剂式带压密封技术处理形状复杂的外部轮廓上的泄漏点，夹具的设计、定位和封闭功能的实现是关键环节，而采用焊接的方法是一种行之有效的途径，当然前提是必须具备动火条件。

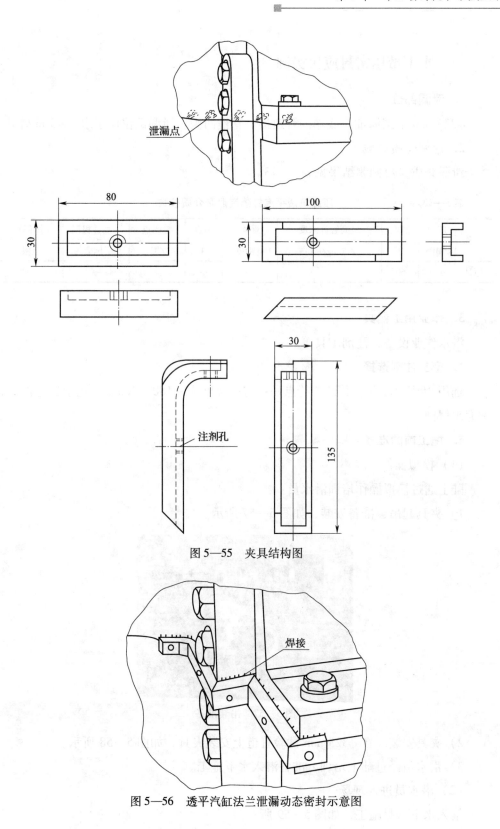

泄漏点

80

30

100

30

注剂孔

30

135

图 5—55　夹具结构图

焊接

图 5—56　透平汽缸法兰泄漏动态密封示意图

三、水下带压密封应用实例

1. 泄漏部位

ϕ325 mm 中国海油海底输油管道接口管箍两侧。泄漏部位位于水下 40 m 处。

2. 泄漏介质参数

泄漏介质参数勘测结果见表5—13。

表 5—13　　　　　　　压缩机透平汽缸蒸汽泄漏介质参数

名称	压力 /MPa	温度 /℃	最高容许浓度 / （mg/m³）	爆炸 危险度	闪点 /℃	自燃点 /℃	爆炸极限/% （体积）	
							下限	上限
原油	6.0	60	—	—	—	—	—	—

3. 作业用工器具

潜水作业设备，注剂工具等。

4. 密封注剂选择

选用 8#密封注剂，其性能特点是：适应温度为 −180～260℃；化学稳定性好，耐海水侵蚀。

5. 施工前的准备

（1）模拟操作

陆上通过模拟操作培训潜水员：

1）夹具起吊，准备安装，如图5—57 所示。

图 5—57　吊装准备

2）夹具安装。在 ϕ325 mm 试验管道上安装夹具，如图5—58 所示。

3）潜水员经过陆上培训，准备潜入水下施工。

（2）潜水员进入现场

潜入水下密封施工，如图5—59 所示。

图 5—58　安装夹具

图 5—59　潜入水下

6. 实施效果

消除泄漏，避免石油浪费和对水域的污染。

第 4 节　带压密封技术创新

 学习单元 1　试验研究的方法与管理知识

 **学习目标**

➤ 通过本单元学习，能够通过试验和研究对带压密封技术提出创新性建议。

知识要求

一、创造性的定义和类型

创造性活动的突出特点是创新，不是重复。创造不是墨守成规，而是推陈出新。对于基础研究，就是要发现和创立过去所没有的规律和理论；对于应用研究，就是要获得过去所没有的新产品、新工艺和新材料；对于开发研究，就是要研制过去没有的机器设备和其他产品；对于生产企业，就是能够研发并把新产品成功引入市场的综合内在能力的集合。因此，创造性是科学研究的灵魂。衡量科研成果水平高低的方法，就是看其中创造性成分的大小。创造性成分越大，水平越高；创造性成分越小，水平越低。

"创造性"就是认识前人所没有认识到的事物，做前人所没有做到的事情的一种先驱性活动。例如用新的资料和新的方法，站在新的角度去研究新的问题，从而提出了新见解、得出了新结论、发现了新规律、作出了新发明，那么这种研究工作就具有创造性。

在科学技术工作中，科学发现和技术发明都属创造性的活动，但又各有侧重。

1. 技术发明与科学发现的区别

科学发现是指揭示出已有的但不为人们所知的事物的规律。它属于人类认识活动的范畴，并没有对客观世界作出技术性的改造。

技术发明则是指设计和制造出前所未有的东西，是首创新的、有价值的、实用的物体。世界知识产权组织曾对发明下过一个定义：发明是发明人的一种思想，这种思想可以在实践中解决技术领域里特有的问题。我国颁布的《发明奖励条例》中说：发明是一种重大的科学技术成就，它必须同时具备下列三个条件：①前人所没有的；②先进的；③经过实践证明可以应用的。所以，技术发明是受专利法保护的，而科学发现在许多国家是不受专利法保护的。按照专利法的规定，申请专利权的发明要求具有新颖性、创造性和实用性。所谓新颖性，是指在申请之日前没有同样的发明在国内外出版物上公开发表过、在国内公开使用过或者以其他方式为公众所知，也没有同样的发明向专利局提出过申请并且记载在申请之日以后公布的专利申请书中。所谓创造性，是指同申请之日以前已有的技术相比，该发明有突出的实质性特点和显著的进步，具有出乎意料的良好效果，解决了长期以来的技术难题，或发明的结果推翻了所属技术领域的专家们长期形成的偏见。有的国家把商业上的成功作为判断发明的创造性的重要参考标准之一。所谓实用性，是指该发明能够制造或应用，并且能够产生积极效果。

2．技术发明的范围和类型

有 16 个领域可适用于大多数专利。这些领域是：原料加工、制造、建筑、交通、通信、电力、农业、医药、渔业、食品加工、军事、家庭用品、办公用品、玩具、个人用品和娱乐品。在每一个领域中都有一些小类，这些小类包括了绝大多数的技术发明。对于大量的技术发明进行分类是一件麻烦事，不过，在多数情况下，某项技术发明可以归入下述各类型中的一种。

（1）组合型

将不同领域内的各种技术或者产品的零部件重新组合成一种新技术或新产品。例如带橡皮的铅笔的发明。一次美国人威廉去看已成为画家的朋友，当时这个朋友正在写生，威廉发现画家手上的铅笔上部有一个怪物，随着画家的手的移动在左右晃动，细看发现是用一细线捆绑的一块橡皮，当画家需要改错的时候，便可随时找到橡皮，还真方便。威廉由此得到启发，回家后他把铅笔和橡皮组合在一起，发明了一种带橡皮的铅笔，同时申请了专利，后来他将该专利卖给了一家制造商，使他赢得了每年 50 万美元的专利使用费。

（2）节省劳力型

把新的动力源同现有的技术装置挂起钩来，用以节省劳动力。例如电锯的发明。

（3）直接解决问题型

这一类型的技术发明所要研制的装置，是为了解决某一问题而定制的。例如电报的发明。

（4）修正解决老问题的老原理以获得新成果型

这是上述直接解决问题型技术发明的一种变化。在这种发明中，课题早已存在，其解决办法所应用的原理也为人们所知，应用这个原理去解决这个特定的课题就是创造性的革新。2002 年度诺贝尔化学奖得主日本籍工程师田中耕一的成果就是最好的实例。田中耕一只有学士学历，是一位在职工程师，他的专长又是与化学奖似乎不太相关的电子工程，田中做的仅仅是利用早已建立的核磁共振与质谱分析的原理，在解决了关键技术问题后将其用于分析生物大分子的结构。田中一个小小的突破使这两种科学方法在生物化学、基因分析、药物开发和食品科学等众多领域产生了广泛的新用途，有力地推动了这些学科群的发展。

（5）应用新原理解决老问题型

对于存在的某个问题，用现有的技术只得到了部分解决；而如果利用某个新技术，往往能获得巨大的成功。例如把晶体管应用在助听器上。

（6）应用新原理解决新问题型

谁具有最新技术方面的知识，谁就能应用其中一种或几种来满足新的需要。例如同步卫星的研制成功，就是为了满足信息化社会需要的结果。

（7）意外发现型

有一些重大的技术发现是偶然发现的结果。例如硫化橡胶和不锈钢的发明。

3. 技术发明向技术开发转移的特点和规律

一项新的技术发明向技术开发转移有着自己的特点和规律。这些特点和规律概括起来有以下三点：

（1）技术发明被利用是有条件的，即一项技术发明必须是成熟的，才能进入开发，在生产上得到应用。发明未被采用的主要原因有以下几个：一是新发明在经济上暂时没有应用价值而处于潜伏期；二是材料和补充技术还未进步到足以使开发成功的程度；三是情报交流上存在障碍，管理上缺少对发明可能产生的经济效果的评价。

（2）技术开发成本过高，这是阻碍技术进步的重要原因。据美国商业部调查材料表明，从技术发明到开发成为市场上的产品的过程中，发明阶段仅花费总成本的 5% ~ 10% ，而开发阶段的花费则是发明费用的 10 倍以上。

（3）技术发明转向开发的时间较长。因为从发明转向开发要受许多条件的约束，并要经过许多环节，所以有一定的时间间隔。

二、创造发明的过程与思路

创造发明虽然常常是思维的闪电，但须通过一个过程来达到。创造发明离不开一定的程序和过程。长期以来人们总结概括创造发明实践的规律，提出关于创造发明过程一般程序的各种各样的模式。其中比较有代表性的有以下几种。

1. 美国著名创造工程权威奥斯本提出的模式是

发现问题 → 提出设想 → 解决问题

2. 美国兰德公司的特里戈和凯普纳提出的模式是

发现问题 → 分析原因 → 最终解决

3. 前苏联科学家 Γ·戈加内夫提出的模式是

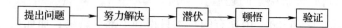

提出问题 → 努力解决 → 潜伏 → 顿悟 → 验证

4．英国心理学家瓦拉斯提出的模式是

5．前苏联科学家卢克提出的模式是

6．美国佛罗里达大学贝利教授提出的模式是（更适用于工程技术）

三、科学技术创新的方法

创造就是破旧立新。创造是创新，是创见性地发现问题、分析问题、解决问题。任何社会进步和科技发展都离不开创造活动，而创造活动必须讲究科学性和实践性。

1．继承与创新

科学研究的价值在于创造，但是，任何创造都离不开对前人成果的继承。当然，科学研究的继承性，是批判地继承，创新地继承。其基本原理如下：

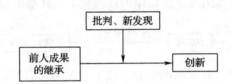

2．叛逆与创新

科学的创造发明，都是从根本上推翻过去科学家奠基的普遍认识或常规认识，打破旧规范，创立新规范。其基本原理如下：

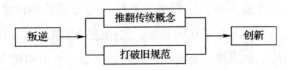

3．移植创新法

运用其他学科的概念、理论、方法或技术，来研究本学科或另一学科存在的问题，这种创新方法叫做移植创新法。这种方法简便、有效，即所谓"拿来主义"，但必须先消化，再合理移植。应用过程中应作必要的修正、创新，不能照葫芦画瓢、简单抄袭和模仿。其基本原理如下：

4. 交叉突破，边缘突破

有意识地在两门学科或几门学科交接处的领域内，利用这些学科领域各自的原理和技术，并使其结合起来进行所谓"交叉""边缘"研究和突破。交叉科学是指自然科学和社会科学相互交叉地带生成的一系列新生学科。其基本原理如下：

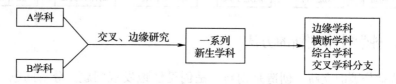

5. 复合突破法

将几种原理、技术、效应或组元加以复合、应用，借以突破而发展、研究出新材料、新工艺、新观点和新理论。首先对 A 现象和 B 现象分别进行观察、思考和分析，发现其各自的优势，寻找其各自的独特之处，摒弃其无用之处，根据实用性和新颖性，将从 A、B 现象所发现的优势或独特之处复合，以产生个体较 A 现象、B 现象都要更强、更加实用或更加新颖的新现象 C。其基本原理如下：

$$\boxed{\text{A现象}} + \boxed{\text{B现象}} \xrightarrow{\text{复合（优势互补）}} \boxed{\text{C现象(新的复合现象)}}$$

复合应当是有目的、有策略的复合，而不是简单、盲目的复合。后者只可能带来负的效应，造成人力、物力、财力上的浪费。而有充分准备的、好的复合则可带来极好的效应。

6. 对立概念的创新方法

科学领域中存在许多"对立"概念，人们总是习惯性地注意到事物的正面概念而忽视了它的反面，即习惯于正向思维，忽视逆向思维。有时从某些对立概念出发，可以启发人们的创造思维，有可能取得理论突破，也有可能创造出更为卓越的新材料。其基本原理如下：

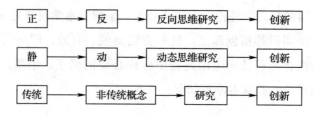

7. 逻辑分析创新方法

（1）类比、类推法

A 对象具有 a、b、c、d 属性，通过类推，B 对象可能也具有 d 的属性。

（2）归纳法

从众多个别事实中概括出一般原理的一种思维方法。例如 20 钢蒸汽管道工作时会膨胀，合金钢蒸汽管道工作时会膨胀，不锈钢蒸汽管道工作时会膨胀，通过归纳，所有金属蒸汽管道工作时都会膨胀。

（3）演绎法

与归纳法相反，演绎法是从一般到个别的推理。演绎法通常为三段论，例如，大前提：凡是金属都是导电的；小前提：铜是金属；结论：铜是导电的。

8. 机遇与创新

偶然性中包含着必然性，精心观察偶然现象和意外事件，发现与众不同的疑点，抓住机遇，深入探索，就可能产生科学技术上的重大发现或发明。其基本原理如下：

根据科学机遇的好发学科的特点，机遇多产生在边缘学科、新兴的幼年学科和一些复杂的研究领域。应当提醒读者的是，创新并不是科学家的专利，而是属于全人类的财富。

四、工程技术创造发明的方法

创造发明是有规律可循的。创造工程和发明学就是研究创造发明技术和方法的科学。

（1）原型启发法

所谓启发就是从其他事物、现象中得到启发后，找出解决某一问题的途径。具有启发作用的事物叫原型。很多事物都可能有启发作用，如自然现象、日常用品等都可以作为原型。其基本原理如下：

（2）联想法

联想法是一种把某工程技术领域里的某个现象与其他领域里的事物联系起来加以思考的方法。采用联想的方法是为了扩展人脑固有的思维，以此来激发更多的创造性思维。平时知识积累与经验丰富的人，他的联想能力自然就强，联想的范围也越广阔。专家尚须杂学，博学能扩展或诱发人的联想思维。其基本原理如下：

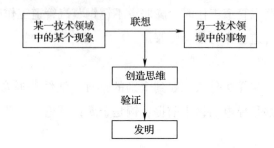

（3）组合法

将两个或两个以上独立的技术因素通过巧妙的结合或重组，而获得具有统一整体功能的新材料、新工艺、新技术和新产品的方法。其基本原理如下：

（4）伞形辐射法

当某个重大技术的发明问世以后，常呈中心辐射扩展，遵循不同的分支途径会产生"多米诺骨牌"式的连锁效应，带来多项技术革新和发明，形成新材料、新产品和新兴的企业。伞形辐射法的原理是，某一新技术若有强大的生命力，便会很快地辐射移植到多个技术领域，继而又会从这些领域的分支作辐射扩展，而且是在技术原理和方法上相互移植，呈伞形辐射，产生一系列连锁发明。

（5）逆向发明法

从事物的相反功能去创造发明的方法叫做逆向发明法。它通过归纳、总结技术发展史中科学家、发明家进行发明、创造活动的典型事例而得出的一种发明创造方法。其基本原理如下：

事物的功能 ──逆向思维→ 反方向功能 ──→ 发明

（6）反求工程法——技术引进与创新

反求工程法是对国外引进技术进行剖析，反推其设计原理、材料、工艺的奥秘，从技术上消化吸收、改进而后创造发明的方法。其基本原理如下：

（7）列举法

列举法是在美国科学家克罗福德创造的特性列举法基础上形成的创造发明法，其要点是将研究对象的特性和缺点及希望的性能罗列出来然后提出相应的改进措施，从而形成具有独创性的方案，该法的特点是简单易行，随时随地可以应用。任何一种产品、技术都不能尽善尽美，当随便拿出一种产品或物品时，很容易找出一些缺点和毛病，或提出它应当具备的样式、性能，然后想方设法加以改进。列举法可进一步分为特性列举法、缺点列举法和希望点列举法三种。

（8）检核表法（校核目录法）

检核表法是根据需要研究的对象，列出有关的问题，形成检核表，然后一个个核对讨论，从而发掘出解决问题的大量的创造发明。

（9）局部改变法

局部改变法是在原有技术和发明的基础上进行适当的局部的调整和改变，以产生新的作用，满足新的要求的创造发明。这种方法的特点是不改变原技术发明的主要特征和面目而拓宽其使用范围，简单易行见效快。

科技创新是推动企业发展的源动力，创新是一个民族进步的灵魂，是国家兴旺发达的不竭动力。

五、操作思路

1. 采用换向控制阀来简化操作思路

换向控制阀是用来改变油流方向或截止油流，从而控制执行机构的运动方向或使其停止。换向控制阀的种类很多。根据阀的工作位置数和通油口数，可分为二位二通、二位三通、二位四通、三位四通、三位五通等。油压复位式高压注剂枪要求有两个工作位置，故可以采用二位四通换向阀来完成变换油路的任务。

二位四通换向阀的工作原理如图 5—60 所示。图中方框的数目表示该阀可能有的工作位置数，所谓二位阀，就是表示有两个工作位置，方框外接的直线表示阀与外部连接的通道，叫做"通"，二位四通换向阀即表示该阀有两个工作位置，有四个与外部连接的通口。方框内的"↑"表示液压油流动的方向，A、B 代表工作腔的通口，即连接高压

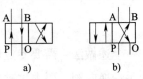

图 5—60 二位四通换向阀工作原理图

注剂枪的两个接头，P代表压力腔的通口，O代表回油腔的通口。当换向阀处于图5—28a所示位置时，表示P与A接通，即手压油泵产生的压力油进入工作腔A，同时B与O接通，表示工作腔B的油流回到储油筒内。当换向阀处于图5—28b的位置时，A与O接通，A腔的油将流回到储油筒内，同时P与B接通，表示压力油进入工作腔B。这样只要扳动二位四通换向阀阀柄，即可完成变换油路的任务。

如图5—61所示是采用了换向阀后的注剂式带压密封技术机具总成示意图。操作时，首先关闭手压油泵卸载阀，当换向阀处于图中所示位置时，掀动手动油泵的手柄，压力油就会通过换向阀进入高压注剂枪油缸的尾部，推动活塞杆向前移动，将剂料腔内的密封注剂挤出，同时活塞杆前端的液压油，由于受到活塞杆向前移动时的挤压，通过换向阀而流回到手动油泵的储油筒内；注剂过程结束后，掀动换向阀的手柄，则油路方向发生改变，压力油通过换向阀进入高压注剂枪的前端，将油缸内的活塞杆压回到非工作状态，油缸尾部液压油通过输油管及换向阀流回到手压油泵的储油筒内。图5—61所示的方法是在手压油泵的外部直接连接一个高压手动换向阀来简化操作过程。如果能在手动油泵的机体上直接设计一个换向阀来配合油压复位式高压注剂枪使用，可以说是最佳的供油方式，配有换向阀的手动油泵可以省略卸载阀，整个操作会更为简便。

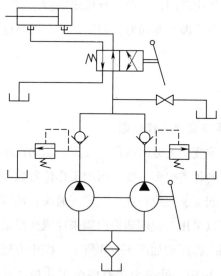

图5—61　增设换向控制油路示意图

上述做法，需要专业厂家的配合，如必须有适合于小型手动油泵配套使用的高压手动换向阀。要求这种阀体体积小、重量轻、便于携带，并能很好地与现有的定型手动油泵连接成一体。目前这种带压密封作业专用换向阀已有商品出售，但使用上仍有一些障碍。

2．采用两台手动油泵来简化操作思路

如图 5—62 所示是采用两台手动油泵来简化操作过程示意图。这种方法采用两台手动油泵供油，图中手动油泵 A 专门用于完成注剂工作过程，操作时关闭手动油泵 A 的卸载阀，打开手动油泵 B 的卸载阀，掀动手动油泵 A 的手柄，则压力油通过输油高压胶管进入油压复位式高压注剂枪的油缸尾部，推动活塞杆向前移动。活塞杆前端的液压油由于受到挤压，经输油胶管流回到手动油泵 B 的储油筒内，直到注剂过程结束；图中手动油泵 B 专门用于完成高压注剂枪的复位过程，当注剂过程结束后，关闭手动油泵 B 的卸载阀，打开手动油泵 A 的卸载阀，掀动手动油泵 B 的手柄，则可完成油压复位式高压注剂枪的复位过程，而活塞杆尾部的液压油经输油胶管流回到手动油泵 A 的储油筒内，拧开高压注剂枪的连接螺母，装上密封注剂后，即可继续进行操作。这种简化操作方法的优点是，无须对整套机具进行改动，只要增加一台手动油泵即可，简便易行。不足之处是作业时，必须携带两台手动油泵，如果是采用两只高压注剂枪同时进行带压密封作业，则需要 4 台手动油泵配合，这一点对于高空作业或一些特殊场合的作业来说，也有不便之处。

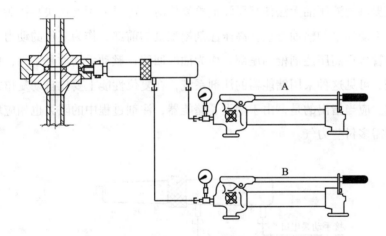

图 5—62　采用两台手动油泵简化操作示意图

携带两台手动油泵进行带压密封作业，也有其优越的一面，当带压密封作业时出现机具故障，如一台油泵的密封元件失效，单向阀失灵，高压胶管或快装接头漏油时，可以把有缺陷的手动油泵及高压胶管设置在回油工作段上。如果采用一台手动油泵进行带压密封作业，出现上述问题，则只能现场修理或更新手动油泵及高压胶管。

3．采用储能器来简化操作

储能器是一种利用弹簧的变形能来存储能量的小型装置，其结构如图 5—63 所示。在设计制作储能器时，应考虑到弹簧的尺寸、储能器活塞的截面积、活塞的最大位移量。对油压复位式高压注剂枪来说，其复位所需要的液压油的压力大致在10～30 MPa之间。因此，弹簧的尺寸和活塞的截面积应按可产生30 MPa的油压来设计制作，其位移量应能满足提供高压注剂枪所需的液压油的容积量。使用时首先让复位输油胶管及相应的复位系统内充满液压油，排净该系统内空气，掀动手动油泵手柄，这时压力油通过高压输油胶管进入高压注剂枪油缸的尾部，推动高压注剂枪的活塞杆向前移动，同时高压注剂枪活塞杆前端的液压油受到挤压，并通过复位胶管进入储油器内，推动储能器的活塞移动，这时储能器内的弹簧将受到压缩，注剂过程结束后，打开手动油泵的卸载阀，则储存在储能器内的压力油由于受到弹簧传递给储能器活塞的作用，受到挤压，通过复位输油胶管进入到高压注剂枪油缸的前端，推动高压注剂枪的活塞杆恢复到工作位置，装好密封注剂后，即可重新进行注剂作业。储能器与油压复位式高压注剂枪结合，其实质就是自动复位式高压注剂枪的变种，只不过是把复位弹簧移到高压注剂枪外的储能器中，采用储能器来简化操作，可以减轻操作人员的劳动强度，避免快装接头的漏油现象。在特殊情况下，储能器所提供的液压油无法使高压注剂枪复位时，可以采用交换快装接头的方法来解决，把手动油泵的输油管接在高压注剂枪油缸的前部，作为复位的动力，而储油器的输油管接在高压注剂枪的尾部，作为油的回路，掀动手动油泵手柄，即可完成复位过程。可见这种采用储能器的注剂系统，在复位性能上要比自动复位式高压注剂枪优越。应当指出的是，由于增设了储能器，注剂过程中的阻力也相应增大，操作人员则需多付些力气。

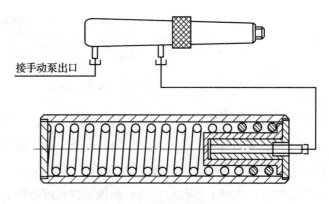

接手动泵出口

图5—63　储能器结构示意图

4. 采用电动油泵

采用电动油泵可以将电能转化为机械能，节省作业人员的体力。与高压注剂枪配套使用的电压油泵，应具备体积小、输出压力高、重量轻、结构简单的特点，在易燃、易爆区域内使用，还应具备防火、防爆的性能，即电动机应采用防爆型。如图 5—64 所示是 CZB6320 电动油泵，它由电机、电源开关、压力表、压力表接头、截止阀手柄、压力表接口、手柄、放气螺母、油箱、油标、高压油管、电源插头等组成。其工作原理如图 5—65 所示。工作时由电动机经输出连接轴同时带动同轴低压油泵及高压油泵的转子旋转，使高、低压油泵同步工作。液压油首先被吸入低压油泵，压力达到 2.0 MPa 时，进入高压油泵进一步增压至 63 MPa 后输出。在高、低压油泵输出油路里装有安全阀，用以保持额定输出压力以及安全保护作用。这种电动油泵与自动复位式高压注剂枪配套使用时，操作顺序是：首先打开放气螺母，将截止阀手柄置于卸荷位置，插上电源，并将快装接头与高压注剂枪油缸尾部连接，按动电源开关，待电动机转动 1～2 min 后，将截止阀手柄置于增压位置，此时输出的液压油推动高压注剂枪的活塞杆前移，直到完成注剂行程，再将截止阀手柄置于卸荷位置，拧开高压注剂枪的连接螺母，装好密封注剂后，即可继续进行堵漏密封作业；当这种油泵与油压复位式高压注剂枪配套使用时，可以增加一个储能器来完成复位行程，也可以在油泵放气螺母孔的位置上改设一个回油油路输油管，这样在注剂过程中，活塞杆前端的液压油就可以沿此油路流回到电动油泵的油箱内。注剂行程结束后，交换两组快装接头的位置，进行复位行程，再交换两组快装接头位置，重新装好密封注剂后即可继续进行注剂作业。

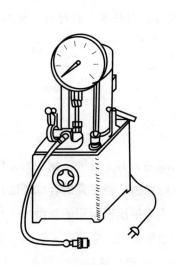

图 5—64　电动油泵结构示意图

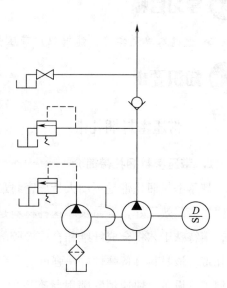

图 5—65　电动油泵工作原理

采用电动油泵进行堵漏密封作业，可以极大地减轻作业人员的劳动强度，提高工作效率，一般50 s左右可完成一次注剂过程，1 h可注射70只棒状密封注剂，极大地缩短了现场作业时间。但在防火、防爆区内使用电动油泵，应选用防爆电机。

简化注剂式带压密封技术操作过程，目的是减轻操作人员的劳动强度，减少机具的故障率。

对于油压复位式高压注剂枪来说，在手动油泵或电动油泵泵体内增设换向阀是较理想的简化操作过程途径。采用油压复位式连续注射高压注剂枪则可进一步简化操作，可无需反复拆卸高压注剂枪的连接螺母，而直接在高压注剂枪的剂料腔的开口处填加密封注剂，这种结构只要在各种高压注剂枪的剂料腔上略加改动即可实现，但枪体总长度要加大。采用储能器也是一种行之有效的简化操作过程的途径。

对于自动复位式高压注剂枪，简化操作的途径就只有在其前部开设填剂缺口，使其变成连续注射式结构，即在高压注剂枪的前部直接填加密封注剂。但枪体的几何尺寸要相应增长，这也是其不利的一面。

 ## 学习单元2 带压密封新设备、新技术、新材料、新工艺

 ## 学习目标

➤ 通过本单元学习，能够推广带压密封的新设备、新技术、新材料、新工艺。

 ## 知识要求

一、带压密封捆扎带

1. 带压密封捆扎带简介

带压密封捆扎带是不动火带压密封最常用的堵漏品，有1分钟止漏功效，使用方便，堵漏效果好，寿命长。这种材料是用耐温、抗腐蚀、强度高的合成纤维作骨架，用特殊工艺将合成纤维和合成橡胶溶为一体，成为带压密封用的新型快速止漏捆扎带。该材料具备弹性好、强度高、耐温及抗腐蚀等特点，它可在短时间不借助任何工具设备，快速消除喷射状态下的直管、弯头、三通、活接头、丝扣、法兰、焊口等部位的泄漏。其使用温度为150℃，使用的最大压力可达2.4 MPa。它可广

泛使用于水、蒸汽、煤气、油、氨、氯气、酸、碱等介质。如用于强溶剂环境下，可用四氟带打底并配合使用耐溶剂的黏合剂，仍然可以达到止漏的目的。该产品目前广泛应用于供热、电力、化工、冶金等行业里，其结构如图 5—66 所示。

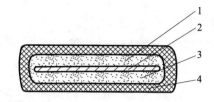

图 5—66　带压密封捆扎结构示意图

1、3—橡胶层　2—纤维织物层　4—四氟材料层

（1）产品配料

石英石墨粉、进口高分子导热剂、天然橡胶（1 号烟片，马来西亚产）、乙烯基硅橡胶、高强度白炭黑、氧化锌、硬脂酸、防老剂、白炭黑、立德粉、橡胶软化剂、促进剂、硫化剂等。

（2）技术参数

施堵压力≤0.9 MPa；固化剂固化后压力≤2.1 MPa；适合温度≤280℃；固化时间 0.5 h；应用范围：油、水、燃气、酸碱、苯等各类化学品；适合部位：金属、PE、PVC、复合管、玻璃钢等管道上的直管、三通、弯头、短节、变径、堵头、阀门、法兰、法兰盘根部等；材料寿命：9 年。

（3）使用方法

1）泄漏介质四处飞溅时先将泄漏点四周污垢适当清理。

2）水直接捆扎，油气类用堵漏带胶皮铺垫在泄漏部位，酸碱苯类用 CHD4 化学胶片铺垫在泄漏部位。

3）用本带沿漏点一侧开始用力捆扎拉紧向前赶，捆扎到头再向回捆扎，捆扎期间一直拉紧不要松手，如此反复直至堵住漏为止，包捆带捆绑不得少于 3 层。

4）在堵漏胶带弹性收缩和挤压力作用下达到止漏目的，经过缠绕时压力形成胶带之间相互胶连固化反应。

5）加大强度需要在本品捆扎完成后在上面反复均匀涂抹加强固化剂，将表层和周边全涂抹包住。

2. 施工方法

（1）清除管道泄漏缺陷周边污垢。

（2）用缠绕带在泄漏点两侧缠绕捆扎拉紧形成堤坝。

（3）直接对泄漏点处捆扎，通过弹性收缩挤压消除泄漏，如图 5—67 所示。带压密封捆扎带现场应用情况如图 5—68～图 5—70 所示。

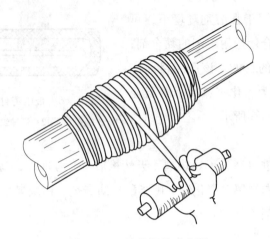

图 5—67　缠绕捆扎示意图

图 5—68　带压密封捆扎现场（一）

图 5—69　带压密封捆扎现场（二）

图 5—70　带压密封捆扎现场（三）

3. 带压密封捆扎带应用实例

带压密封捆扎技术目前主要广泛应用于低温（≤200℃）低压（≤1.0 MPa）的环境中，在直管、弯头、三通、活节头、法兰等部位均可使用。

捆扎技术除在常规部位使用之外，其最大的贡献在于解决了管壁大面积腐蚀减薄这一带压密封的技术难题。当出现管壁大面积腐蚀减薄时，很多堵漏手段是无能为力的：如包盒子则只能堵住局部；如果用粘接法又因为有泄漏密封胶不能固化；如果用常规注胶法，则卡具一是要做得很大，二是还要加衬套以保证已腐蚀的管壁能承受注胶压力，此时用捆扎技术可说是最快捷、最有效的堵漏方法之一。成功实例如下：

（1）某厂热电车间蒸汽管线弯头腐蚀减薄穿孔，压力为 0.6 MPa，温度为146℃，蒸汽大量外泄，若制作卡具注胶则至少要 8 h，用新材料捆扎不到 1 h 便处理完毕，大大节约了时间，降低了成本。

（2）某化肥厂仪表风总管管壁腐蚀穿孔，周边减薄亦很严重，如不及时处理将造成供风中断、仪表失灵、继而导致大面积停工，其经济损失可达 800 万元，采用捆扎新技术仅仅 15 min 就解决了问题。

（3）某炼油厂制氢车间主流程上的一个分水器（V–112）入口切线进料管法兰焊口部位因焊接缺陷而发生泄漏，由于漏点几乎靠到容器器壁，安放堵漏卡具十分困难，首次安装的卡具没有成功。此时厂内已安排使用该装置氢气的几套非常重要的加氢装置紧急停工，其经济损失可达 1 000 多万元，鉴于其温度不是太高，堵漏小组在原卡具的配合下，用捆扎带、铁丝、胶粘剂一齐上阵并辅之以注胶，终于关住了这只"气老虎"。

4. 带压密封捆扎带技术研究进展

在人们逐渐认识带压密封捆扎带技术之后，它的简捷方便的施工技术、准确快速的堵漏效果受到了各方面的关注，很多从事这方面工作的技术人员和工人努力探索，取得了新的进展，使这项技术的应用范围得到了进一步拓宽。

（1）直管堵漏

直管上的漏点使用卡具较为繁杂，且使用密封胶堵漏费用将上升，某堵漏小组利用捆扎法，实施引流焊接法，成功地堵住了漏点。

其具体做法是先点焊住内管，泄漏介质由内管导流外泄，沿直管处泄漏压力下降，方便了对内管的捆扎，捆扎直径略大于外管内径，令外管经锤击紧紧敲入，然后对外管实施满焊，外管顶部有螺纹，待焊接完毕后，卸下导流管拧上管帽，整个堵漏工作就全部结束了，如图5—71所示。

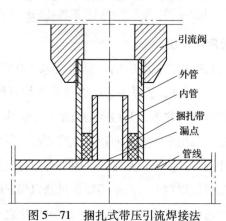

图5—71　捆扎式带压引流焊接法

（2）泵体砂眼漏点的消除

某泵体出口管出现一砂眼，其位置位于筋板下死角处，使用锤击等法均不能奏效，后决定将捆扎带捆绑于一螺栓中部，两边盖聚四氟乙烯垫圈，将螺栓置于筋板下空当处，用力把紧螺栓，使之挤压捆扎带，捆扎带受外力后紧紧贴靠在漏点上，泄漏终止，如图5—72所示。

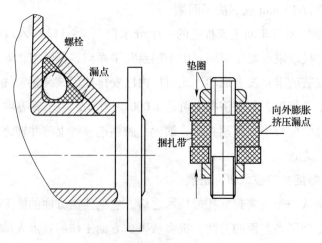

图5—72　消除砂眼处泄漏示意图

二、连续加料液压注射枪

连续加料液压注射枪是一种对带压密封工具，特别是液压注射枪结构的改进。本设备结构中，液压缸与注射筒以螺纹连接，柱塞—推料杆设置于液压缸内，液压缸的另一端螺纹连接有快装液压接头；注射筒的另一端设置有螺纹连接的注射螺母，其特征在于在所述液压缸内表面与柱塞－推料杆外表面之间设置有压缩弹簧，在注射筒的适当位置上设置有加料口。与液压复位注剂枪相比，这种设备不仅大大降低了操作人员的劳动强度，而且也大大减少了操作时间，使工作效率提高一倍以上。特别是当外部液压源采用电动或气动动力时，单位时间注入密封注剂的数量更多，注入的速度更快，进而加快了带压密封的进程。其结构如图 5—73 所示。

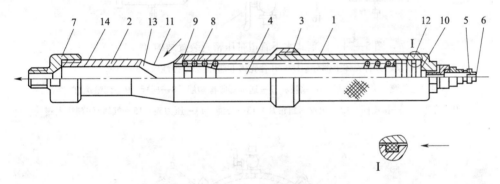

图 5—73　连续加料液压注射枪结构

1—液压缸　2—注射筒　3—螺纹　4—柱塞—推料杆

5—快装液压接头　6—液压源　7—注射螺母　8—压缩弹簧

9、10—过渡台　11—加料口　12—O 形环加挡圈结构　13 密封注剂收集槽　14—注射筒内壁

三、注剂式水下管道带压密封新技术

这种新技术是一种注剂式水下管道带压密封装置。由两端的端板支撑于泄漏处两侧管道的刚性的开合壳体，其两端端板的内侧分别设有内端板，端板和内端板之间设有与管道接合的遇水膨胀橡塑层，开合壳体的外侧设有带充气嘴的气室和气体/注剂注入阀及排出阀，气室的出口设有固定于开合壳体内壁的弹性膜，开合壳体的内侧设有裹覆泄漏处的橡胶密封帘片及其紧固装置。这种实用新型装置可用于水下管道泄漏的带压密封加固和连接，也可以用于地下、危险场所及有毒有害环境中管道的带压密封加固连接作业，如图 5—74 和图 5—75 所示。

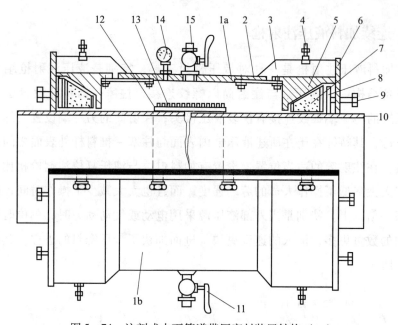

图5—74 注剂式水下管道带压密封装置结构（一）

1a—开合壳体上部分 1b—开合壳体下部分 2—弹性膜 3—气室

4—充气嘴 5—内端板 6—端板 7—遇水膨胀橡塑层 8—压板 9—调整螺钉

10—管道 11—排出阀 12—橡胶密封帘片 13—绕绳 14—压力表 15—气体/注剂注入阀

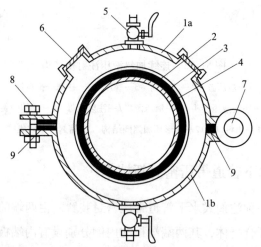

图5—75 注剂式水下管道带压密封装置结构（二）

1a—开合壳体上部分 1b—开合壳体下部分 2—管道 3—橡胶密封帘片

4—绕绳 5—气体/注剂注入阀 6—观察窗 7—铰接轴 8—螺栓 9—密封垫

四、高温高压管道的带压密封新方法

高温高压管道的带压密封方法属于管道带压密封的方法，它克服了目前直接点焊，停工焊接的缺点，它包括先螺母或管丝头引流法、铆钉法、塞堵法、塞敷法、止裂法后焊接，由于采用以上方法，可以在管线不停车、不置换的情况下，完成带压密封，大大降低了工人的劳动强度，有力地保证了装置的安全平稳生产，带压密封时，只需一张动火票、一台焊机、一名焊工在较短时间内就能解决，方便快捷，既节约了成本，又节约了时间。

1. 管道上出现稍大的泄漏点时，可根据泄漏点面积的大小，用圆钢车制一个锥形塞子，再用锤子直接把塞子砸进泄漏缺陷处，砸紧后，把塞子与管道泄漏处的衔接面焊死，完成带压密封作业，如图 5—76 所示。

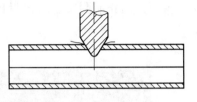

图 5—76 锥形塞子带压密封法

2. 管壁腐蚀严重的泄漏点，对泄漏点不太规则，管壁腐蚀较严重的泄漏点，虽然表面较小，但其周边已被腐蚀得较薄，可根据泄漏点面积的大小，采用一个带锥度的硬木塞子，再用锤子把木塞子砸进泄漏缺陷处，砸紧不漏后，用手锯将木塞子贴着管壁锯断，然后敷上一块与管壁板形接近的钢板，钢板大小可根据泄漏点周围腐蚀面积的大小而定，最后沿钢板周围与管壁进行焊接，完成带压密封作业，如图 5—77 所示。

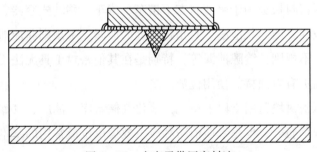

图 5—77 木塞子带压密封法

3. 对于直线形裂纹，可采自下而上的焊接方法，首先在裂纹两端无泄漏处引弧，到达裂纹处时停弧，趁焊缝处于红热状态时，立即用钝扁铲铆严一小段焊缝，采用断弧点焊法将这段焊缝焊住至未铆严处，停弧，趁焊道红热再用钝扁铲铆严下一小段裂缝将其焊住，这样反复下去，直到裂缝全部焊完，如图 5—78 所示。

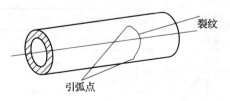

图 5—78 铆严法焊接带压密封操作法

五、橡胶磁带压密封块

1. 结构原理

橡胶磁带压密封块的工作原理是将钕铁硼永磁材料镶嵌于导磁橡胶体中，组成强磁装置，钕铁硼强磁块的磁场通过橡胶层与铁磁性材料做成的承压设备产生吸力，并形成阻止泄漏所需的密封比压，实现磁力带压密封的目的，如图5—79所示。

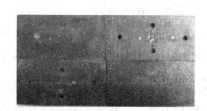

图5—79　橡胶磁带压密封块结构图

2. 适用范围

橡胶磁带压密封块适用于事故状态下槽车、罐车、移动式容器、船舶及管道等形成的凹陷处泄漏、凸起状泄漏、直角折弯处的泄漏、不规则曲面泄漏、任意角度折边处的泄漏，不规则长缝隙泄漏等，特别是在其他密封工具无法固定的大型铁磁性材料容器表面更有着独特的使用优势。

橡胶磁带压密封块适用于以下单位：液化气储备库、油库、气库石化企业、化工厂、油气运输车船等；也是专职消防和应急救援单位最常用的基本抢险救援装备之一。

3. 技术指标

磁力橡胶带压密封适用于压力不大于1.0 MPa，温度小于80℃的水、油、气、酸、碱、盐及各类有机溶剂。技术指标见表5—14。

表5—14　　　　　　　　　　橡胶磁带压密封块技术指标

D	外径	≥32 mm
S	单体	70 mm×35 mm
P	系统压力	1.0 MPa
T	工作温度	≤80℃
Z	载体材质	橡胶

4. 操作步骤

（1）平面泄漏

将橡胶磁带压密封块对准泄漏缺陷，放手即可完成密封任务；当泄漏缺陷部位有凸凹时，用快速密封胶棒进行修补，达到平整及固化后，再进行密封作业。

（2）曲面泄漏

用防爆锉刀将橡胶磁带压密封块的一面按泄漏缺陷曲面锉出弧面，将橡胶磁带压密封块对准泄漏缺陷，放手即可完成密封任务。橡胶磁带压密封块有标识孔的一面最多可锉深度为 4 mm，另一面最多可锉深度为 7 mm，当泄漏缺陷部位有凸凹时，用快速密封胶棒进行修补，达到平整及固化后，再进行密封作业。

橡胶磁带压密封块平面铺设时，应注意极性，应当南北极交替使用，这样可以获得最大的密封吸力；叠加使用时也应注意磁极。

快速密封胶棒是双组分快速固化胶，使用时按用量切下一块，用手充分捏混，涂抹在坑凹处，并修整成型。快速密封胶棒也可涂抹在橡胶磁带压密封块上使用。涂抹在坑凹处应进行表面清洁处理。

5. 注意事项

（1）使用橡胶磁带压密封块时，要使极面与泄漏缺陷表面安全吻合，无间隙。

（2）这种产品只可用于导磁材料制成的承压设备密封。

（3）磁压密封器一般使用温度应不大于 80℃，不宜过高，否则会破坏橡胶磁带压密封块的磁力。

六、橡胶磁带压密封板

1. 结构原理

橡胶磁带压密封板的工作原理是利用当今世界上最先进的永磁体——钕铁硼组成强磁装置，钕铁硼强磁块的磁场通过橡胶层与铁磁性材料做成的承压设备产生吸力，并形成阻止泄漏所需的密封比压，实现磁力带压密封的目的。橡胶磁带压密封板结构如图 5—80 所示。

2. 适用范围

橡胶磁带压密封板适用于事故状态下槽车、罐车、移动式容器、船舶及管道等形成的凹陷处泄漏、凸起状泄漏、直角折弯处的泄漏，不规则曲面泄漏、任意角度折边处的泄漏，不规则长缝隙泄漏等，特别是在其他密封工具无法固定的大型铁磁性材料容器表面更有着独特的使用优势。

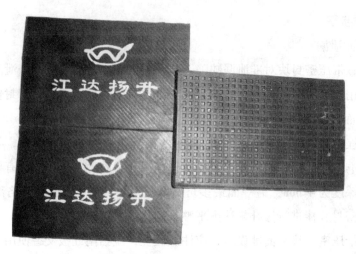

图 5—80　橡胶磁带压密封板结构

橡胶磁带压密封板适用于以下单位：液化气储备库、油库、气库石化企业、化工厂、油气运输车船等；也是专职消防和应急救援单位最常用的基本抢险救援装备之一。

3．技术指标

橡胶磁带压密封板适用于压力不高于 1.0 MPa，温度低于 80℃的水、油、气、酸、碱、盐及各类有机溶剂。技术指标见表 5—15。

表 5—15　　　　　　　　　　　橡胶磁带压密封板技术指标

D	外径	≥325 mm
S	单体	170 mm×110 mm
P	系统压力	1.0 MPa
T	工作温度	≤80℃
Z	载体材质	橡胶

4．操作步骤

（1）平面泄漏

将橡胶磁带压密封板对准泄漏缺陷，放手即可完成密封任务；当泄漏缺陷部位有凸凹时，用快速密封胶棒进行修补，达到平整及固化后，再进行密封作业。

（2）曲面泄漏

用防爆锉刀将橡胶磁带压密封板的一面按泄漏缺陷曲面锉出弧面，将橡胶磁带压密封板对准泄漏缺陷，放手即可完成密封任务。橡胶磁带压密封板有标识孔的一面最多可锉深度为 4 mm，另一面最多可锉深度为 7 mm，当泄漏缺陷部位有凸凹时，用快速密封胶棒进行修补，达到平整及固化后，再进行密封作业。

橡胶磁带压密封板平面铺设时，应注意极性，应当南北极交替使用，这样可以获得最大的密封吸力；叠加使用时也应注意磁极。

快速密封胶棒是双组分快速固化胶，使用时按用量切下一块，用手充分捏混，涂抹在凹坑处，并修整成型。快速密封胶棒也可涂抹在橡胶磁带压密封板上使用。涂抹在凹坑处应进行表面清洁处理。

5. 注意事项

（1）使用橡胶磁带压密封板时，要使极面与泄漏缺陷表面安全吻合，无间隙。

（2）这种产品只可用于导磁材料制成的承压设备密封。

（3）磁力橡胶带压密封块一般使用温度应不大于 80℃，不宜过高，否则会破坏橡胶磁带压密封板的磁力。

七、开关式长方体橡胶磁带压密封板

1. 结构原理

开关式长方体橡胶磁带压密封板的工作原理是将具有开关功能的钕铁硼磁芯镶嵌于可弯曲导磁橡胶体中，组成可调磁力强弱的强磁装置，钕铁硼强磁块的磁场通过橡胶层与铁磁性材料做成的承压设备产生吸力，并形成阻止泄漏所需的密封比压，实现磁力带压密封的目的，如图 5—81 所示。

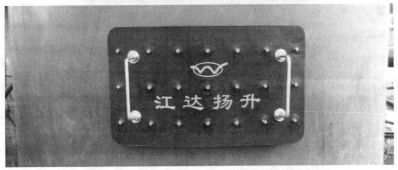

图 5—81　开关式长方体橡胶磁带压密封板结构

2．使用范围

用于铁磁性的大型固定式容器、移动式容器（槽车或罐车）、管道、舰船壳体、水下管网抢险堵漏工具，适用于中小裂缝，孔洞的应急抢险，也可由潜水员携带封堵船体部位的开裂及孔洞。

3．技术特点

（1）应对控制险情对象多，工具可形变、可实现多种不同曲率半径部位泄漏封堵（裂纹、开焊、孔洞、突起阀门等）。

（2）吸附磁力由旋转开关控制，可实现带磁作业或非带磁作业，使用更为方便，拆卸自如。

（3）耐受压力强，工具本体强磁力在高压状态下，可轻松实现对准定位。

（4）操作简单，只需对准泄漏点施放结合即可。

（5）具有磁压、粘贴、捆绑等诸多综合功能。

（6）具有优良的耐化学腐蚀性，阻燃、防静电、耐压、抗震。

4．技术参数

（1）外径　　　　　　　　$\geqslant 1\ 200$ mm

（2）结合面积　　　　　　500 mm × 300 mm

（3）系统压力　　　　　　1.5 MPa

（4）工作温度　　　　　　$\leqslant 80℃$

（5）载体材质　　　　　　橡胶

（6）实用的磁力开关设计

5．使用方法

（1）打开包装箱，取出堵漏工具，用防爆扳手将磁芯开关旋转到开的位置（顺时针旋转90°即可）。

（2）两人分别双手握紧产品两端手柄，手持堵漏工具手柄，将堵漏工具弯曲方向与泄漏设备的弯曲方向相对一致对准泄漏缺陷中心部位，压向泄漏部位，施放结合，即可完成抢险堵漏作业。

（3）如被封堵设备内部压力不大时，也可先对正泄漏缺陷，然后再进行开关操作，并可增设捆绑带加强。

（4）泄漏部位有凹坑时，可使用快速堵漏胶棒行进行修平作业，然后再进行堵漏作业。

6．注意事项

（1）储藏运输时，要注意轻拿轻放，谨防撞击。要密封防尘、避光、防潮、防高温。

（2）非正常使用时严禁随意打开包装，不得无险情时随意试用，以免影响使用。

（3）抢险使用完毕之后，应将磁芯开关旋转到关闭位置，处于无磁的安全状态。

（4）清洗干净，保养装箱封存，以备再次使用，不得当作永久性封堵器材使用。

八、开关式正方体橡胶磁带压密封板

1. 结构原理

开关式正方体橡胶磁带压密封板的工作原理是将具有开关功能的钕铁硼磁芯镶嵌于可弯曲导磁橡胶体中，组成可调磁力强弱的强磁装置，钕铁硼强磁块的磁场通过橡胶层与铁磁性材料做成的承压设备产生吸力，并形成阻止泄漏所需的密封比压，实现磁力带压密封的目的，如图 5—82 所示。

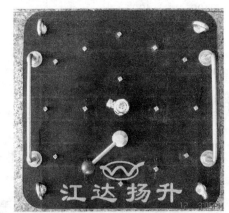

图 5—82　开关式正方体橡胶磁带压密封板结构图

2. 使用范围

用于铁磁性的大型固定式容器、移动式容器（槽车或罐车）、管道、舰船壳体、水下管网等突发性泄漏事故抢险堵漏，也可由潜水员携带封堵船体部位的开裂及孔洞。

3．技术特点

（1）应对控制险情对象多，工具可形变、可实现多种不同曲率半径部位泄漏封堵（裂纹、开焊、孔洞、突起阀门等）。

（2）磁力为可开关式，可实现带磁作业或非带磁作业，使用更为方便。

（3）耐受压力强，工具本体强磁力在高压状态下，可轻松实现对准定位。

（4）操作简单，只需对准泄漏点施放结合即可。

（5）设有引流开关，泄漏介质压力较高或泄漏流量较大时，可起到引流作用，降低作业难度。

（6）具有磁压、粘贴、捆绑等诸多综合功能。

（7）具有优良的耐化学腐蚀性，阻燃、防静电、耐压、抗震。

4．技术参数

（1）外径　　　　　　≥1 200 mm

（2）结合面积　　　　400 mm×400 mm

（3）系统压力　　　　1.5 MPa

（4）工作温度　　　　≤80℃

（5）载体材质　　　　橡胶

（6）实用的磁力开关设计

5．使用方法

（1）打开包装箱，取出堵漏工具，用防爆扳手将磁芯开关旋转到开的位置（顺时针旋转90°即可）。

（2）两人分别双手握紧产品两端手柄，手持堵漏工具手柄，将堵漏工具弯曲方向与泄漏设备的弯曲方向相对一致对准泄漏缺陷中心部位，压向泄漏部位，施放结合，即可完成抢险堵漏作业。

（3）如被封堵设备内部压力不大时，也可先对正泄漏缺陷，然后再进行开关操作。

（4）泄漏部位有凹坑时，可使用快速堵漏胶棒行进行修平作业，然后再进行堵漏作业。

6．注意事项

（1）储藏运输时，要注意轻拿轻放，谨防撞击。要密封防尘、避光、防潮、防高温。

（2）非正常使用时严禁随意打开包装，不得无险情时随意试用，以免影响使用。

（3）抢险使用完毕之后，应将磁芯开关旋转到关闭位置，处于无磁状态。

（4）清洗干净，保养装箱封存，以备再次使用，不得当作永久性封堵器材使用。

（5）保质期为四年。

九、开关式氯气瓶橡胶磁带压密封帽

1. 结构原理

开关式氯气瓶橡胶磁带压密封帽的工作原理是将具有开关功能的钕铁硼磁芯镶嵌于可弯曲导磁帽式橡胶体中，组成可调磁力强弱的强磁装置，钕铁硼强磁块的磁场通过橡胶层与铁磁性材料做成的承压设备产生吸力，并形成阻止泄漏所需的密封比压，实现磁力带压密封的目的，如图5—83所示。

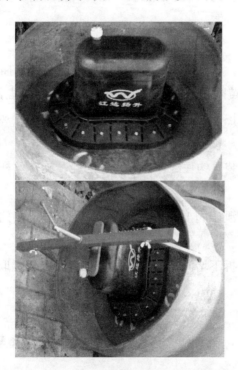

图5—83　开关式氯气瓶橡胶磁带压密封帽结构图

2. 适用范围

用于封堵铁磁性氯气钢瓶在生产、储存、运输、使用、处置等环节发生的阀门泄漏（500 kg 及 1 000 kg 钢瓶专用）。

3. 技术特点

（1）可以在铁磁性设备上，随意吸附操作。

（2）长圆帽式结构，可将泄漏凸出部位罩于其内。

（3）吸附磁力由旋转开关控制，可实现带磁作业或非带磁作业，使用更为方便，拆卸自如。

（4）设有引流接头，泄漏介质压力较高或泄漏流量较大时，可起到引流作用，降低作业难度。

4. 技术参数

（1）外形尺寸，$\phi 250$ mm $\times H220$ mm。

（2）工作环境使用温度：$-50 \sim 80℃$。

（3）耐压范围：$0.2 \sim 1$ MPa。

（4）耐酸、耐碱、耐油程度：使用浓硫酸 95% ~ 98%、硝酸 65% ~ 68%、盐酸 36% ~ 38%、氢氧化钠 96%、汽油及机油，实验浸泡 48 h 表面均无腐蚀老化现象。

5. 使用方法

（1）打开包装箱，取出堵漏工具，将泄压管接头部位插入工具顶部的泄压阀中，逆时针旋转阀上黄圈，锁紧接头，将另一端出口放入碱水容器中，在封堵密封面上沿密封环内侧敷上一圈黏性胶条，双手持住双筒帽体，对正泄漏阀门位置压向罐体，使其磁力吸合。将泄漏氯气引出，进行中和处理。

（2）将固定压紧装置钩住罐体护栏两边的孔，旋转丝杆对堵漏工具实施 2 次压紧封堵。

（3）顺时针旋转泄压阀上的黄圈，快速拔下接头，阀门即为关闭状态，泄漏被完全封堵。

（4）抢险后需要拆下堵漏工具时，先将二次固定装置取下，关闭磁芯，即可轻松取下。

6. 注意事项

（1）储藏运输时，要注意轻拿轻放，谨防撞击。要密封防尘、避光、防潮、防高温。

（2）非正常使用时严禁随意打开包装，磁力开关应处于关闭位置，不得无险情时随意试用，以免影响使用。

（3）抢险使用完毕之后，应将磁芯开关逆时针旋转 90° 到关闭位置，使之处于无磁的安全状态。

（4）清洗干净保养装箱封存，以备再次使用，不得当作永久性封堵器材使用。

（5）保质期为四年。

十、开关式槽车橡胶磁带压密封帽

1. 结构原理

开关式槽车橡胶磁带压密封帽的工作原理是将具有开关功能的钕铁硼磁芯镶嵌于可弯曲导磁帽式橡胶体中，组成可调磁力强弱的强磁装置，钕铁硼强磁块的磁场通过橡胶层与铁磁性材料做成的承压设备产生吸力，并形成阻止泄漏所需的密封比压，实现磁力带压密封的目的。开关式氯气瓶橡胶磁带压密封帽结构如图 5—84 所示。

图 5—84　开关式氯气瓶橡胶磁带压密封帽结构

2. 适用范围

用于铁磁性的大型固定式容器、移动式容器（槽车或罐车）安全阀及凸出附件突发性泄漏事故抢险堵漏，凸出部位直径应小于工具标明的直径尺寸。

3．技术特点

（1）可以在铁磁性设备上，随意吸附操作。

（2）圆帽式结构，可将泄漏凸出部位罩于其内。

（3）吸附磁力由旋转开关控制，可实现带磁作业或非带磁作业，使用更为方便，拆卸自如。

（4）设有引流开关，泄漏介质压力较高或泄漏流量较大时，可起到引流作用，降低作业难度。

4．技术参数

（1）外形尺寸：（$\phi 320 \times H390$）

（2）工作环境使用温度：$-50 \sim 80℃$。

（3）耐压范围：$0.5 \sim 2$ MPa。

（4）耐酸、耐碱、耐油程度：（使用：浓硫酸 $95\% \sim 98\%$、硝酸 $65\% \sim 68\%$、盐酸 $36\% \sim 38\%$、氢氧化钠 96%、汽油及机油，经实验证明浸泡 48 h 表面均无腐蚀老化现象。）

5．使用方法

（1）打开包装箱，取出堵漏工具，用防爆扳手将磁芯开关旋转到开的位置（顺时针旋转 90° 即可）。

（2）两人分别双手握紧产品两端手柄，手持堵漏工具手柄（或采用机械吊装工具），将堵漏工具弯曲方向与泄漏设备的弯曲方向相对一致对准泄漏缺陷中心部位，打开各磁力开关，压向凸出泄漏部位，实现磁力带压密封的目的。该产品的适用封堵对象为固定和移动式容器接管阀门及附件等凸出部位泄漏。

（3）如被封堵容器内部压力过大，需要先连接引流管然后打开泄压阀，以便进行远距离收集处理，并可增设捆绑带加强。

6．注意事项

（1）移动工具时必须将产品装到工具箱内，关闭工具箱。

（2）储藏运输时，要注意轻拿轻放，谨防撞击。要密封防尘、避光、防潮、防高温。

（3）非正常使用时严禁随意打开包装，磁力开关应处于关闭位置，不得无险情时随意试用，以免影响使用。

（4）抢险使用完毕，应将磁芯开关逆时针旋转 90° 到关闭位置，使之处于无磁的安全状态。清洗干净保养装箱封存，以备再次使用，不得当作永久性封堵器材使用。

（5）保质期四年。

十一、多功能磁力密封工具

1. 结构原理

多功能磁力密封工具的原理是利用当今世界上最先进的永磁体——钕铁硼组成强磁系统，对钢铁设备形成强大的吸附力。将快速密封胶压在泄漏缺陷上达到制止泄漏的目的。它使用方便，只要扳动一只手柄就能改变磁力大小，使之对泄漏设备迅速加压或释放。该工具配备了多块不同于单纯圆弧形状的弧板，可适应各种直径泄漏设备的密封需要。该多功能磁力密封工具方便快捷、吸附力强，并可反复使用，其结构如图5—85所示。

图5—85　多功能磁力密封工具结构图

2. 适用范围

多功能磁力密封工具适用于立罐、卧罐、直径较大的管线和各种平面状的泄漏，特别是在其他密封工具无法固定的大型钢铁设备表面更有着独特的使用优势。

该工具适用以下单位：液化气储备库、油库、气库石化企业、化工厂、油气运输车船等，是专职消防和应急救援单位最常用的基本抢险救援装备。

3．技术参数

磁压密封器公称吸附力为400 kg，但在泄漏设备材质为低碳钢、厚度足够、结合面无间隙时，拉脱力最大可达900 kg。

该工具适用温度≤80℃；适用压力≤5.0 MPa；适用介质为各种水、油、气、酸、碱、盐和各类有机溶剂。技术指标见表5—16。

表5—16　　　　　　　　　　多功能磁力密封工具技术指标

D	外径	≥89 mm
S	单体	140 mm×90 mm
P	系统压力	5.0 MPa
T	工作温度	≤80℃
Z	弧板	$\phi89$，$\phi108$，$\phi133$，$\phi159$，$\phi219$，$\phi273$，$\phi325$，$\phi377$

4．操作步骤

（1）安装弧板

选一块与泄漏设备外径相同的弧板，清除弧板上下面和多功能磁力密封工具底面的杂质。

将弧板与多功能磁力密封工具下部贴合。

（2）加钢片及快速密封胶棒（方法一）

选择钢片，并将其煨成与弧板相同的圆弧。

调配快速密封胶棒，将其涂于钢片圆弧面内，厚度不超过2 mm。厚度过大将增加磁路间隙，降低吸合力，影响使用效果。

（3）调配快速密封胶（方法二）

按快速密封胶使用要求，选择合适的密封胶品种，按1∶1比例调胶。

清理并打毛钢片表面，剪一块与钢片尺寸相同的玻璃布，将调好的密封胶涂于钢片内表面，贴上玻璃布，在玻璃布上再涂上胶，必要时应在泄漏缺陷上也涂上胶，然后晾置。

（4）封堵泄漏

待胶达到固化临界点，操作员面对泄露缺陷双手握住多功能磁力密封工具，将磁力开关手柄置于右侧，迅速将多功能磁力密封工具压到泄漏缺陷上，并立即打开磁力开关，保持多功能磁力密封工具吸合在容器上。

打开磁力开关的方法是：右手握住磁力开关手柄，大拇指放在手柄端部，向操作员方向旋转手柄并用力下压，压至手柄侧面的楔形卡块卡住密封器本体下部的圆柱销即可。

（5）固化补强

封堵后等待数分钟，待胶固化后取下密封器本体。

取下密封器本体的方法是：右手握住磁力开关手柄，大拇指放在手柄端部，先下压手柄，使得手柄侧面的楔形卡块与本体下部的圆柱销分离。然后大拇指按压手柄端部的按钮，同时缓慢松开手柄，磁路即被关闭，多功能磁力密封工具即可轻松取下。

撤除工具后，按快速密封胶使用要求对密封部位进行补强，即用脱脂纱布或玻璃纤维布浸透调好的胶液，贴补于泄漏口上。

5. 注意事项

（1）使用多功能磁力密封工具时，要注意减小下面弧板与设备表面之间的间隙。

（2）该产品只可用于铁磁性材料制成的设备密封。

（3）应尽量使得胶体中心对准被堵泄漏缺陷，否则会增大多功能磁力密封工具与泄漏设备间的间隙，同时胶体不能准确压入泄漏缺陷内，影响密封效果。

（4）设备裂缝和孔眼过大可分步实施密封，一段段堵，逐步缩小泄漏口，留下一点，最后再一次封死，必要时可用两只以上的多功能磁力密封工具同时进行。

（5）多功能磁力密封工具一般使用温度应不大于 80℃，不宜过高否则会破坏密封器的磁力。

（6）扳动手柄通磁前，务必先将该工具压到钢铁设备上或导磁体上。

（7）作业完毕请及时复位手柄。

十二、带压断管技术

带压密封技术不是万能的。当管道爆裂或人员无法靠近泄漏点时，带压密封作业就无法完成。在这种情况下可以采用带压断管技术来消除泄漏事故。

1. 带压断管技术的基本原理

带压断管技术是利用液压油缸产生的强大推力，通过夹扁头使其工作间隙逐渐缩小，从而实现夹扁管道的目的，其结构如图 5—86 所示。

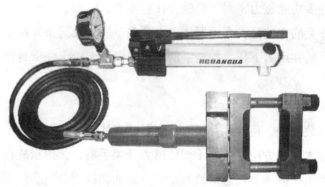

图 5—86　带压断管工具图

2. 带压断管技术使用方法

（1）选择好适合带压断管技术作业的管道部位。

（2）安装带压断管工具。

（3）进行一次断管作业。

（4）选择二次断管部位，重新安装断管工具。

（5）进行二次断管作业。

（6）按断管管道的公称尺寸选择 G 形卡具型号。

（7）试装，确定钻孔位置，并打样冲眼窝。

（8）用 $\phi10$ mm 的钻头在样冲眼窝处钻一定位密封孔，深度按 G 形卡具螺栓头部形状确定。

（9）安装 G 形卡具，检查眼窝处的密封情况。

（10）安装注剂专用旋塞阀。

（11）用 $\phi3$ mm 的长杆钻头将余下的管道壁厚钻透，引出泄漏介质。

（12）安装高压注剂枪。如图 5—87 所示。

图 5—87　带压断管作业现场

（13）进行注剂作业，如图 5—88 所示。

图 5—88 带压断管注剂作业现场

（14）泄漏停止后，G 形卡具以不拆除为好。

 学习单元 3 世界带压密封技术发展动向

 **学习目标**

➢ 通过本单元学习，能够借助工具搜集有关带压密封技术的最新资料。

 **知识要求**

一、带压密封技术的发展动向

带压密封技术，由于它操作简便、安全、迅速，经济效益和社会效益高，在连续运行的工业生产装置中得到了广泛的应用。

在工业生产领域中要维持正常安全生产，是一个不可缺少并且目前还无法用别的技术来替代的一种维修技术，它的开发和应用的快速发展，也证明了这一点。

二、传统带压密封技术适用范围扩大

带压密封技术传统上适用于消除设备管道上的法兰、焊缝、接口、螺纹接口、管器壁缺陷、腐蚀穿孔、阀门填料函等的泄漏，它受到开发研制的密封注剂性能、夹具的设计水平、先进工器具的技术支持以及施工操作水平等综合能力的制约。随着产品的开发，施工操作水平的提高，带压密封消除各种温度各种介质、泄漏的能力，以及消除高压泄漏的水平都有较大的提高，因此适用范围的扩大是全方位的。这里密封注剂的性能是前提，而夹具设计水平和施工操作技术的高低，则是决定性的，特别是高温高压的场合更是如此。因此开展带压密封施工方法和操作技术的研究是扩大带压密封技术应用范围的关键。没有与之相对应的施工操作技术，要取得带压密封的成功是相当困难的。

由于施工操作技术的进展，当前在带压的情况下，把管子截止断流，把堵塞的设备管道开通，把断裂管道加固接通等相关技术，都已经成为现实，使传统的带压密封技术的应用范围有了很大的提高。

三、带压密封技术向传统领域以外系统拓展

带压密封技术传统领域常用于金属设备、管道、阀门的泄漏上面。随着本技术各种条件的逐步成熟，已推广到水泥、石墨、钢化玻璃、塑料等非金属设备、管道、阀门的带压密封，特别是高温火焰炉、锅炉、炉墙、炉壁、烟道墙壁的穿孔泄漏的紧急修补带压密封，可以利用传统的带压密封技术予以实现，把带压密封技术所能达到的高温范围推向更高。

四、带压密封技术向非带压密封应用的延伸

1. 设备、管道补偿器

设备管道在运行过程中，由于环境和介质温度的不同与变化，使设备、管道发生位移——伸长或缩短，或者发生周期性变化，使设备、管道，特别在连接部位出现很大的应力，以致把连接结构破坏，因此在一般的管道连接系统都安装有补偿器，以补偿出现的位移量。充填密封式补偿器就是用带压密封技术的注射工具和密封注剂，以及在其密封机理的基础上发展起来的。其工作补偿原理如图5—89所示。

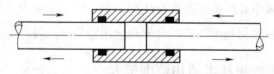

图5—89 充填密封式补偿器示意图

这种补偿器的特点是：

（1）结构简单、体积小、重量轻。

（2）安装和维修方便，如果出现泄漏，只要注入少量密封注剂即可消除。

（3）补偿量大。初始安装时，可根据工作情况调整初始安装位置，以获得最大的补偿量。

除了做成线位移补偿器外，也可以做成角位移补偿器。

2. 快速管道安装连接器

传统的管道安装连接，当前有三种方法——法兰连接、螺纹连接和焊接。它们的共同特点是安装工作量大，时间长，消耗材料多，同时又都破坏了管道原来的结构，因而费用较高。如果按照带压密封技术设计一种管道安装连接器，则可克服上述各种缺点，从而大大减少安装工作量，节约大量时间，而大大降低安装费用。同时维护、检修、拆卸都很方便，特别适用于临时管线的铺设，会大大加快安装进度。

（1）剖分式连接器

可做成全剖分（二剖分）和半剖分，其结构如图 5—90 所示。

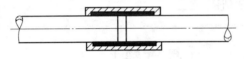

图 5—90　剖分式连接器

在金属外壳内部衬以片状密封注剂，既保证了连接器的密封性能，又增加了连接器的夹紧力。

（2）充填式连接器

一般也做成剖分式。往两侧沟槽中注入密封注剂达到密封目的。其结构如图 5—91 所示。

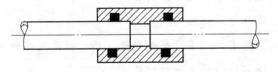

图 5—91　充填式连接器

管道安装连接器可以设计为三通、四通、变径以及变头等结构，以满足实际需要。这种管道安装连接器对管道有一定的补偿能力。

五、带压密封技术与粘接技术的结合

一般说来，带压密封技术是在动态条件下完成其抢修任务的，具有临时的性质。它连接的部位是柔性弹性体结构，要依靠夹具才能保证其机械强度和耐压性能，它的结构是可拆的；而粘接技术则是在静态下完成修补任务的，具有相对较长时间的刚性体结构。它不需要夹具，但耐温性能相应较低，且不能在存在压力的情况下实现其修补。

两种技术的优势与劣势是可以互相补充的。如果把它们结合起来，则两种技术的应用范围会大大提高。

大的容器（例如煤气柜和储油罐）体壁泄漏时，不可能设计一个特大的夹具来进行带压密封。同时，如果只靠粘接，也很难消除泄漏。一般是用带压密封的方法，暂时消除泄漏，然后在其周边进行粘接，以形成一个比较稳固的密封结构。另外一种做法是，用一根导管把泄漏导流出去，导管与泄漏部位连接处要保证密封，然后施以粘接，最后消除泄漏。

一些小直径管道（例如仪表连接管）泄漏，以及泄漏部位形态不规则，因而设计和制作夹具比较困难的场合，可以实施带压密封与粘接相结合的办法。

有些用带压密封方法消除泄漏的泄漏点，为了获得比较稳固的永久性密封结构，可以在其周边实施粘接。

【思考题】

1. 如何建立夹具刚度条件，并写出计算公式？
2. 能够辨析夹具的强度条件与刚度条件。
3. 能够根据介质温度计算夹具膨胀量。
4. 能够选择夹具和紧固件的材质。
5. 能够计算夹具连接螺栓强度和尺寸。
6. 能够根据泄漏情况设计非常规异形夹具。
7. 能够消除高温、高压介质的泄漏。
8. 能够解决毒性高度危害、燃爆性高度危险、腐蚀性高度强烈的介质泄漏。
9. 能够完成复杂泄漏部位的带压密封作业。
10. 如何进行法兰及连接螺栓的附加应力分析？
11. 如何进行管道的附加应力分析？
12. 能够结合多种带压密封技术优点解决泄漏难题。
13. 能够通过试验和研究对带压密封技术提出创新建议。
14. 能够推广带压密封的新设备、新技术、新材料、新工艺。
15. 能够借助工具搜集有关带压密封技术的最新资料。

第6章

培训、总结和管理

第1节 培训指导

◇○○○◇○○○◇○○○◇○○○◇○○○◇○○○◇○○○◇○○○◇○○○◇○○○◇○○○◇○○○◇○○○◇○○○◇○○○◇○○○◇○○○◇

 学习单元1 培训计划和教案的编写方法

◇○○○◇○○○◇○○○◇○○○◇○○○◇○○○◇○○○◇○○○◇○○○◇○○○◇○○○◇○○○◇○○○◇○○○◇○○○◇○○○◇○○○◇

 学习目标

➢ 通过本单元学习，能够编写培训计划和培训教案。

 知识要求

作为带压密封工技师，应具有较强的传授技艺和指导初、中、高级工施工的能力，特别能够注重指导解决施工中出现的有关问题。

一、编制培训大纲

教学大纲的编写应规范化，按章、节、单元等合理划分，教学内容应重点突出、条理清晰、由浅入深、循序渐进。

二、组织课堂教学

1．课堂教学课

课堂教学主要包括：讲授、示范、作业安排。

（1）讲授

讲授的重点是要求概念清楚、逻辑分析严密、典型举例能够与实际紧密结合。特别对长期施工中所积累的丰富经验，能够用通俗易懂的语言予以传授。

（2）示范

在教学过程中，可安排适当示范，使内容能够更加直观明了，起到较强的教学效果。但要求操作示范能够规范化、标准化，并能够对操作中易出现的问题讲解清楚。

（3）作业安排

布置作业要有代表性和针对性，且作业要明确、具体、重点突出，这样有助于加深学员对讲授的内容和方法的理解。

2．教学手段

教学手段应该多样化，既有课堂讲授，又有施工现场实物示范。而且引导学员了解新技术、新工艺、新方法以及新材料的推广使用情况，并能够借鉴他人的先进经验。另外采用管道工程中的质量事故案例，剖析产生问题的原因、应该采取的解决办法，从而提高学员独立解决问题的能力。

3．课堂提问

课堂提问是启发引导学员提高学习兴趣、发挥独立思考、增强记忆的重要途径，但是提问要注意方式方法。

（1）提问内容要抓住重点，对每堂课中需要重点理解和发挥思考的内容，可以请学员给予答复，从而可掌握大家的理解程度。

（2）提问要注重发挥学员的分析问题和解决问题的能力，并且可采取课堂讨论的方法，使大家能够畅所欲言，各抒己见，活跃课堂气氛，加深学员的记忆。

（3）课堂提问，既要选择学习好的学员回答，同时也要注意选择学习较差的学员回答，这样一者可掌握全体学员的接受、理解情况，同时可在学员中进行互帮互助活动，使大家都基本能赶上学习进度的需要。

三、阶段性考核

1. 重要章、节课程讲授完成后，应对学员的学习情况进行必要测验，测试题目要与授课内容密切结合，重点突出，但切不可出偏题怪题。

2．测试方法可用开卷和闭卷相结合的方式，对需要发挥学员充分想象力的题目可开卷考试，对需要记忆的题目可采取闭卷考试。而且还可以安排一些实际操作内容，从而达到理论与实际相结合的目的。

由于学员的学历不同，理解问题的能力也不相同，所以在教学中既要满足大多数学员的要求，同时要兼顾少数基础差的学员的情况，针对个别学员，制订专门的教学方案，采取不同的教学方法，增强总体教学效果。

 学习单元 2　培训讲义的编写方法

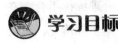 **学习目标**

➤ 通过本单元学习，能够对初、中、高级人员进行技能培训。

 **知识要求**

一、教学计划的制订

教学计划的制订，也就是培养方案的制订。教学计划的制订涉及培养目标和课程的设置内容。

在制定培养目标上，应根据对初、中、高级管工的不同要求，制定不同的培养目标。

在明确培养目标的基础上，要合理安排各类课程。从总体方面上讲，各职业等级的管道工的课程设置一般应分三大部分内容：第一部分为基础知识，第二部分为专业知识，第三部分为实际操作和解决问题能力等。

二、教学大纲的编制

教学大纲的内容应包括：

1．课程性质和目标要求。

2．教材编选原则和学习方法。

3．课程内容和范围（分章、节、单元等）。

4. 必读书、推荐书和参考书目等。

编制教学大纲时，在课程性质和目标要求的规定上，应明确课程的地位、设置目的和作用；就课程的基本理论、基本知识、基本技能提出总体要求，还应指出学习本课程应具备的基础知识。

在课程内容上和范围的规定上，应明确学习目的和要求，列出课程内容，规定学习课时，提出考核要求。

教学大纲应发至每个教员和学员手中，以便能够认真执行。

三、因材施教、形式多样

1. 根据管道工职业等级的要求不同，设置不同的培养方案，制定不同的教学大纲，采取不同的教学方法。

2. 要根据学员的文化水平的不同，领悟能力的差异，采取不同的讲授方法，实行不同的教学进度。在编班、分组时应结合学员的不同情况，合理编排组合。在教学过程中应重视学员学习效果的了解，认真收集信息反馈，根据实际情况，灵活把握或调整教学进度。

3. 在教学培养过程中，应尊重学员的选择，了解并掌握学员的个性，加以合理的引导，注重培养鼓励学员的创造力和解决问题的能力。

4. 采取必要的奖惩制度，调动学员的学习热情和积极性。

5. 培养学员工作认真态度和爱岗敬业精神，注重对管道工的道德、品格方面的培养，做到既教学、传授技艺又培养职业人才。

第 2 节　技　术　总　结

 学习单元 1　考察报告、 技术报告、 实验报告及技术总结的特点与写作方法

 **学习目标**

➤ 通过本单元学习，能够撰写考察报告、技术报告、实验报告及技术总结。

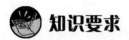 **知识要求**

一、考察报告

常见的科技考察报告有三类：科技情况考察报告、科技会议考察报告、学科研究考察报告。

1. 科技情况考察报告

科技情况考察报告其内容深度是介于科技论文和科普作品之间的。比起科普作品，它常常使用专业词汇和术语来介绍抽象、深奥的科学知识和复杂的生产技术；比之于科学论文，则不像科学论文那样注重论证说理。科技情况考察报告是运用通俗易懂、明白入理的文字直述其所见到的科学技术事实，为科技工作者传达科技方面的最新发展动态，进而为科研提供情报线索。

随着科学研究的逐步深入，科技写作的研究也硕果累累。在体裁上，科技情况考察报告由过去的类别单一发展为现在的多种类别并存，其中有：某一国家科技情况的考察报告；某一国家某一学科的考察报告；几个国家某一相同学科的科技情况考察报告。体裁形式的多样化，增强了科技情况考察报告的表现力度，为科技情况考察报告的写作创造了更为广阔的天地。

科技情况考察报告的格式为前言、概述、考察细目三个部分。

前言部分，主要是简单地介绍本考察团的名称、组成，考察过程中所访问的国别、城市、机构、参观的具体单位等。

概述，有单独写，也有和前言放在一起写的。这部分主要是交代考察的总体情况。写这部分内容时，不但要写得通俗易懂，而且要清楚地写出考察的内容和收获。

考察细目是考察报告的主体，主要内容都在这部分。写法上，可把考察内容分成若干条，然后逐条详细介绍考察所获得的专业内容。可以使用科技术语，语句力求简明扼要。

2. 科技会议考察报告

科技会议考察报告是为完整地反映各种科技会议所取得的成果而写成的综合材料。在这里，科技会议是其考察的基础，会议上宣读的各种文献则是它要深入考察的所在，因为会议的主题内容都反映在会议文献中。

科技会议考察报告的写作一般从两个方面着手。

第一部分概况，要写明会议名称、主办机构，会议的时间、地点、参加人员，会议的主要议题、开会的方式等。

第二部分收获，这是考察报告的主体部分。包括三方面内容：

一是本次会议上本学科在研究方面的新动向，出现的新成果、新技术和新方法，哪个分支领域将成为学科发展的主流。

二是介绍会议的主要论文，要具体到图表、数据、方法、论证、结论等。在方法上要注意选择会议中最主要的论文，摘取其精华进行介绍，不能流水账式地进行介绍，也不能照录全文。

三是结合国内具体情况，介绍国外在本学科上的科学管理、学科方向选择、技术设备、数据处理等方面的先进经验，以便国内借鉴、汲取、运用。

3. 学科研究考察报告

学科研究考察报告，是科技研究人员为了某一科研目的，通过实地考察，得到研究成果而写成的报告。

学科研究考察报告的范围很广。搞地质的科研人员可以对某一地区的地层地质发育情况进行考察，也可以对某一雪山的冰川进行考察；学生物的科研人员可以对某一稀有动物进行考察，也可以对某一经济作物的生长习性、经济价值进行考察。只要他们对实地考察得来的材料进行整理、分析，得出科学的结论，用文字表达出来，就可以成为学科研究考察报告。

学科研究考察报告的结构方式灵活多样，有直贯到底的，有分成几部分的，还有采用日记体裁写的。例如，我国古代地理学家徐弘祖的《徐霞客游记》，采用的是日记体裁；物候学家竺可桢的《雷琼地区考察报告》在结构方式上是"小标题式"；地理学家徐蓉的《天目山冰桌的发现及其古气候意义》在结构方式是分成几部分叙述和论述的。

学科研究考察报告的格式是：（1）题目；（2）作者及单位；（3）摘要；（4）引言；（5）考察方法；（6）结果和讨论；（7）参考文献。

二、技术报告

1. 封面部分

（1）技术报告标题（中文）。

（2）项目名称及编号。

（3）课题名称及编号。

（4）课题承担单位。

（5）课题负责人。

（6）提交日期：年 月 日。

2．内容摘要。

3．关键词。

4．目录。

三、实验报告

科学实验可以帮助形成概念，理解和巩固知识，培养观察、分析和解决问题的能力，培养理论联系实际的学风和实事求是、严肃认真的科学态度。

1．科学实验报告概念

在学习和科研活动中，为了检验某种科学理论或假设，往往要进行实践。实验报告是人们通过实验、观察、分析、综合判断得出结论，把这些问题书写下来的一种实用文体。

2．科学实验报告的主要内容

（1）名称

一般是说明实验的目的，集中反映实验内容。例如，有的验证某定律；有的是测量；有的是定性分析等。

（2）实验目的

概括起来基础上是：

1）理论上，验证定理定律，并使学生获得深刻和系统的理解。

2）实践上，掌握仪器和器材使用的技能技巧。

（3）实验现象

画出仪器的轮廓实物图（如烧杯、烧瓶、试管、漏斗、坩埚、砝码、托盘、天平等）和文字符号说明图（如电路图、电源、电流表、电压表、电阻、开关等）以及各种简表，再配以相应的文字说明。

（4）计算

从实验中得出数据，计算有关结果。

（5）结论

根据实验过程中所观察到的现象和测得的数据，得出结论。

（6）备注和说明

如实验成功或失败的原因，实验后的心得体会等。

（7）撰写科学实验报告应注意的事项

1）认真观察，如实记录。做实验时，要认真仔细观察发生的各种现象，分析各种现象发生的原因，对于实验的内容、观察到的各种现象，实验者要实事求是、随时作记录。如在化学实验中，一般要记录说明：

①溶液颜色的变化。

②有无沉淀产生。

③有无特殊气味的气体排出。

④有无放热、吸热、燃烧、爆炸现象等。

2）说明要准确，层次要清晰。说明实验目的，要集中、正确，不要面面俱到；说明实验器材，要分类说明仪器用具的类别和试剂物料的名称；说明实验步骤，要按操作顺序分条列出；说明实验结果，要客观如实地说明事实结果。

3）尽量采用专业术语说明事物，使文字简洁明白，又合乎实验的情况。

4）外文、符号、公式要准确、清楚，注意使用统一规定的名词、术语和符号。

5）插图、表格要正确，位置要规范化，一个表格尽可能不分割列在两页上。

四、技术总结

1. 封皮

（1）标题：要求醒目并与总结内容紧密结合，要杜绝不切实际的夸大。

（2）撰写人签名：如果由两人以上共同完成，应按承担责任的大小分出先后顺序。

（3）批准人签字：一般由企业技术负责人签字确认。

（4）单位全称：表示撰写人所在的具体单位，便于联系。

（5）撰写时间：表示总结完成的时间。

2. 目标内容

表示文章中各章、节的名称，先后顺序以及所在的页码。

3. 技术总结的主要内容

（1）概述：简述技术总结的目的、作用、范围。

（2）列出在总结中引用的有关规范、标准施工工艺。

（3）叙述在总结中应用了哪些新技术、新材料、新工艺、新方法。

（4）确定计划目标，并对计划目标进行预测：阐述在技术工作中的要求，达到的目标是什么，并对技术效果、经济效果进行预测。

（5）实施过程：根据接口输入，总结在实施过程中采取了哪些有力的对策和措施，使用了哪些得力的控制办法，解决了哪些技术难题，取得哪些成功经验和应该吸取哪些教训，最后说明达到的效果如何。

（6）效果比较

1）根据预定目标与实际达到的目标进行比较，确定获得哪些技术进步、技术革新成果。

2）根据预定的经济目标与取得的经济成果进行比较，确定是否节约了人力、物力和财力，以及经济效益有多大。

（7）效果的评价和确认：简述技术、经济成果经过哪些部分和哪一级的评价和确认，是否获得荣誉奖励或经济奖励。

（8）是否已纳入企业标准化管理范畴：简述该总结以及总结中涉及新技术、新工艺、新方法是否已纳入企业标准，如果未纳入，有无必要纳入。

 学习单元2 科技论文的特点与写作方法

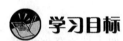 **学习目标**

➤ 通过本单元学习，能够撰写科技论文。

 **知识要求**

一、科技论文

科技论文是对科学领域中的问题进行探讨研究，表达学术思想和研究成果的文章，也称学术论文，简称论文。论文可以是作者经过观察、实验或实践，有新的发现、发明或创造，陈述新的见解或主张；或者推翻某一学科领域中的某些旧的观点并提出新的见解；也可以是把分散的一些材料系统化，用新的观点或新的方法加以论证，得出新的结论。

二、科技论文的特点

1. 真实性

真实性体现在科技论文必须是作者通过实践和对客观事物进行周密调查研究的成果。即科技论文要符合实际，实践是自然科学发展的基础，不能全是空想和主观的臆造。

2．理论性

理论性也就是科学性，具体的体现是：立论的观点正确，运用知识准确，有逻辑严密的数学处理和论证，对问题的论述是系统的而不是零碎的，完整的而不是片面的。

3．创造性

创造性是指科技论文要提出新的问题，解决新的问题。创造性是科学技术发展的动力源泉，不能只有继承而没有创新，否则人类的文明就会停滞不前。同样科技论文也要有创造性，要有自己的东西，要有特色。

4．逻辑性

要合乎思维规律，顺理成章。论据真正能够支持论点，论据本身可靠。

5．实用性

科技论文的作者总是希望自己的劳动成果得到社会的认可，并产生社会效益或经济效益。但实用性往往不能马上表现出来，有可能在将来或更远的未来得到认可或产生效益。

6．继承性

自然科学是随着生产实践的发展而发展的，当然也具有承上启下连续发展的特点。因此在研究工作中首先要学习大量的资料，在总结前人的成果中探求前进的新途径。

三、科技论文的选题

科技论文的选题需要在工作和学习的过程中要学会发现问题，多观察、多思考，具体体现在以下几点：

1．经常查阅杂志、资料，启发思路

如果经常地查阅杂志、资料，能将人引入学术前沿，了解科技动态。另外还可以启发人找出好的论文题目来。

2．工作体会的总结与发挥

在平时工作中，善于总结，可以是一些体会、经验或是教训，并在此基础上进一步发挥和深化，通常会有一些值得一写的内容。

3．科研项目出论文

一个好的科研项目和施工工程可以出多篇文章。但是对于同一或同类的项目，不同人写的文章往往在数量上和质量上大不相同。因为科研项目和工程出文章，不但和该项目本身所涉及的新科技知识和信息的深度、广度有关，而且又和项目参与人对该项目的深入程度、收获的大小、总结水平和学术理论水平的高低有关。对于科研和工程出文章的"出"字，注意运用以下三种方法：

（1）抓住关键问题，向纵深发展，挖根求源，相当于摄影的特写大镜头。

（2）变换侧面、调整视角，就有不同内容、不同特色的文章。这相当于不同角度、不同姿势得出得照片。

（3）扩展、延伸与升华，有的论文看起来和某个科研项目和工程无联系，但实际上有关系，它来源于该科研项目或工程，或包括该项目在内的几个项目的联想、启发，积累的经验和教训，这便是扩展和延伸。对一个或几个项目进行科学的总结，条理化、系统化或进行数学分析与归纳，上升为理论，这是升华。

4. 工程和检修出论文

管工在大型施工工程和现场设备检修工作中会涉及相当多的技术问题，如材料问题、计算问题、画图问题、合理下料问题、管道件预制问题、工厂化施工问题、各种高温高压管道安装问题、管件问题、阀门问题、支吊架问题、石化设备检修问题、吊装问题、工业密封问题、安全施工问题、施工组织管理问题、施工预算及决算问题、黑色金属焊接技术问题、有色金属焊接技术问题等，都可以撰写成相应的技术论文。

总之，如果多实践，多干事，多思考，坚持不懈，终究会发现和开发出撰写论文的源泉。

四、科技论文的结构和写作要求

科技论文由标题、摘要、前言、正文、结论以及参考文献等构成。

1. 标题

要简短清晰，既能概况全文，又能引人注目。一个好的标题应该用词质朴、立意明确、实事求是。短标题不足以概况论文的内容时，可采用副标题作为补充。

2. 摘要

摘要是作者对其论文的全部内容摘出的要点，一般置于论文标题和正文之间。英文摘要列在文章的最后。摘要应力求简短扼要，引人入胜。摘要还要能独立使用，在读者不读到全文时，也能一目了然，了解大概意思。摘要一般包括以下内容：

（1）研究工作的目的、主题范围、重要性。

（2）完成了哪些工作，包括研究的内容和过程、所运用的原理、条件、材料、手段、方法及精确度等。

（3）主要成果和意义。

3. 关键词

列出论文中关键的词组，便于文章的检索。

4. 前言

前言要包括论文的主题和目的、以往有关论著的扼要回顾、研究的成果和结论等内容。要注意简洁，不要"流水账"。

5. 正文

正文部分是科技论文的主体，需具有准确性、鲜明性。一般要做到以下几点：

（1）内容要深刻，对事物或过程的描述要说清楚，对问题的阐述要系统和详细。

（2）语言文字要精辟、精练，做到言简意赅，发人深省。

（3）逻辑要严密，注意论文题目、大小标题与正文三者之间的逻辑关系，防止出现内容和标题不符的情况。

6. 结论

结论是论文的总的观点，是实验结果的逻辑发展，也是整篇论文的归宿。结论必须完整、准确、鲜明。结论并非是罗列研究成果，需要比结果和分析更进一步，要反应研究工作者如何从实验成果经过概念、判断、推理而形成的总的观点。撰写结论时更需要逻辑严密，文字鲜明精确。

7. 附录

有的论文中常需要推导某些文中的公式，或对某些计算方法加以论证，为了给读者提供方便，但又不影响文章正文的逻辑结构，采取在论文末尾处加附录的形式，有时用较小号的字表达。

8. 致谢

在研究过程中得到其他人员或部门的帮助，可在论文结束处表示感谢，但用词要恰如其分。

9. 参考文献

在文章中凡引用文献都必须在正文用数码注明，在参考文献栏处说明出处。对参考文献的写法我国在 1982 年制定了国家标准。

五、何时写科技论文

1. 不要等自己的水平提高了再写

水平不够更应该写，更需要写。因为写文章既是实践的总结，又是提高水平的重要形式，是培养高水平技师的需要。要对自己充满信心，不自卑，敢于写，在写作中锻炼自己。

2.　不要等论文内容都准备好了再写

通常论文本身是理论研究、科学实验的一种成果，但是撰写论文的过程，在许多情况下是伴随着理论研究、科学实验的一个艰苦的再创造过程。一方面，通过写论文对理论研究中的发现和科学实验中的现象进行解剖、分析、归纳、综合，寻找其内部的固有的规律性；另一方面，撰写论文的过程也是研究者整理自己的思路，使之更明晰、更条理的过程，并对前面的工作作出正确的评估，调整和明确今后的发展方向。因此写论文又对理论的研究、科学实验具有不可忽视的促进和推动作用。

3.　不要轻易定稿

论文初稿写完后，要每字每句推敲，要多次进行修改和反复。这个过程既是提高作者写作能力的过程，又是提高论文质量的需要。

六、论文撰写应注意的几个问题

1.　要明确读者对象

要解决"为谁写""写什么""给谁看"的问题。要考虑生产和社会需要，结合当前我国的有关技术政策、产业政策，考虑自己的经验和能力。若是为工人师傅写出的，应尽量结合生产实际写得通俗一些，深入浅出，易看、易懂。

2.　要充分占有资料

巧妇难为无米之炊，要写好技术论文，一定要掌握足够的资料，包括自己的经验总结和国内外资料。要对资料进行充分的分析、比较，加以消化，分清哪些是有用的，哪些是无用的，并根据选择的课题和命题拟出较详细的撰写提纲，包括主次的分类、段落的分节、重点的选择、图表的设计拟定、顺序的排列等。

3.　要仔细校阅

初稿完稿后，论文必然存在不少问题，如论文格式、表述方式、图的画法、公式的表述、名词术语、字体标点、技术内容、文字表达及文章结构等方面要进行反复推敲与修改，使文字表达符合我国的语言习惯，文字精练，逻辑关系明确。除自审外，最好请有关专家和工程师审阅，按所提的意见再修改一次，以消除差错，进一步提高论文质量，达到精益求精的目的。

 技能要求

晋升带压密封技师一般要经过应知（理论）考试、应会（实际）考试和科技论文答辩三个环节。答辩由专家组对带压密封工进行面试。专家组由 5～7 名机械类工种的专家、技师、高级技师、工程师、高级工程师组成。答辩的程序如下：

一、论文宣读

答辩时先由答辩者宣读论文，然后由专家组进行提问考核，时间约为 30 分钟。

二、专家评估和提问

1. 对具体论文（工作总结）主要从论文项目的难度、项目的实用性、项目经济效果、项目的科学性进行评估。

2. 答辩时对论文中提出的结构、原理、定义、原则、公式推导、方法等知识论证的正确性主要通过提问方式来考核。

3. 对管工专业工艺知识主要考核其熟悉深浅程度并予以确认。

4. 在相关知识，四新知识方面，可考核：

（1）复杂管道工程施工技术。

（2）复杂石化设备检修施工方案。

（3）计算机基础知识应用。

（4）新材料、新设备的发展新动向及其应用技术。

（5）管道工程施工新技术、新工艺。

第 3 节　生　产　管　理

 学习单元 1　带压密封工艺及带压密封质量控制方法

 学习目标

> 通过本单元学习，能够编制带压密封施工项目的工艺流程。

 知识要求

带压密封是一项综合应用技术系统工程，牵涉到许多部门的信息交流和沟通，并且要进行通力合作一步步完成了各个进程和环节的工作以后，才能实施带压密封的施工和最后消除泄漏。任何过程的遗漏和过失，都会给现场带压密封工作带来困难。而现场要求带压密封的时间包括准备工作的时间都是有限的。为了在这有限的时间内使所有参加带压密封工作的相关部门和人员熟悉整个过程，从而全身心地分别投入到各环节工作中去，把各个环节的工作流程以图表的形式突现出来是很有必要的。带压密封流程图能达到这个要求。

制定带压密封工艺流程如图 6—1 所示。

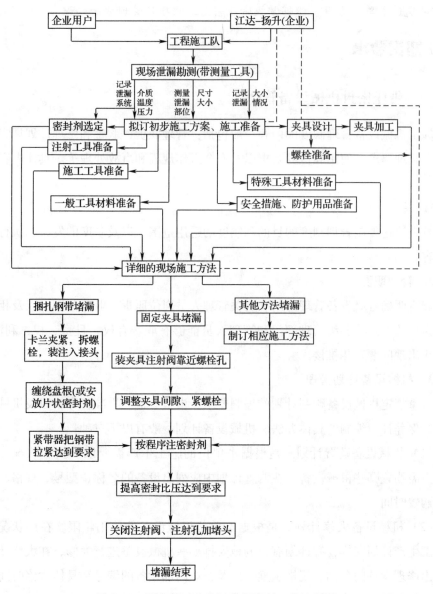

图 6—1　国内某（企业）带压密封工艺流程图

学习单元2 项目管理知识

 学习目标

➤ 通过本单元学习，能够掌握带压密封工程项目管理方面知识。

 知识要求

一、带压密封机械设备管理

施工机械设备管理制度的内容一般包括：管理职责，购置和修理计划规定，技术档案管理要求，使用和保养要求以及安全操作规程和事故处理等。具体内容与要求如下：

1. 总则

着重论述编制管理制度的目的和制度的适用范围，以及制度的发布、执行时间等内容。

2. 管理职责

着重明确各级设备管理部门和有关管理人员岗位职责，业务范围，以及相互之间的接口关系。使各级管理部门和管理人员能够有职、有权，且责、权、利清楚，以防止出现问题互相推诿。

3. 机械设备计划管理

着重规定机械设备购制计划的编制要求、申报渠道、批准程序，以及机械设备大修、保养计划编制的具体办法。机械设备计划一般有以下三种：

（1）机械设备购置计划。是根据本单位的施工生产需要以及资金状况，计划在年内需购置哪些机械设备，在购置计划中应列出设备的名称、型号、规格、数量以及购置时间。

（2）机械设备大修计划。是根据本单位机械设备的使用年限、在用状况，结合施工生产计划安排，有计划有目的地安排哪些机械设备进行大修，在大修计划中应提出修理设备的名称、规格、型号以及企业内部设备的编号和具体大修时间、内容等。如果需要外协修理的，还应注明外协单位的名称。

（3）机械设备保养计划。在计划中应列出哪些机械设备，在哪些时间需要安排保养，并规定由哪一级人员进行保养。

（4）机械设备购制或大修验收规定。购置或大修后的机械设备的验收程序、验收依据、验收内容、验收办法、验收人员，以及对验收不合格的机械设备的处置办法等。

4．机械设备及账、卡、技术档案管理

主要规定机械设备建账、建卡和建立技术档案的有关要求，规定账、卡的统一格式和机械设备在企业内部统一编号的办法，并对建立技术档案的内容和管理条件作出具体的规定。

5．机械设备使用管理

重点明确机械设备的使用范围、使用条件和管理、租赁办法。同时对机械设备的使用操作人员、管理人员提出具体要求，防止设备的损坏、丢失和操作人员违章操作及设备"带病"运行等。

6．机械设备安全生产和事故处理

重点规定机械设备操作中应该遵守"安全技术操作规程"中的有关要求和使用中应该注意的事项。同时规定机械设备事故的类型、等级和申报、处理等办法。

7．机械设备处理和报废办法

主要规定机械设备处理报废的条件、申报程序、批准权限，防止机械设备流失。

机械设备管理制度编制后，经企业主管领导审核，并经企业经理批准后，方能发布并执行。同时可纳入企业标准化管理之中。

二、技术管理的基本任务

由于施工企业的类别、施工规模、工艺流程和技术装备水平以及人员的技术素质等因素的不同，其技术管理的范围、内容、任务也不相同，一般来说都有以下几方面的任务：

1．科学技术研究管理

现代施工企业的施工生产是以科学技术的推广和应用为基础的。加强科学技术研究管理，是加快发展和推广新产品、新技术、新工艺、新材料的重要途径，它是将潜在的生产力变成现实的生产力的有力保障，从而不断地提高企业的施工技术水平。

2. 生产工艺管理

工艺是劳动者利用生产工（机）具对各种原材料、半成品进行加工处理，最后成为产品的方法和技术。在生产技术活动中，需要进行大量的工艺管理，目的是为了贯彻执行工艺技术文件要求，建立正常的施工（生产）秩序，并通过实践，使工艺文件不断地充实和完善。生产（施工）工艺管理的主要内容有工艺文件的制定，工艺的整顿和修改，工艺分析和工艺方案的评审等。

3. 技术革新和新技术推广管理

技术革新是对（施工）生产技术上的局部改进，以达到提高生产效率，提高施工质量，降低成本的目的。技术革新管理包括做好技术革新的长远规划和近期安排。新技术推广是指引进国内以及国际上的先进技术和先进的管理方法，从而提高企业的科技力量和现代化的管理模式。

4. 技术标准的管理

技术标准化，就是在经济、技术、科学及管理等社会实践中，对重复性事物和概念，通过制定、发布和实施标准，达到统一，以获得最佳秩序和社会效益。技术标准化管理的主要任务是制定和贯彻标准，修订标准，以及进行标准化的组织管理等。

5. 技术档案和技术资料的管理

技术档案和技术资料包括设计图纸、各种技术标准和施工规范、工艺规程和工艺守则以及施工过程中的各种记录等。其管理工作就是对以上内容的文件资料、记录资料建立管理制度，并做好登记、保管、复制、收发、借阅、归档、修订、保密和销毁等工作。

6. 技术组织措施管理

技术组织措施管理，是对施工过程的机械化、工艺过程、劳动保护、设备利用和动力能源供应等工作进行有效的组织和管理。

7. 技术信息的管理

信息是指向人们提供的关于现实世界的新的事实的知识，它反映了事物的客观状态。而技术信息管理主要有两方面的工作，其一是收集与本企业有关的技术信息，如国家颁布的有关施工规范、标准信息，业主对施工方提出的有关新技术、新材料的推广要求信息等；其二是对信息的处理，即对收集到的信息进行整理加工、存储和传播等，使技术信息能为企业服务。

学习单元 3　安全管理知识

 学习目标

➤ 通过本单元学习，能够提出带压密封工程安全管理和质量评定建议。

 知识要求

一、带压密封工程安全管理的任务和内容

带压密封工程安全管理工作是保证企业正常施工生产，保障职工在施工生产中的安全和健康极其重要的工作。

带压密封工程安全管理要贯彻执行"安全第一，预防为主"的安全生产方针；坚持"管生产必须管安全""谁主管，谁负责"的原则；切实落实安全生产工作要"企业负责、行业管理、国家监察、群众监督和劳动者遵章守纪"的安全管理体制。

带压密封工程安全管理工作的主要内容如下：

1. 认真贯彻和执行国家关于安全生产方面的方针政策，并结合企业和施工生产实际制定安全生产的规章制度和安全技术规程，建立各级和各部门的安全生产责任制，并对这些制度和规程的贯彻执行情况进行监督和检查。

2. 编制安全技术措施计划。安全技术措施计划的内容包括改善劳动条件，防止伤亡事故，预防职业病及职业中毒应采取的各种措施。

编制安全技术措施计划应从企业的实际出发，注重实效。安全技术措施计划在实施过程中应加强督促和检查。

3. 组织安全生产检查，消除事故隐患。安全生产检查的范围和内容如下：

（1）各单位（项目）对安全方针、政策、法令、规定等的贯彻执行情况。

（2）安全技术措施计划、安全教育、保健和防护用品的使用及伤亡事故处理、报告等情况。

（3）检查安全生产秩序、工业卫生、防尘防毒和其他危害职工安全健康的情况。

（4）检查机械、电器、起重、锅炉、压力容器等设备的管理使用和保护情况。在检查前应编制安全检查表，按表内要求的项目和内容进行检查，以免漏项留下事

故隐患。

4．搞好劳动保护。主要包括以下内容：

（1）按照上级有关规定的发放标准和范围，督促有关部门按规定及时发放保健用品及保护用品。

（2）经常督促和检查劳动保护用品的正确、合理使用，督促做好劳逸结合和女工保护工作。

（3）会同有关部门研究制定防止职业中毒、减少职业病发生、消除"三废"污染的技术措施，并监督措施贯彻执行。

5．进行安全生产教育。对新工人（包括学徒工、实习生、代培工、临时工及调入的新工人）进场（厂）必须经过安全生产教育后，方准分配或安排工作。对于特种作业人员，必须经过安全考试或考核，合格后持证上岗作业。

6．及时进行伤亡事故分析与伤亡事故报告。包括以下内容：

（1）建立伤亡事故及时报告制度。凡职工由于生产和工作而发生的伤亡事故，必须如实向有关领导或上级机关报告。

（2）伤亡事故发生后，除立即做好抢救和善后工作以外，要及时组织事故分析会，查清事故发生的原因，提出预防措施，要按照"四不放过"的原则（即事故的原因分析不清不放过；事故责任者和群众未受到教育不放过；没有防范措施不放过；事故责任者和有关领导未受到严肃处理不放过）进行认真的处理，防止类似事故再次发生。

二、带压密封工程安全管理制度

1．安全生产责任制度

安全生产是一项群众性工作。要搞好安全生产必须从上到下建立安全机构，从组织上保证安全管理工作的顺利进行。同时，还要逐级建立安全生产责任制，各部门应在各自的业务范围内，为实现安全生产负责。公司经理是本企业的安全第一责任人，分公司经理、项目部经理是本单位、本项目安全生产的第一责任人，对安全生产工作应负全面的领导责任。分管生产工作的副职应负具体的领导责任，分管其他工作的副职，在其分管工作中涉及安全生产内容的，也应承担相应的领导责任。要加大对安全生产工作的宣传、管理和奖罚的力度，层层贯彻落实各业务职能部门及各级人员的安全生产岗位职责。

2．安全生产教育制度

（1）各级领导和有关业务部门要将安全生产教育作为一项经常性的工作，切实利用多种形式广泛开展安全宣传。要做到经常抓、重点抓、反复抓，要抓领导、领导抓，使职工牢固树立"安全第一，预防为主"的思想。

（2）对操作新机具、新设备、新工艺、变换新工种和临时参加生产劳动的人员，必须进行安全教育，掌握操作方法后经单位考核合格，方准参加实际操作。

（3）特殊工种（起重吊装工、电气焊工、机动车辆驾驶员、电工、架子工、机械工）应定期进行相应的安全和技术培训，经考核合格后获得当地劳动部门签发的安全操作合格证，方准上岗操作。合格证明，要及时进行复审，复审合格后，方可继续上岗操作。

（4）新工人进场必须进行"三级安全教育"：公司安全部门负责进场安全教育；分公司安全部门根据本单位特点，讲解安全操作规程和现场（车间）必须遵守的安全生产规定等；新工人到达班组，班组要对其进行工种岗位安全基本知识和本工种安全操作要求的教育，未掌握安全操作要领前，不能独立操作。

（5）要经常结合企业内外的典型事故案例，对职工进行生动、有效的警示教育。对经常违章蛮干的职工和一贯不重视安全生产的管理人员，在征得领导同意后，可进行停工教育和行政处罚。

3. 安全生产的定期检查制度

（1）各级安全检查工作，分别由各级主管生产的领导（包括工长、项目承包负责人等）负责组织领导。

（2）各级安全检查需根据本单位的生产实际和施工特点，确定安全检查的重点。每次安全检查目的要明确，应有组织、有计划、有领导地进行。安全检查应坚持自查为主，互查为辅，边查边改的原则。

（3）安全检查的基本内容和形式。安全检查的内容主要是查思想、查制度、查机械设备、查安全防护设施、查操作行为、查劳动保护用品使用、查安全教育培训、查伤亡事故的处理等。安全检查的形式分为经常性、定期性、专业性、季节性和节假日前后的安全检查。

（4）经常性安全检查是指随时随地每日每时进行的安全检查。班组长和班组安全员应坚持每天班前、班中的岗位安全检查；各级安全员和安全值班人员必须经常深入现场，对安全生产进行巡检和抽检，发现问题，随时处理解决。

（5）定期性的安全检查。企业必须建立安全生产的定期检查制度。安全检查工作一般公司每半年组织一次；分公司每季度组织一次；项目经理部（车间）每月或半月组织一次。

（6）专业性安全检查。这是一项单项的专业性很强的安全检查活动。检查时应由企业有关业务部门组织有关专业人员对某项专业（如机具设备、运输车辆、大型吊装、土方爆破、临时用电等）安全问题或对施工中存在的普遍性安全问题进行专业的安全检查。

（7）季节性安全检查。季节性检查是针对季节的气候特点（如冬季、夏季、雨季、风季等）可能给施工带来危害而组织的安全检查。季节性安全检查，必须抓在季节之前及时做好各种准备工作。

（8）节假日前后的安全检查。是在节假日前、后防止职工纪律松懈、思想麻痹等进行的检查，如对施工现场、车间、库房、食堂进行的防火、防盗、防中毒检查和对节假日加班人员的思想动态和安全措施落实情况的检查。

（9）施工班组应坚持班前安全检查和经常性的岗位检查，即查施工工序的安全防护措施落实情况、职工遵章守纪情况等，如有班组解决不了的问题，应及时报告有关部门。

（10）安全检查要严格执行"建筑施工安全检查标准"。对查出的事故隐患要做到整改"三落实"（落实整改措施、落实整改人、落实整改期限），发现安全隐患，检查单位应立即下发"安全检查隐患整改通知单"，见表6—1，限期整改并对整改实施情况进行复查。

表6—1　　　　　　　　　　安全检查隐患整改通知单

编号：

施工单位		负责人	
单位工程		安全员	
安全隐患内容			
整改期限		签收人	年　月　日
签发单位		签发人	年　月　日
整改实施情况	负责人：　　　　整改人：		年　月　日
复查意见	负责人：　　　　复查人：		年　月　日

注：本表一式三份，签发单位存查一份，施工单位两份（留存、返回各一份）。

4．施工现场安全管理

施工现场安全管理主要是抓好安全组织管理，即机构、制度、场地设施管理、文明施工、行为安全规定和安全技术管理等。

（1）项目经理部在承担工程项目后，应按规定组建项目安全生产领导小组，建立安全轮流值班制度，落实安全责任制。认真做好安全生产宣传教育、安全检查、安全交底、安全设施的验收和事故处理报告等工作，坚持特种作业人员持证上岗。

（2）在总、分包工程或多单位联合施工时，应以总包单位为主，分包单位应当服从总包单位的安全监督检查，但并不改变各自的安全生产责任。

（3）工程开工前，按施工组织设计中的施工平面图布置运输道路、临时用电线路、各种管道、仓库、加工作业场地、办公地点及生活设施等；在现场入口处或醒目处应设置安全要求忠告牌、安全宣传牌、安全警告牌等。

（4）坚持现场文明施工，按施工总平面图要求布置施工设施、组织施工，做到现场材料、构件、设备堆放整齐稳固。油漆及其他易燃、易爆、有毒物品应分类存放在通风良好、严禁烟火的专用仓库内，并设有严禁烟火的标志。

（5）工棚及临时宿舍搭建其间距要符合防火规定。一切架空电线须用固定瓷瓶绝缘；电线穿过墙壁时，必须从瓷管或硬塑料管内通过；现场装设的缆风绳要避免与电源线路交叉，特殊情况必须采取有效防护措施。

（6）施工现场危险的悬崖、陡坡、深坑处，应设防护设施或危险标志，夜间应设红灯示警。施工现场的孔洞应设盖板、围栏、安全网等防护设施，对于黑暗处的孔洞应设照明灯和示警红灯。

（7）各种电动机械设备，必须有可靠、有效的安全接地和防雷装置；不懂电气和机械的人员，严禁使用和乱动机电设备。

（8）进入施工现场，必须戴好安全帽，并正确使用个人劳动保护用品。施工时要穿好工作服，严禁穿拖鞋或光脚作业，工作时间不许打闹，不许酒后作业，坚持文明施工，做到工完场清。

（9）高空作业无安全设施时，必须系好安全带，穿防滑鞋。高空作业所用工具应随手装入工具袋内，严禁往下或往上抛掷材料和工具等，以免伤人。交叉作业应设置隔离层；爆破和布装区域，非操作人员严禁入内。起吊臂下方不准站人。

（10）项目经理部应根据工程特点、气候、环境条件等，制订切实可行的安全技术措施，并做好交底和实施检查。

三、安全标志

要求带压密封技师在泄漏现场，能够根据危险物的标志，判断泄漏介质的物化性质，为带压密封提供安全作业依据。

国家标准 GB 13690—2009《化学品分类和危险性公示通则》和《危险化学品名录》（2012 年版）对常用危险化学品按其主要危险特性进行了分类，并规定了危险品的包装标志。在附录部分列出了 997 种常用危险化学品分类明细表。表中给出每种危险化学品的品名、别名、英文名、分子式、主要危险性类别、次要危险性类别、危险特性及危险标志。适用于常用危险化学品的分类及包装标志，也适用于其他化学品的分类和包装标志。

8 类危险化学品的标志图形共有 20 种。

第一类爆炸品共有 3 种标志图形，如图 6—2 所示。

（符号：黑色，底色：橙红色）　　　（符号：黑色，底色：橙红色）　　　（符号：黑色，底色：橙红色）

图 6—2　爆炸品的标志图形

第二类压缩气体和液化气体共有 3 种标志图形，如图 6—3 所示。

（符号：黑色或白色，底色：正红色）　（符号：黑色或白色，底色：绿色）　（符号：黑色，底色：白色）

图 6—3　压缩气体和液化气体的标志图形

第三类易燃液体的标志图形有 1 种，如图 6—4 所示。

第四类易燃固体、自燃物品和遇湿易燃物品，有 3 种标志图形，如图 6—5 所示。

（符号：黑色或白色，底色：正红色）

图6—4　易燃液体的标志图形

（符号：黑色，底色：白色红条）　　（符号：黑色，底色：上白下红）　　（符号：黑色或白色，底色：蓝色）

图6—5　易燃固体、自燃物品和遇湿易燃物品的标志图形

第五类氧化剂和有机过氧化物的标志图形有2种，如图6—6所示。

（符号：黑色，底色：柠檬黄色）　　　（符号：黑色，底色：柠檬黄色）

图6—6　氧化剂和有机过氧化物的标志图形

第六类毒害品和感染性物品的标志图形有4种，其中毒害品有3种，感染性物品有1种，如图6—7所示。

第七类放射性物品的标志图形有3种，如图6—8所示。

第八类腐蚀品的标志图形有1种，如图6—9所示。

367

（符号：黑色，底色：白色）　　　　　　　　（符号：黑色，底色：白色）

（符号：黑色，底色：白色）　　　　　　　　（符号：黑色，底色：白色）

图6—7　毒害品和感染性物品的标志图形

（符号：黑色，底色：白色，附一条红竖条）　　　（符号：黑色，底色：上黄下白，附两条红竖条）

（符号：黑色，底色：上黄下白，附三条红竖条）

图6—8　放射性物品的标志图形

（符号：黑色，底色：上白下黑）

图 6—9　腐蚀品的标志图形

【思考题】

1. 能够编写培训计划和培训教案。

2. 能够对初、中、高级人员进行技能培训。

3. 能够撰写考察报告、技术报告、实验报告及技术总结。

4. 能够撰写技术论文。

5. 一般科技论文由哪几部分组成？其中正文一般分哪两种形式表达？

6. 试写一篇带压密封技术方面的简要论文。

7. 能够编制带压密封施工项目的工艺流程。

8. 如何进行带压密封机械设备管理？

9. 能够提出带压密封工程安全管理和质量评定建议。

10. 简述带压密封工程安全管理的任务和内容。

11. 在制订教学计划和大纲中，如何发挥因材施教的教学方法与特点？

12. 培养与指导低级别带压密封工学员时，应采取何种教学手段，才能取得良好的教学效果？

13. 试为高级工列出若干带压密封工必读书、推荐书和参考书目。